建筑师
ARCHITECT
No.103 Jun.2003

中国建筑工业出版社　主办
东南大学建筑系　合办

顾　　　问：宋春华　吴良镛
　　　　　　周干峙　齐　康
　　　　　　钟训正　王伯扬

主　　　编：黄居正
副 主 编：龚　恺
责 任 编 辑：崔　勇　薛　力
装 帧 设 计：方振宁

编委会主任：郑时龄
编委会委员：(按姓氏笔画为序)
马国馨　　王　昀　　王建国
王明贤　　王　路　　王　群
刘加平　　刘临安　　李　敏
庄惟敏　　孟建民　　汤　桦
陈　薇　　张永和　　张伶伶
郑　昕　　张　桦　　赵万民
赵　冰　　常　青　　陶　郅
韩冬青　　曾　坚　　顾大庆(香港)

海外编委：
方　海(芬兰)　　方振宁(日本)
阮　昕(澳洲)　　何晓昕(英国)
单黛娜(法国)　　赖德霖(美国)

图书在版编目(CIP)数据
建筑师.103/《建筑师》编辑部编.
北京：中国建筑工业出版社，2003
ISBN 7-112-05874-0
Ⅰ.建… Ⅱ.建… Ⅲ.建筑学－丛刊
Ⅳ.TU-55
中国版本图书馆 CIP 数据核字
(2003) 第 046076 号

中国建筑工业出版社出版、发行
(北京西郊百万庄)
新 华 书 店 经 销
伊诺丽杰设计室制版
北京市铁成印刷厂印刷
开本：880×1230 毫米　1/16　印张：6
彩插：8　字数：245 千字
2003 年 6 月第一版　2003 年 6 月第一次印刷
定价：**25.00**元
ISBN 7-112-05874-0
　TU · 5161 (11513)
本社网址：http://www.china-abp.com.cn
网上书店：http://www.china-building.com.cn
编辑部地址：建设部北配楼中国建筑工业出版社
(北京三里河路 9 号)
电话：010-68393828　传真：010-68340809

建筑师
No. 103
Jun. 2003
ARCHITECT

目 录

新
城
市
主
义

专

栏

专栏主持　单　皓

美国新城市主义

单　皓

【摘要】本文试图分析20世纪80年代末美国兴起的新城市主义运动，讨论其原则、方法和实践。并涉及到新城市主义运动发生前后美国社会和学术界对二次大战后之城市发展模式的理解和批判

【关键词】新城市主义；蔓延式郊区；城市设计和规划；社区；邻里

当我们关注美国新城市主义运动时候，通常最先面对的是美国近半个世纪的城市建设历史。二次世界大战以来，美国城市全面向郊区发展，郊区的居住人口从1970年开始超过了城市区。这些新建成区的密度普遍很低，在过去几十年里，许多大都市建成区范围的扩大的速度远远超过了同地区人口增长的速度。同时新建成区的空间形态也完全不同于传统城市。

一般认为大规模郊区化的过程呈三个阶段。首先是20世纪50年代，城市的白人中产阶级家庭开始成批地从城里的公寓和联排住宅中搬出，住进带有私家花园的郊区独立别墅中。开发商威廉·利维特在美国各地建造的一批利维顿村 (levittown) (图1-2)是这个时期大量性郊区的经典模式。它们是由独立式住宅组成的纯居住小区，弯曲的尽端式道路串接起自由布局的房屋，再通过主干路与高速公路相连。第二阶段是60、70年代，城市零售业跟随居民来到郊区，在高速公路接口处形成条形商业带 (图

4)，紧接着又出现了一种新的建筑类型 即方盒子建筑加水泥停车场的巨型购物中心 (图3)。第三阶段是在最近的20、30年，白领工作职位也跟随着人们来到他们现在居住和生活的郊区。从地方性公司到具有全球影响力的超级企业如微软、摩托罗拉、西尔斯都纷纷在中心城市之外建造办公园区 (图5)。

居住、商业和办公功能的外移意味着许多基本的城市活动离开了中心城市。这个时候，城市或者郊区都已经名不符实，许多郊区已经不再附属于任何主体城市，它们本身就是主体，它们拥有城市曾经拥有的所有功能。人们的活动较少发生在郊区与城市之间，而越来越多的是在一个郊区与另一个郊区之间。华盛顿邮报的作家乔尔·加鲁 (Joel Garreau) 称这种新的都市形态为"边缘城市"[1](图6)。与传统城市在自然资源汇集的地理位置上生成和发展的情形不同的是，美国郊区大都市依赖生命线是高速公路、动力网和通讯网：沙漠中的

1　宾夕法尼亚州利维顿村，1952-1958年

作者：单皓，深圳大学建筑与土木工程学院

拉斯韦加斯缺乏自然资源,但拉斯韦加斯的郊区却是美国近十年来发展最快的地区之一,不仅如此,它的人均水消耗量大大超出了周边城市和洛杉矶[2]。事实上,50 年代后的美国城市建设已经与传统意义上的城市方式完全不同,乔尔·加鲁认为这种"边缘城市"将会是未来世界都市环境的标准模式"[3]。

在郊区日益成为人们生活和工作的真正舞台的同时,中心城市经历了惨痛的衰落,其中受打击最严重的是过去的主要工业城市。在最近的几年里,旧的中心城市才逐渐出现复苏的迹象,它们需要在后工业时代探索与过去不同的角色,在追求新的发展途径的过程中,许多旧城市趋向于成为旅游、休闲、娱乐中心,以及大规模会议、体育设施,和带有象征性的公司的所在地。

20 世纪的后 50 年里的美国发生了极其深刻的建造环境的改变。但是,以物质空间为工作对象的建筑师却一直没能够充分地参与这个过程。

新城市主义运动开始于 80 年代,形成于 90 年代初,是二战以来试图以设计的力量影响建造环境的最重大的一次努力。新城市主义者对 50 年代后的郊区及郊区生活作出了反思,他们认为建造方式上的问题是造成环境和城市公共生活质量退化的重要原因之一,因此他们开始从物质空间入手寻找改革城市的途径。相对于现行郊区而言,新城市主义提倡合理地复兴那些从 20 世纪 30 年代起就逐渐被现代主义城市规划所取缔的传统设计原则。作为一种公众运动,新城市主义协会的工作超越了设计,延伸到了公共政策领域,从转变美国当前的建设趋势开始,逐步重整城市的空间和社会秩序,延续他们认为被现代主义切断的城市文明。在过去的十几年里,新城市主义通过媒体快速获得了广泛的注意力。《纽约客》的建筑评论家保罗·戈德伯格 (Paul Goldberger) 认为新城市主义运动是出自婴儿潮这一代人中间的最重要的设计运动。尽管如此,新城市主义在房地产业还没有获得主流趋势的地位;同时,虽然学术界对新城市主义作为一种设计取向,在公众中引起的巨大反响和号召力表示出不无嫉妒的关注,但新城市主义在许多以前卫理论为主导的建筑学院还没有获得肯定。在很大程度上,许多关于新城市主义的讨论集中在这个运动能否如它所承诺的那样,正面地影响美国城市的现实和未来趋势。

一、针对蔓延式郊区发展模式的批判

新城市主义的理论建立在对现行建设方式批判的

基础之上。新城市主义延续和扩大了 60 年代开始的对现代主义城市理论的反省,同时把焦点放在快速、低密度的蔓延式郊区发展方式 (sprawl) 上。他们试图证明这种蔓延式的发展使得美国在社会、环境、文化、经济上付出了巨大代价。

新城市主义认为郊区的问题首先是它的极度分散。许多城市的居住郊区是连绵几十公里平铺在地面上的一层薄薄的表皮。无论是 70 年代发展的中南部"阳光带"还是东北部的传统城镇情况都是如此。根据《新闻周刊》1995 年的一篇文章的报道,纽约郊区的范围已经越过新泽西到达宾夕法尼亚的东部地带,离时代广场远至 100 英里 (约 160 公里)[4]。

这种分散式建造形态的主要原因之一,是至今为止美国大部分民众仍然将郊区独立别墅作为居住的首选,许多城市学者认为,居住郊区化的趋势实际上早在工业革命时代就已经出现:一方面,工业发展带来的环境后果使更多的人憎恶城市;另一方面,美国文化本身也潜藏着某种对城市的抵制。18 世纪时,新教告诫人们,人类离开土地心灵就会萎缩,城市中的闲暇和社交生活会诱惑和腐蚀人的精神,而不同社会阶层的人的混合居住也对家庭生活不利[5]。家庭中孩子的出生常常是人们选择郊区的诱因之一,有私家绿地的独立别墅被认为是下一代健康成长的安全壁

2 纽约利维顿村,1950 年前后

3 加州 Palm Desert 购物中心,摄影 Alex MacLean,图片来源于http://www.yale.edu/amst401a/historical/edge/if000003.htm

4 宾夕法尼亚州 Breezewood,与高速公路相结合的条形商业带

5 康涅狄格州 Stamford 市 95 号州际公路边分散的办公园区,摄影 Alex MacLean,图片来源于http://www.yale.edu/amst401a/aerial/stamford/if000004.htm

6 加州硅谷是典型的边缘城市地区之一,硅谷各公司图录,图片来源于http://www.wwwebport.com/citygates/sv/svfullview.html

5   6

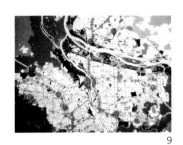
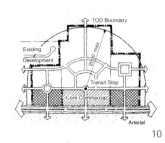

7   8   9   10

7 纽约曼哈顿Morningside-Manhattanville 城市更新工程，1958 年

8 加州洛杉矶地区 Westchester，1949年，摄影 "Dick" Whittington

9 俄勒冈州波特兰地区 2040年发展概念规划，旨在增加地区内民众步行、骑自行车和使用公共交通的行为，维持明确牢固的发展边界，将新的办公和居住开发与公交线结合起来

10 "以公交为导向的发展" 模式（TOD）图解，与公交站相结合，混合居住、办公、商业及其他公共功能，TOD的发展范围限制在步行尺度以内，Calthorpe Associates

11 加州萨克拉门托 Laguna West，总用地 1045 英亩（约 423 公顷），1990 年 Calthorpe Associates 设计

12 佛罗里达州 Seaside，1980 年 DPZ 设计。新城市主义最早并最有影响的一个工程，总用地 80 英亩（约 32 公顷）。DPZ 在设计中试图改变美国当时流行的郊区建设方式，扭转公共领域私有化的倾向。DPZ 的许多设计原则和方法在 Seaside 第一次完整地得到尝试

垒，因此，生活在城里的夫妇一旦有了孩子就会考虑搬到郊区。美国文化对土地的偏爱还体现了从杰斐逊时代建立起来的农业精神，杰斐逊认为在土地上劳动的人是神的选民，而小土地主是国民中最重要的组成部分。

二战之前，能够在郊区拥有别墅的人还只是城里的少数有钱人。二战后，随着汽车的普及，公路和通讯等基础建设的发展，原本属于奢侈阶层的郊区成为中产阶级普遍能够拥有的生活空间。对于战后之所以出现大规模一边倒的郊区化的局面，新城市主义认为关键的因素是政府政策上的引导。首先，联邦政府资助的高速公路网计划，使私人汽车取代了火车、电车等公交系统，成为人们最主要的交通工具；其次，政府偏向于独立式住宅的按揭保险政策，使得在郊区买别墅比在城里租住公寓更加便宜。两者的共同作用导致汽车型、低密度郊区成为战后发展的标准模式。新城市主义理论试图说明，郊区模式是人为的结果，并非是在文化和经济大趋势下由市场作出的不可回避的选择。居住全面郊区化的直接后果是资源的浪费和环境的破坏：原始土地和农田的大量消耗，汽车数量与高速公路的轮番增长，每人每天高达数小时花在私人汽车里的通勤时间，日常生活对汽车无法摆脱的依赖，由此产生的大量的尾气、噪音和能源危机等等。在生活质量上，郊区单调的环境使得人们对宁静与祥和的向往常常收获为空洞和乏味。新建的郊区普遍没有场所感和地域感，许多地方城市文化没落、公共生活贫乏、不同收入和不同种族的人在空间上相互隔离，在作家詹姆斯·库斯勒（James Howard Kunstler）眼中看来，新的建设造就出的是一片片走到哪里都一

样的"无名之地"，"没有灵魂的郊区、散漫盲目的边缘城市、破碎颓败的老城镇"[6]是美国最普遍的景观。

如果政府政策造成了居住的分散，那么新城市主义认为，令郊区的社会和物质空间质量低下的主要原因，是 30 年代后盛行的现代主义。对现代城市规划的批判60年代就已经开始。50、60年代是美国大规模建设的时代。一方面是政府在市中心实施的"城市更新计划"；另一方面是全国性的公路建设和郊区的发展。两者都是在现代主义城市原则基础上进行的实践。城市更新行动一般是以清扫贫民窟、解决城市居住和疏通机动车交通为名义，对城市街区实行大面积彻底拆除，然后在已经完全清空的土地上建造独立的高层住宅塔楼、办公楼、道路和停车场（图7）。郊区则是在不断延伸着的高速公路线上发展起来的成片简单排列的独立住宅区（图8）。简·雅各布斯（Jane Jacobs）和社会学家威廉·怀特（William H. Whyte）等人最先对政府的城市更新方式，以及完全按照机动车交通的要求改造城市中心的做法提出反对。他们认为政府的粗暴做法不仅没有解决城市居住的问题，反而导致城市生活质量的下降和城市精神的失落。他们认为可步行性是城市安全感和城市活力的保证，不能全面抛弃汽车时代之前的传统城市结构，在城市中进行的建设应该是护理性和修复性的，城市的建设应该保持小的规模，让社区民众参与发展决策。雅各布斯的巨大影响使更多的人尤其是建筑师们成为城市的热爱者和维护者。然而，郊区令人意想不到的迅速发展和后工业时代产业结构的改变使中心城市的政治经济地位逐渐让位给了郊区。

在现代主义逐渐成为指导实践的主流理论的同

11   12

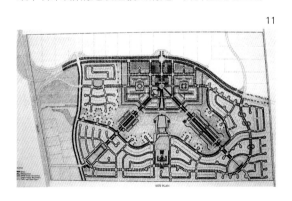
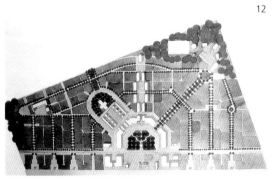

13　　　　　　　　　　　　14　　　　　　　　　　　　15

时，60、70年代的建筑界包括Team X，文丘里和科林·罗在内的许多人对此一直保持着不同形式的反省。传统城市和现代主义城市在形态上的差别，在于组成城市空间的基础结构是街道还是个体的建筑物。雅各布斯认为在传统的城市里，"街道和街道旁的人行道是城市中关键的部分……如果街道生动城市就会生动；街道无趣城市也会无趣"[7]。而柯布时期的现代主义则试图废除街道作为社会空间的功能。街道不再是社会活动的一部分，而只是各种活动之间的连接线。"在未来，芸芸众生不必在广场和大街小巷逗留，他们将生活于高大的住宅楼里，通过铁路、双翼飞机、高速公路通勤往来，在摩天大楼之间规范的绿色空间疾行。他们过着合理的生活，在某一场合，某一时间做某一特定事情。"这种对效率、理性和进步的讴歌意味着城市的最佳状态是一台机器，而城市规划就成为对基础设施的规划和调配。街道相应地也就仅仅是基础设施中的一个环节，只有交通容量大小的差别而没有空间形态的不同。

新城市主义建立了一套完整的针对于蔓延式发展的批判理论，全面归纳它的形成机制、空间性状以及文化和经济后果。新城市主义的郊区批判基本反映出建筑界目前对这个问题的普遍看法。相对而言，一些信奉自由市场的经济学家则认为，现在的郊区居住方式代表了精明的个体在众多选择面前所做的自主的决定，这些决定影响市场不断地走向更加合理可行。在他们看来，新城市主义将理论建立在对社会城市问题的错误判断之上[8]。另外，乔尔·加鲁在描述新的都市化现象的时候，对"边缘城市"的崛起给予了某种程度的赞许。加鲁见到的是美国文化里的一种开拓精神，这种精神让美国人走出欧洲文化的阴影，找到了一种正在孕育着崭新生活方式的、创造性的空间形式。

但是，大量事实同样证明分散式居住并不一定是因富裕而必然导致的生活方式。相当多的国家和地方实行了对城市资源的控制。在富裕的民主国家荷兰，一位商人如果想要住乡下而每天开车到城里工作的话，他必须首先得到政府的批准[9]。在美国，波特兰是紧凑型城市的榜样。早在70年代，波特兰大都市区就已经制定了面积325平方英里，包含24个市镇

的发展边界，规定未来因人口增加带来的城市建设必须限制在这个边界范围内。从90年代中期到2040年，波特兰的规划部门预计当地人口将增加77%，但他们的目标是要将相应的居住用地限制在6%的增长幅度以内（图9）。

新城市主义的郊区理论还提醒人们，貌似散漫、无场所感的郊区却是一种理想化的人为体系。"它是理性的、连贯的、全面的。它的行为是可预见的。它是用现代解题法获得的一个答案：它是一个居住的系统。"[10]

二、新城市主义的设计原则和运动策略

在对蔓延式郊区不断的认识过程中，80年代末和90年代初的一些建筑师各自寻找不同于现行建设方式的其他途径。伯克利的彼德·卡索普（Peter Calthorpe）和道格拉斯·克尔波（Douglas Kelbaugh）提出了"以公交为导向的发展"思想（TOD，Transit Oriented Development）（图10）。TOD思想具体地反映在一个名为"步行单位"的研究课题（PP，Pedestrian Pockets）当中。"步行单位"是指离公交站大约5分钟步行距离，即半径四分之一英里（约400m）范围内，一个具有混合功能的社区。每个这样的单位社区需要有较高密度的居住及平衡的办公、零售、幼托、休闲和公园设施。"步行单位"相互之间以轻轨为主的公交系统相连。TOD试图通过紧凑的结构和混合的功能安排来支持公共交通、减少私人汽车使用量、形成宜人的步行环境。TOD社区的中心部分常常表现为与公交站挂钩、商住一体的传统"主要大街"形式，类似早年的火车与电车型郊区，卡索普当时设计的最大的实际工程是加州萨克拉门托的西拉古那镇（Laguna West，Sacramento County，California，1990）（图11）。

在迈阿密，杜安尼和普蕾特·兹伯格（DPZ，Duany and Plater-Zyberk, Architects）发展了一套"传统邻里建造方式"（TND，Traditional Neighborhood Development）。TND更加注重的是设计本身的各方面。DPZ在80年代以美国传统小城为模式设计了几个比较成功的社区，其中著名的西塞镇（Seaside，Walton County，Florida，1981）和温莎镇（Windsor，

13　佛罗里达州Windsor，总用地416英亩（约170公顷），包括一个高尔夫和一个马球场，是一个高档的滨海度假村。DPZ设计，Charles Barrett绘图

14　佛罗里达州Windsor，一个典型的街区，包括中间庭院和侧院住宅，街区中部为一条服务性的巷道

15　佛罗里达州Windsor，较窄街道的街景

16

17

16 佛罗里达州Windsor的侧院住宅

17 佛罗里达州Windsor，高尔夫球场的远景

18 马里兰州Kentlands，总用地356英亩（约150公顷），位于华盛顿西北的Gaithersburg市，是DPZ于1988年设计的第一个非度假村性质的普通社区，其中包括六个邻里单位和相应的公共建筑，及一个大型地区性零售中心

19 马里兰州Kentlands，在原来农场的位置，利用一个谷仓和几座旧建筑建造起新的社区文化中心

20 马里兰州Kentlands，邻里中的小广场

21 马里兰州Kentlands，社区的绿地

Indian River County, Florida, 1989)（图13~17）都属于度假地，而肯特兰镇（Kentlands, Gaithersberg, Maryland, 1988）（图18~21）则是普通的居住社区。除上述的新建社区这一类型之外，他们还为洛杉矶市中心提出过总体规划方案，在亚利桑那州的梅瑟（Mesa, Arizona）设计了一个由廉价的旅行活动房组成的村落，并在迈阿密以南的佛罗里达（Florida City）设计了一个为低收入者提供的出租住宅项目（图22~24）。

其他设计师如丹尼尔·所罗门（Daniel Solomon）、摩尔和波利索埃兹（Elizabeth Moule and Stefanos Polyzoides），以及城市理论家彼德·卡兹（Peter Katz）等人当时也从事着类似的尝试。这些人成为后来新城市主义运动的核心人物。1991年，这些建筑师为抵制蔓延式郊区，共同总结出了一套新的社区和地区设计原则，称为《阿瓦尼原则》（Ahwahnee Principles）。除此之外，卡索普的《下一代美国大都市》[11]及反映DPZ设计思想和实践的《城镇与城镇建造原则》[12]等一批著作的出版开始系统解释他们在这段时期内的思考和工作。

新城市主义作为全面、完整、有组织的全国运动是从1993年10月第一次新城市主义大会（CNU, Congress for the New Urbanism）开始。CNU对美国大部分城市外围的郊区发展模式提出质疑，并试图分析造成城市和郊区问题的各方面因素：如无视环境的土地消费模式、政府支持低密度独立住宅的政策、以汽车为惟一服务对象的道路设计标准、以及不合理的

分区条例等等。而当时CNU最迫切和最实际的目标，是要通过旗下众多设计师的实际工程，来证明那些制造出郊区模式的一系列现行规则和惯例是陈腐、落后、机械和荒诞的。这些规则和惯例多年来已经被发展商、银行业人士、政府、道路工程师认为是合理而且安全无风险的办事指南。所以，新城市主义的批评者认为新城市主义者这样的行为，是企图对抗各行业长期积累的经营智慧，结果将会徒劳无功。然而事实上，在CNU的作用下，有关机构已经开始对曾经被认为是理所当然，但又极为不合理的许多分区规则和道路设计标准重新进行审查和调整，仅这一点就成为CNU对规划业最重大的现实贡献之一。

1996年，第四次新城市主义大会通过了一篇由二百多位成员签名的《新城市主义宪章》（Charter of the New Urbanism）。《宪章》坚持物质空间状态与社会环境之间存在重要的联系，认为"中心城市因投资萎缩导致的衰败，郊区以毫无场所感的低密度建造方式迅速扩张，不同种族、经济收入人群之间的相互分离，环境的退化，自然和农村被侵占，社会建造遗产和传统被破坏，这些彼此相互关联问题是当前社区建设所面临的挑战"[13]。《宪章》制定了分别列在地区、邻里、街区三个大类之下的27项建设原则。总的来说，这些原则强调社区的紧凑；公共空间的重要；各种城市功能和居住类型、居住人群的混合；适合步行的环境和尺度；以及有清晰中心和边界的邻里结构。此外《宪章》还强调回到传统的、以街道和城市肌理为对象的设计方法上来，认为"所有城市建筑

19

20

21

22

23

24

设计和景观设计的基本任务,是从物质形体上限定出可供人们共同使用的街道和公共空间"[14]。相对而言,现代主义的城市由散布在广阔的自然空间中的孤立的个体建筑物组成,是科林·罗 (Colin Rowe) 称为"高贵的野人栖居的地方"[15]。

在区域意识上,新城市主义倾向于霍华德的花园城市模式,以及20、30年代美国区域规划协会(RPAA, Regional Plan Association of America) 在花园城市理论基础上发展形成的区域规划概念,即在区域性城市发展构架的基础上,建立由基本的邻里单位组成的、高密度、自给自足的城镇。新城市主义邻里单位的概念是在20年代社会学家克莱伦斯·佩里 (Clarence Perry) 提出的同名概念基础上的发展 (图25)。在具体的社区设计手法上,新城市主义的许多形式元素来源于巴黎美术学院的城市规划和20世纪初美国城市美化运动。这些社区强调网格、轴线相结合的街道系统和街道空间界面的连续,强调通过主次分明的街道网来突出公共建筑和不同尺度的广场,公园系统等开放公共空间。DPZ事务所还较多地借鉴了美国传统的小镇和20年代约翰·诺伦 (John Nolen) 的一批早期的郊区 (图26~27),诺伦在当时开创了一种将城市美化中的规则性元素和奥姆斯戴德景观设计中的自然手法融合为一体的规划方法,是一位非常多产的设计师。在具体空间上,DPZ的作品中常常有各种细腻的街道对景处理和卡米奥·西戴 (Camille Sitte) 式的画境构成。

新城市主义的原则逐条看来并不十分激进,它们往往是被人们所忽略的常识,只是以从未有过的清晰的语言系统地阐述出来。但是这些原则的总和却有着改变美国现行城市发展方式的抱负和潜力。CNU 在早期主要是一种设计研讨会,自当《宪章》确立之后,它的目标便从改革设计扩大到改革社会。在某种程度上CNU刻意地使自己的方向简单而明确,因此被一些人认为具有某种传教色彩。CNU在成功壮大的过程中吸引了广泛领域的专业人士和许多重要的机构的参与,CNU的成员中除了建筑师之外有规划师、交通工程师、经济学家和环保主义者,这些支持和实践着新城市主义原则的人们称自己为新城市主义者,他们在各自不同的领域促进公共政策的改良,展开以城市为主题的公众辅导,在更大范围内推动新的建设主张。

CNU不断重申自身和激进的环保主义之间的区别,认为反对蔓延式的发展并非拒绝发展本身。如果郊区的继续扩大不可避免,那么就应该寻找好的方式去建设而不是一味地抵制建设。新城市主义在具体问题上采取了实用主义态度,随时准备在坚持基本设计原则的基础上做出妥协。CNU乐于参与美国中产阶级的大众文化,只是抵制其中一些他们认为是恶俗的东西。他们与发展商密切合作,并且学习推销、宣传、融资等一系列冷酷的现代政治与商战技巧[16]。在现实面前他们不仅是观察、发现和批判,而更是行动。实用主义态度和对城市现实的清晰认识是新城市主义改革行动的基础,正是这种美国式的实用主义态度曾经使文丘里放下前卫主义的眼镜,看见处在现实世界中的建筑的"复杂性和矛盾性"。

22 位于佛罗里达州迈阿密以南 Florida City 的 Jubilee 社区总平面图。一个为低收入者提供的出租住宅项目,其中包括95户庭院式住宅和一座社区公共建筑,总用地9.8英亩 (约4公顷),路面停车每户2.2辆。由一个非盈利的经济住宅发展机构 Jubilee Community Development Corporation 开发,1992-1997年DPZ设计 (图片DPZ事务所提供)

23 Jubilee社区,街道透视图 (图片DPZ事务所提供)

24 Jubilee社区,住宅前院透视图 (图片DPZ事务所提供)

25 新城市主义的传统邻里单位图解,1997年DPZ编写

26 田纳西州 Kingsport,1919年 John Nolen 设计

27 俄亥俄州 Mariemont,1922年 John Nolen 设计,Felix Pereira 绘图

25

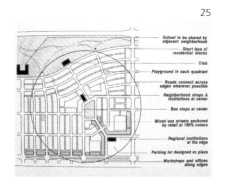

26

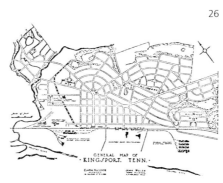

27

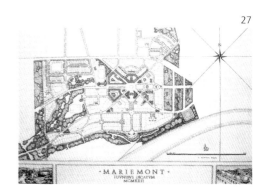

28

29

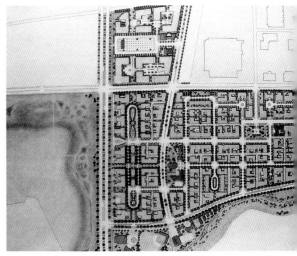

30

28 加州 Playa Vista 发展区地形鸟瞰

29 加州 Playa Vista 规划总平面图，Elizabeth Moule and Stefanos Polyzoides 事务所、DPZ 事务所等合作设计，1989

30 加州 Playa Vista 规划示意图，Elizabeth Moule and Stefanos Polyzoides 事务所、DPZ 事务所等合作设计，1989

为了实现大的改革目标，CNU 一直努力将影响力渗透到能够左右美国建造环境的四大机构当中，它们是城市土地学会 (ULI, The Urban Land Institute)、《建筑制图标准》编制组 (Architectural Graphic Standards)、美国住宅和城市发展部 (HUD, US Department of Housing and Urban Development) 和哈佛设计学院[17]。城市土地学会是以自由市场为基地的开发商行业组织，由于市场上新城市主义社区产品有着高于一般居住区的销路和增值潜力，发展商有利可图，因此新城市主义逐渐被 ULI 接受和推广。《建筑制图标准》的重要性在于它是设计人员几乎人手一本的工作手册，杜安尼所著的城市设计章节被编入《标准》的第九版，说明新城市主义在行业里获得的承认。美国住宅和城市发展部是以发展城市社区、满足社会住宅需求而设立的政府机构。HUD 是最早与 CNU 合作的机构之一，因为 CNU 在反对居住低密度上表现出的环境主义态度，和坚持不同收入、种族混合的社会立场在很大程度上与 HUD 的社会福利方向相吻合，目前 HUD 已经将新城市主义原则列为由政府拨款的 HUD 发展项目的指导原则。在哈佛设计学院，杜安尼曾经于 90 年代连续几年教授新城市主义课程，但因为没有能够使新城市主义成为哈佛城市设计学科的核心方向而退出。1999 年，哈佛设计学院召开了一次以新城市主义为话题的正式的辩论会[18]，参加者包括了 CNU 的创立者、批评者、城市和环境设计师、以及众多知名的建筑理论家。哈佛设计学院在历史上是欧洲各个时期的现代主义进入美国的前哨站，这次对新城市主义这一美国土生土长的学术和设计潮流表现出的重视显得不同以往。事实上，学术界在对新城市主义的关注中带有不少负面的观点，在辩论会上杜安尼和库哈斯的对话[19]可以解释其中的一些原因。正如克里格所说，两人的共同点是对当代城市有着极其敏锐的认识，他们的认识在很多时候甚至是

相同的，不同之处是杜安尼主张改造，而库哈斯的批判姿态则仅止于观察和阐述。库哈斯代表了一种与新城市主义相反的态度，他认为建筑师不可能扭转城市发展的风向，只能凭借自身技能把玩其中，任何人为改变城市发展的努力都会是徒劳的。

CNU 的另一部分工作是为各地方提供发展和公共政策咨询，为公众灌输环境发展意识。基于它的有效的宣传，越来越多的城市开始在各自的发展策略中融入新城市主义原则。事实上，新城市主义在公众与发展商中的说服力高出了它在学术界的说服力，而在中国对新城市主义的关注主要也是来自地产界[20]。在公众越来越接近新城市主义的时候，学术界似乎有意识地在和它保持距离，这种现象多少与新城市主义刻意的大众化态度有关。为了能够和政治家和群众对话，新城市主义把理论线索简单化、公式化、甚至绝对化，使得政府政策、现代主义和郊区蔓延之间呈现出容易被理解的清晰的因果关系。这种做法有悖于学术界一贯的怀疑与批评的态度，也和前卫主义对"暧昧"和"不可捕捉的"品质的追求相冲突。

作为同样以改造世界为目标的设计运动，新城市主义协会有意识地以国际现代建筑协会 (CIAM) 为榜样。杜安尼在一篇文章中写到，建造环境对人的行为的影响作用是现代主义运动的基础论题之一。当代的城市很大程度上是按照 1933 年 CIAM 的《雅典宪章》的条文去做的，这就说明物质空间能够对社会产生巨大的影响力。为了获得当年的 CIAM 那样的影响力，CNU 向 CIAM 学习，组织协会、建立宪章、坚持进取的行动主义的态度。所不同的是，CIAM 走了一条自上而下的路线，它的精神最早体现在大规模政府建设项目中；而新城市主义则致力于透过现有商业企业的运作机制来实现自己的目标。

密度是一项重要指标。美国一般的郊区的密度低于每英亩 2~4 户（约每公顷 5~10 户）。新城市主

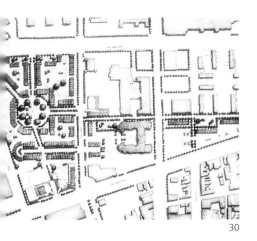

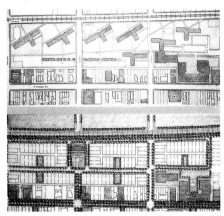

30   31   32

义提倡紧凑的居住，他们认为，人们追求的东西会改变，现在流行的低密度居住并不一定会永远持续。对于新的土地开发项目，新城市主义社区的平均密度为英亩5~8户（约每公顷12~20户），其中一般包括公寓、联排、独立等多类型住宅。摩尔和波利索埃兹及DPZ等事务所合作，在加洲设计的普拉亚维斯塔社区（Playa Vista, California）（图28~30）就达到每英亩40户（约每公顷100户），相当于波士顿市著名的康蒙维斯街（Commonwealth Avenue）两旁的密度。位于城市中心区的几个新城市主义建设项目达到每英亩100户（约每公顷250户），与纽约格林威治村区域的密度相当。与其他地方的数据相对比，豪斯曼时代的巴黎每公顷土地容纳250人，新加坡每公顷500人，香港部分区域每公顷土地高达6000人[21]。由于用地位置、用地性质和市场接受度的不同，新城市主义社区的密度没有绝对的标准，但一般高于普通郊区。事实上，CNU认为社区问题的关键不在于绝对的密度，更在于设计。杜安尼更加指出现时对波特兰推崇应该是有限度的，因为城市发展边界的确定和轻轨公交并不一定是可持续发展的充分保证，好的社区还在于邻里结构的完善性和步行生活的可能性，在于场所的品质、尺度、以及空间的相互交融。改变蔓延式郊区的目的不是要强迫每个人都住进集合住宅，而是要在紧凑的基础为人们提供更多居住选择。

到2000年为止，新城市主义在美国已经设计和建造了的项目约有380个，共计41万个居住单位。不过这个数字只占1990-2000年间美国一共建造的1360万居住单位中的3%。CNU强调"围绕社区的发展"（community-building），社区的原则不仅针对新建郊区，同时也适用于不同规模的新建和改建工程。其中卡索普参与了许多地区性规划，如盐湖城、波特兰和一些加州城市的总体规划，而包括雷·金卓兹（Ray Gindroz）在内的一批设计师则擅长于已有邻里

的改造项目（图31~32）。

新城市主义与许多设计之外的机构和民众团体分享着一些共同的理念，这些运动分别以环境保护、历史保护、支持步行和自行车、恢复传统的"主要大街"等等为主题。其中规模最大、涵盖面最广的是一项旨在推广"智慧（能）型发展"（smart growth）策略的运动。"智慧型发展"较多地和政府政策挂钩，当年也曾受到阿尔·戈尔的支持，它的宗旨是要通过一系列措施来控制土地开发和建设公共空间。

对于具体的项目，新城市主义的设计过程一般从现场开始，这一点与英国新城计划中的公众参与相类似。现场设计会采用一种固定的形式称为charrette，从DPZ推广开来。19世纪巴黎美术学院的学生交图时，那些赶往各个分散的工作室逐一收图的货车被称为charrette[22]，用charrette一词来称呼现场设计会是形容其工作的快速和密集。现在charrette几乎是每一项规划设计的必经过程。在charrette之前，设计师首先对已有资料进行分析和评估，之后，建筑师组成的小组来到项目所在地现场工作，在过程中与发展商、项目策划、以及相关联人士如附近居民、当地有关部门主管以讨论会的方式紧密接触。设计者几乎时刻与业主沟通，每当设计进行到一定阶段时作集中汇报，根据反馈不断调整直到确定方案。Charrette一般时间为期一周到十天，现场工作结束之后，设计者将设计结果带回事务所完成进一步工作和全部设计文件。Charrette开放了设计过程，这样一方面设计者能够在定案过程中获得尽可能多的各方意见；而另一方面，它也可以成为一桩经过仔细包装的媒体"事件"。由于Charrette常常被当地新闻报道，所以开发商可以利用这种场合造市。建筑师通常会对大众宣传表示不屑，但杜安尼却认为媒体的曝光往往使charrette变成一种具有"新闻价值"的"行销手段"，有了这样的宣传，民众对新城市主义产生认识和认同，这不但有

31 马里兰州巴尔的摩市中心五个街区的改造是联邦政府在全国范围内的HOPE VI项目（Homeownership Opportunities for People Everywhere）之一。计划拆除原有的几栋50年代高层福利住宅建筑，代之以混合功能的联排住宅和老人公寓，恢复巴尔的摩传统街区形式。下图左起分别为20年代、50年代和1998年重新设计的街区

32 芝加哥Horner街坊规划，拆除被废弃的高层福利住宅建筑，代之以联排住宅、小型公寓和双拼别墅，同时改造路网

33

34

35

33 菲律宾马尼拉以南的 Dos Rios 新城镇，总用地 350 英亩（约 140 公顷）。设计以传统的家族住宅组团为基础，每个家族住宅组团占地约 2 英亩（约 0.8 公顷），最多容纳 13 户相对独立的住宅。新城中还包括两个混合功能的社区中心、一座教堂、一座医院和两间学校。1997年 DPZ 规划设计

34 马尼拉以南的 Dos Rios 新城镇，家族住宅组团成为自然的街区

35 马尼拉以南的 Dos Rios 新城镇。较低密度区域的典型街景

36 马尼拉以南的 Dos Rios 新城镇。较高密度、更具城市性区域的典型街景。建筑贴近道路，形成连续的街道界面

37 1925 年巴黎重建规划，Le Corbusier

38 1930年"光辉城市"，Le Corbusier

助于新城市主义在社会上的推广[23]，对不合理的道路和分区规则的打击也会更有力。从另一个角度看，Charrette 也代表了一种设计的态度：因为 Charrette 的过程是在新城市主义原则框架内通过相互理解和妥协建立共识的过程，新城市主义者从不像一些明星建筑师那样坚持构思的惟一和绝对，他们看重民间智慧，也尊重业主的追求。

新城市主义运动在美国已经历了十多年，对国外有相应的影响。英国的威尔士王子查尔斯创立的城市村庄研究所（The Urban Villages Institute）和 CNU 一直保持着联系。DPZ 事务所在欧洲及亚洲的印度、马来西亚、菲律宾等地都有许多实际的项目（图33～36）。同时 DPZ 还收到许多中国发展商的设计邀请，并尝试了小范围的工作。但事实证明，需要在认同新城市主义原则基础上的合作是比较困难的[24]。

三、以类型为基础的城市设计方法

新城市主义的设计师大部分是建筑师。从某种程度上说，新城市主义开始于建筑师们掀起的对城市空间形态的重新关注，过去许多人曾经尝试在城市和建筑之间建立起一种连续的认识，建筑类型学是两者就相同的空间问题构成对话的一种媒介。而在很大程度上，罗西的《城市的建筑》就是在类型学基础上提出了从城市的角度看建筑的问题。

类型学在抽离了功能和风格因素之后，按照建筑的构成形式对建筑进行分类。18 世纪末，德昆西（Quatremere de Quincy）以"样板"（model）作对比

提出了"类型"（type）的概念。样板指的是一个特殊的对象，它所隐含的设计行为是复制、模仿；类型是指某一类对象所共同具有的形式框架，它隐含的设计行为是在这个框架中的发挥、发展和获得变化丰富的个体。经过 20 世纪 70 年代包括建筑理论家安东尼·维德勒，建筑师罗西、拉斐尔·莫耐奥等人对类型学的进一步关注，类型的概念成为讨论空间秩序和空间设计时一种重要的语言方式。

以类型为基础的城市设计手法注重两个方面：一是建立有序而多样化的城市肌理。二是对建筑类型和城市空间类型进行组织和调配。

现代主义的城市由突兀的建筑个体构成（图37～38），表现在郊区是自由布局的独立式住宅，在城市是高层塔楼与大面积的绿地和停车场。现代主义盛行之前，建筑师如沙里宁、贝尔拉格、欧文、诺伦所做的城市设计基本上是以传统的城市形态为依据，他们的关注对象是城市肌理。新城市主义强调城市的可辨认性，而这种可辨认性来自由背景和前景构成的城市空间的整体性（图39）——这一经巴洛克发挥的欧洲城市传统。其中以住宅为主的大量性建筑是温和、中性的背景肌理，公共建筑相应成为突出的前景，近几年在柏林改造中我们还可以清楚地看到这种规划意图。新城市主义认为，"公共建筑和公共场所需要处在重要的位置，以帮助社区形成个性和文化。它们必须有突出的形式，不同与构成城市肌理的一般性建筑和场所。"[25] 配合这样的目的，每个新城市主义工程都有一套控制实施的设计规则，对建筑物和公

36

37

38

RES PUBLICA　　　　RES (ECONOMICA) PRIVATA　　　　CIVITAS

39

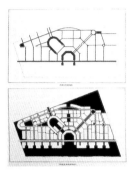
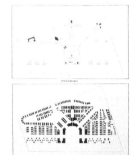

40

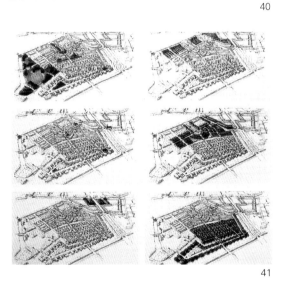

41

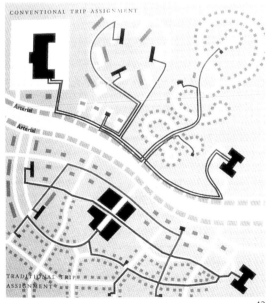

42

共空间提出要求，以获得一个视觉上平和的城市肌理。公共建筑则不受任何设计规则制约，它们可以充分释放建筑师的愿望和想像力[26]。对于这个问题，杜安尼曾经以弗兰克·盖里的毕尔巴鄂古根海姆为例作了说明，他认为如果盖里的博物馆不是建在周边那些普通而谦和的街坊建筑之中，而是在由盖里的追随者们设计的形式同样喧闹的作品的簇拥之下，其处境将会极其荒谬[27]。尽管DPZ以新传统主义著称，但杜安尼在不同的场合提到，他希望在某个新城市主义社区项目中请盖里或库哈斯来设计其中的公共建筑，他认为好的城市结构能够容纳一些表现欲强烈的建筑。但前提是，这类夸张的设计只能是特例而不能是常态。

经济、文化和政策的因素使美国战后郊区几乎全部由清一色的独立住宅组成。新城市主义一直倡导在社区中混合不同类型的住宅，这样做一方面可以吸收不同收入的居民来到同一个社区里生活，减少人和人之间因阶层和生活方式不同造成的隔阂；另一方面，改变居住类型的单一性还有助于丰富城市肌理，同时也给市场带来多样化的住宅产品。新城市主义社区中常用的住宅类型包括：联排住宅，这类住宅多见于欧洲和美国东北部的老城市当中，它紧凑、经济、适应性好，尺度统一但又允许含蓄的立面变化，它的连续性和尺度感使其成为围合街道空间，形成城市的肌理的最佳基础材料。底层为商业的联排住宅除了有一般联排住宅的特点外还提供了一种居住、工作相结合的生活方式，常常被安排在公共区域和居住区域之间的过渡地带；庭院和侧院式住宅原来是加州和新墨西哥一带的传统，受到地中海和拉美地区建筑的影响，院落式住宅同样能够相互连接，获得连续的街道面。最后，集合式住宅是密度最高、最具城市特征的一类住宅。

为避免使开放空间仅仅成为建筑体量之外的剩余空间，新城市主义强调公共空间的形式感（图40）。设计应该赋予不同类型的开放空间：如街道、绿地、公园、广场以各自不同的空间形态，而不同类型的公共空间需要不同类型的建筑的配合（图41）。一般来说，社区中心部分为密度较高的建筑类型，除公共和

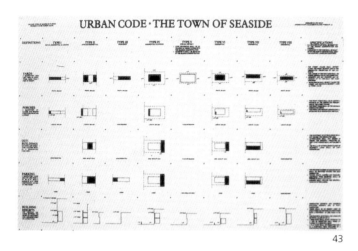

43

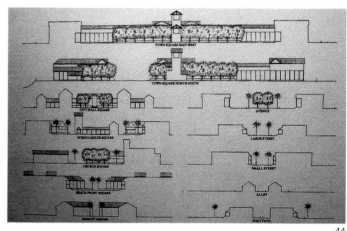

44

43 佛罗里达州 Seaside 的控制规则，这一部分规则针对的是对公共领域直接产生影响的个体建筑形式，DPZ 设计

44 佛罗里达州 Seaside 的道路类型设计

商业建筑外，可以安排集合住宅和联排住宅，同时建筑物更靠近道路，以明确地限定街道空间。越往社区的边缘，建筑类型的密度相应可以降低。在同一街区建筑类型保持连续，建筑个体的变化控制在统一的类型框架中。街道是重要的公共空间。新城市主义通常反对一般郊区常用的"尽端路"方式，因为它虽然提供了局部的私密和安静，但各条尽端路上的交通终究要堆积到几条主干道上，这些容纳着大量快速车辆的主干道将会打断空间联系，成为社区中的祸害。而以尽端路为基础的闭合组团的划分方式，也人为地拉长了临近区域之间的实际交通距离（图42）。新城市主义设计还认为社区应该有贯通的街道网；街区不宜太长，而路网应该相对较密；街道尽量收窄，同时设路面停车，这样可以自然降低车速，同时阻止不必要的穿越性的交通；街道两边安排充足的人行道和行道树，在街头路尾制造袖珍公园；建筑物后退街道的距离不能太远，这样建筑体量才能成为街道空间的有效界面；在建筑设计上，建筑入口尽量设在沿街面，通过如台阶，门廊和阳台这一类过渡元素，帮助建立室内和室外，公共和私密领域之间视觉和行为上的联系；在合适的路段可以安排街坊型小商业。这些设计手法的目的是鼓励人们在街道上行走和停留，人的活动使街道成为具有安全感的公共空间，这样的公共空间是好的社区的保证。

新城市主义社区的建筑风格较多地表现为传统风格，之所以如此一方面是因为传统和地方风格长期以来一直是美国住宅市场通行的商品语言，新城市主义致力于大量性住宅问题，就必须与消费者这方面的需求相衔接；另一方面，传统风格也的确使设计者更方便利用人们的记忆来营造社区氛围。如果类型涉及的是建筑的抽象的形式状态，去除了时代和社会留下的痕迹，是建筑的专业的语言，那么风格则是掺杂了联想、隐喻、象征、情感等等混合因素的建筑的大众语言。在发展商的推销过程中，风格又与格调、生活方式在一起经过了商品化的加工。新城市主义因此常常因为风格取向而被学院派所蔑视。事实上，新城市主义的建筑观与20、30年代RPAA的建筑观非常相似。杜安尼在回答克里格的时候提到所谓的"批评派的建筑"（critical architecture）和"改革派的建筑"（architecture of reform）之间的区别[28]。他认为批评派的建筑关心的是作品在反映现实观察时的尖锐程度，而不屑作价值判断；改革派的建筑从城市和环境效应中决定取舍，它关心建筑中隐含的社会良知，为此可以放弃对独创形式的追求，改革派的建筑是新城市主义所崇尚的。

新城市主义建筑也使人们对评论界已经习惯的、仅仅从形式的角度评价建筑，追逐明星建筑师的做法产生质疑。事实上，关心艺术与产品的民众化和大量化是进步的现代主义的传统。早年的布鲁诺·陶特（Bruno Taut）、恩斯特·梅（Ernst May）都曾经特别关注大量性社会住宅的问题。而后来的 Team X，以及与 Team X 的思想接近的阿尔多·凡·艾克（Aldo Van Eyck）等建筑师也曾经对现代状态下的邻里、社区等人居环境做过实验和研究。

四、实现新城市主义社区

在建造新城市主义社区的过程中，控制规则（code）就是将设计和实施两方面联系起来的一项关键的措施。每一个社区的设计都配有一套专门的控制规则（图43~44），它的作用将抽象的设计原则和设计意图转化为具体的、可操作的条文来控制实施过程。多数情况下，新城市主义规划不深入到每一个建筑单体，只是限定出规划中涉及的建筑类型、以及这些类型在社区中的布局。开发商根据规划图出售地块，业主各自寻找建筑师设计住宅，而开发商则负责建造社区内公共建筑。另一些时候，规划设计也包括了建筑单体，这时建筑设计的任务常常由多个建筑师事务所共同参与。无论哪种情况下，以类型为基础的控制规则提出了设计方向，让各建筑师的创造力有向度地发挥，社区可以实质性地获得预想中的空间效果。

控制规则对不同的城市空间作相应的建筑类型的配置的要求。它一般由两部分组成：一部分是城市规则，负责规定建筑的类型、体量、限高和离道路红线的距离，其目的是塑造城市空间；另一部分是建筑规则，负责建筑的外型、材料等等，其目的是在不同功能的建筑共处的情况下获得形式的统一。控制规则通常不规定建筑风格。控制规则的主要作用是形成一个稳定的肌理，而惟一不需要受规则控制、能够突出表现自己的是社区中的公共建筑。规则的执行工作由发展商派出的代表、业主委员会和驻地建筑师共同构成的小组承担，这个小组具体地负责总体规划的实现和各建筑单体建造前的设计审查。

控制规则不是新城市主义的发明，常见的郊区基本上也是在各种规则的控制下产生的。所不同的是，新城市主义的规则关心的是综合因素下的空间质量，而产生郊区的规则多为技术性规则，它们控制的是数量。常见的郊区规划规则主要包括两方面：一方面是市政的功能分区规则，即根据居住、办公、商业、休闲等不同使用功能对建设区进行分类。这种做法从1933年的《雅典宪章》开始普及，它的初始目的是为了控制工业污染对其他城市功能的损害，但结果常常是毫无必要地割裂了城市的功能，越来越多的学者认为这是一种落后的做法，是造成郊区蔓延式发展的原因之一；另一方面是政府发出的市政规划控制指标，如建筑面积、容积率、建筑高度、后退道路、停车要求等等。除此之外，与建造有关的各行各业都有自己的行业规则：银行根据市场分析决定为哪一类发展项目提供贷款，发展商根据市场分析和贷款条件决定产品定位；土建工程师有自己的一套安排基础设施的系统；道路工程师根据流量公式规定出道路的宽度、间距和转弯半径；最后，还有较近几十年新增加的各种环境法条文。各行业的规则在建设过程中精确，但彼此孤立地分头发生作用。在这些规划和行业规则之下郊区自然生成，不需要设计。这也就解释了为什么在大量性的郊区建设中建筑师可以不需要不在场。即使有建筑师参与，他的作用往往是一些与空间设计无关的美化和装饰。技术和行业的规则是一般性的，它们貌似理性但却彼此脱节。杜安尼认为，二战

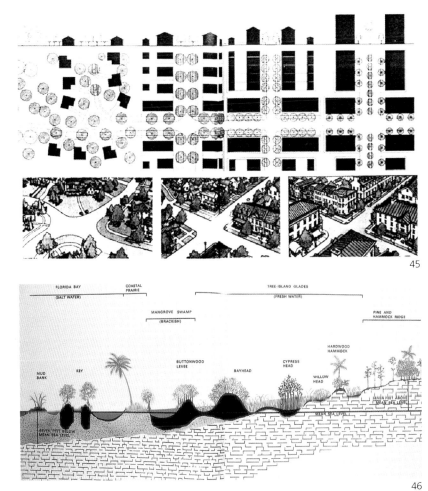

45 人居环境的渐变规律，
DPZ 设计绘制

46 Everglades 国家公园植物生态横断面

前的城市建设者是通才，他们的目标是整个村镇或城市街坊；今天的建设者是专才，他们凭借手里的各种各样的指标规定出建造过程的每一个细节，但却从没有人去关心整体[29]。如果将城市与机器相比，那么有人就认为美国大部分郊区现在的状态是散乱的零部件而不是一些完整的机器。

作为全面的操作系统，这些已有控制规则的存在使得建筑师在除了局部形式之外的几乎所有重大问题上都插不上手。尽管CNU已经成功地对许多陈腐的规则和惯例进行了挑战，但新城市主义设计在这个强大的操作系统面前仍然常常遭遇挫折，使得新城市主义者不时以唐吉诃德自嘲。目前，CNU正在与"智慧型发展"联合，酝酿一个全新的全局性控制规则。随着一个关于人居环境"横断面"（Transect）的构想的逐渐成熟，一种全局性的控制规则——"聪明规则"（Smart Code）的出现便成为可能。

1994年前后，CNU意识到专业术语的准确性影响设计的概念和设计的结果，而许多术语却在过去的几十年中被严重混淆和滥用，所以由杜安尼负责开始了一项CNU的专门工作：即以词典的形式为与规划相关的术语做详细的界定，这个词典被取名为《新城

47

48

47 德克萨斯州Fort Worth
会议中心和市中心的商
业区，1990，图片
Landiscor Aerial

48 佛 罗 里 达 州
Celebration 鸟瞰，
Robert A.M. Stern
Architects 和 Cooper,
Robertson & Partners合
作设计，总用地4900英
亩（约1980公顷），第
一期1997年完成，图片
来自 http://www.
ramsa.com

市主义词典》（Lexicon of the New Urbanism）。编写的过程使得他们感觉到非常有必要寻找到一套能够全面地体现这些概念和术语之间相互联系的理论系统。寻找的结果是他们发现与自然环境一样，人居环境也存在一种渐变的规律，这种规律可以借用生态学家常用的"横断面"的方法来表示（图45）。生态学家的"横断面"用来描摹一定区段内随地理和气候的变化而形成的生态的过渡，以及相应的土地构造、动植物等各种自然环境元素系统的变化（图46）。杜安尼的"横断面"也是这样的一个地理剖面，在剖面上表现的是一系列随着城市化深度（urban intensity）的提高，空间相应地从乡村性（rural）向城市性（urban）过渡的人居环境带。在这个过渡的过程中，人居环境中的所有建造元素及其组织方式渐次在不同区段上呈现。包括邻里组成、密度、道路尺度和设计、街区尺度、建筑基地划分、公园和广场的设计、建筑沿街部分的形式、使用功能组合的情况、停车空间的安排等等在内的这些环境因素在不同区段上有着不同的形式和表现。于是，一方面"横断面"为《新城市主义词典》中的所有术语的定义和解释提供了一个系统；另一方面，它还可以是设计工作者的工具，因为它清楚地解释了分别适用于从乡村到城市中心各区段内的各类空间方式和设计原则。1999年秋天杜安尼在中国时称他们研究的这种"横断面"系统为一种"接插板"（plug）装置，是因为它能够使设计者在面对任何类型的项目时都能获得对接式的设计指导。

既然"横断面"系统可以成为设计指导，那么它也可以被翻译成操作系统，"聪明规则"便因此而出现。无论是"聪明规则"还是旧的郊区性控制规则，作为生产线和处理器他们都具有普遍性（generic）的特点，但差别在于郊区性控制规则制造出的是无限数量的"普遍性的产品"；而"聪明规则"制造的是有限种类的"普遍性的配方"。过去各机构、行业的郊

区性控制规则彼此独立运作、互不关照；而"聪明规则"则重新赋予建筑师本应该拥有的统一协调权，使他们能够对各领域、各行业提出的条件进行综合。"聪明规则"并没有废除原郊区性控制规则中的市政、道路、停车、消防等具体条文，而是把它们的适用范围分别规限在"横断面"上的不同环境区段内。从"横断面"系统的角度看，旧的控制规则允许不同性质的建造元素任意组合，因而使得城市、郊区、乡村彼此面目不分。以美国许多城市目前的中心区为例：它们有着城市性的高层建筑；但同时其中大面积的空地、穿行的高速公路、建筑物的彼此独立、以及建筑超大的后退红线距离都提示出一种强烈的郊区性（图47）。

目前"聪明规则"已经经历了几次修改，正处在最后的编制和实验阶段。和所有设计规则一样，"聪明规则"同样也追求简明的、图表与文字相结合的表达方式和准确的技术性的语言。如果政治和经济气候合适，"聪明规则"一旦被政府机构采纳，那么它对于城市建设的重要性就相当于电脑操作系统的一次全面的改变。它将意味着新城市主义运动将结束过去不得已的从下至上的行动，而获得一条自上至下的途径；同时，新城市主义也将摘掉许多人给它扣上的"新郊区主义"的帽子，"聪明规则"将证明其原则和方法可以覆盖到全部的人居空间。

五、新城市主义是新时代的美国梦？

新城市主义作为一个由建筑师发起的设计运动能够引来众多其他领域的关注，成为一项大众性的运动，这在现代主义之后是第一次。在越来越多的建筑师怀疑甚至反对以设计影响社会的这个时代，新城市主义者却乐观地相信设计能够成为强大的社会政治力量，相信合理地运用这种力量能够帮助美国人走向更好的生活。新城市主义者是改革主义者，他们的目标远远超越了空间设计领域，扩大到了与建造环境有关

的公共政策。从这个意义上看，以新传统主义著称的新城市主义实质上参与了一项具有现代主义的精神的、以谋求进步为己任的社会改造活动。

新城市主义将50年以来美国的蔓延式建设方式设为对立面，对于这一点，除了少数主要在经济领域的学者之外，大部分人认同新城市主义对当今社会城市问题的判断。但是与此同时，更多人怀疑的则是新城市主义对于社会改革的态度。这些怀疑包括：新城市主义对改变世界的能力是否过度自信；对未来的设想是否过于绝对；它的原则和措施是否变相地将"征服与改造"的对象从自然界扩展到人的头上；新城市主义建立在和谐、统一、整体基础上的美学观是否会妨碍城市成为能够容纳矛盾和冲突的、真正的社会空间。

90年代末，迪斯尼公司在位于佛罗里达的一片公司预留地上按照新城市主义的原则开发出一个新的居住社区——塞列布雷辛 (Celebration)（图48）。塞列布雷辛的建成使过去已经存在的对新城市主义的批评立即有了更具体的解释。从那些在塞列布雷辛生活过和访问过的人所写的报道中，我们很少见到对塞列布雷辛的环境本身的批评。在这个由纽约建筑师罗伯特·斯特恩主持设计的社区里，街道是可供人活动和逗留的真正的室外"客厅"，它的公共空间充满魅力、令人愉悦，人们步行就可以来到镇中心享受娱乐和生活便利，居住、商业、办公活动融洽地共存，社区提供了多种不同类型的住宅而不再是千篇一律的独立别墅。总之，塞列布雷辛和许多新城市主义社区一样，具有不同于一般郊区的"城市感"。攻击塞列布雷辛的人则首先认为这里表现出的是一种主题公园化的、人为的城市幻象。迪斯尼一直以制造场境的卓越能力著称：当人们纷纷抛弃城市走向郊区的时候，迪斯尼用主题公园留住了传统"主要大街"，再造出已经逝去的城镇生活。而在人们逐渐失去群体意识的今天，迪斯尼推出了塞列布雷辛，似乎是要将孤独冷漠的美国郊区居民转化为有公共精神的社区群体中的成员[30]。所以，对于这个貌似城市的地方在现实世界当中究竟是一个真实的存在还是一个躯壳人们表示怀疑。另一方面，人们对塞列布雷辛的反感还来自于它背后的大公司。现代社会越来越成为商业集团的天下，这些集团组织力量的强大伴随着的是社会民主和个体自由的削弱。塞列布雷辛似乎提示了一个经过安排的公共社会，一种在大经济集团操控下的市民生活。一些塞列布雷辛的居民也承认他们选择在这里置业是因为它们信任迪斯尼的名望和实力，批评者因此更指责人们接受迪斯尼对自己的周边环境、甚至是行

为的约束，是以民主为代价换取物业的保值。在与各类发展商合作的过程中，新城市主义也受到类似的批评，随着地产杂志《营造商》(Builder) 和越来越多的地产宣传册开始把社区感列为最有吸引力的卖点之一，批评者认为新城市主义设计者所追求的社区氛围只不过是迎合开发商、操纵消费者的外包装而已。被新城市主义认为是设计和实施之间的纽带的控制规则也就成为攻击的重点，因为控制规则所要求的完善、和谐可能导致设计对空间的过度控制，从而阻止一些真实城市中常有的怪异、突发性、不可预料、躁动、碰撞事件发生，这种观点下，负责实施规则的业主委员会一类的组织也就是一种可疑的"私营政府"。

塞列布雷辛是城市外的新建社区，就地理位置而言大部分新城市主义的项目同样也是在从未开发过的土地上的新建的郊区，因此人们认为CNU并不像自己所说的那样去贡献城市而只不过是改良郊区。对这个批评，杜安尼认为新城市主义的原则和"横断面"理论实际涵盖了从乡村到郊区、城镇的所有空间问题，CNU的设计师也同样活跃在已有城市社区的改造和插建工程中。但由于美国90%的建设发生在新开发土地上，而这部分建设在CNU之前很少有建筑师的参与，CNU的工作也是为了改变这种状态。

社区是新城市主义社会改造思想的核心议题。库斯勒认为许多美国人渴望生活在真正的社区，只是人们不知道如何才能获得具有社区感的物质空间[31]。围绕社区建设能不能成为社会改造的一剂良药的问题使得关于新城市主义的讨论远远超出物质空间范畴，到达文化、经济、甚至政治领域：在21世纪的今天是否还存在着传统意义上的城市社区这样的概念？美国人是否真的如新城市主义者分析的那样需要社区？社区能不能使生活在冷漠的郊区环境中的美国人回忆起失去的公共精神？人们能否割舍对汽车的独立性的钟爱而选择相互依赖的社区和邻里生活？在已经完善的高速公路网基础上再建造地区性的公共交通线系统在经济上是否可行？具有社区形象的物质空间是否一定能够容纳实质上的社区生活？混合着居住、商业和办公功能的理想型社区能否在当前的经济模式下给社区居民提供高质量的就业岗位，也就是说霍华德式的自给自足的花园城市是否具备现实的可能性？从政治经济角度出发研究都市的大卫·哈维 (David Harvey) 更认为，稳固的社区常常是排外的，社区带有一种社会控制和监视的机制，甚至可能成为种族主义和阶级歧视的温床[32]。社区引发的争论虽然广泛但常常缺乏建设性，不少学者只是将新城市主义放到自己既定的理

论框架中做了一次带有主观色彩的应用式批判。

无论如何，CNU 对以物质空间的方式实现社会改革的目标所作的承诺给 CNU 带来了最多的批评和怀疑。新城市主义社区能否真正吸引不同收入、不同种族的居民？能否提供真正的商业和就业机会？这些问题还需要由发展商和设计师控制之外的市场和政策因素来决定。而更多无法回答的问题还包括：新城市主义如何在美国的社会、经济、政治和文化环境中产生？它是不是体现了后资本主义市场机制的不可见之手对城市和社会结构的重新安排？新城市主义引起的巨大的公众反响是否所代表了某种文化新动向？新城市主义社区会不会成为继郊区之后美国人追求的下一个乌托邦？

对于多数建筑学院派的人来说，新城市主义最不能被接受的地方是它在风格上怀旧和设计思想上的保守甚至倒退。这是因为新城市主义看重现代主义之前的城市形态，而许多新城市主义的社区又表现出一种传统城镇的风格。对于这一最常受到的攻击，杜安尼认为，新城市主义从来都没有试图躲避现实，相反它贴近当时、当地的材料技术方式和人们普遍的物质生活方式，在好的建议面前随时准备调整和变通，如果怀旧指的是一种遁世的态度，那么新城市主义根本不能被称作怀旧。至于风格本身则是传递情绪的语言，传统和乡土并不是新城市主义设计在风格上惟一选择，但这种风格在大量性住宅中占绝对主导地位，它是民众普遍情感的表现，如果不能接受这个现实，只能说明对纯粹现代主义的依恋使人们看不到建筑在现实中的复杂性，更无法接受美国特色的实用主义。学院派的问题在于固执地维护"有学识但没有传统的先锋派与没有学识但有传统的普通民众"[33]之间永远打不破的僵局。

杜安尼还认为大众不喜欢现代主义建筑并非完全没有道理。大半个世纪的城市实践证明功能主义的城市理论和以自我形式为中心的现代主义建筑没有说服力。现代主义建筑以独立的方式存在，它们严谨、

抽象、精确、特殊，因而脆弱，它们常常是生活中的奢侈品；仅仅从形式而不是从公共生活出发的建筑评论更使得建筑师们为了创新而夸张、做作，甚至歇斯底里地制造大动静来赢得注意力。从人文的角度看，城市意味着集体和协作，好的建筑翻版常常好过糟糕的原创，建立在"拷贝的建筑"基础上的 30 年代之前的城市往往好过 60 年代以后建立在"创作的建筑"基础上的城市[34]这一点就是证明。建筑历史学家文森特·斯卡利 (Vincent Scully) 也曾说过："所有这一切对于创造发明、以及对于从未出现过的设计形式的崇拜都其实与建筑学没有什么关系。"

在与学院派的关系当中，新城市主义和前卫主义的矛盾最突出。前卫艺术关注不寻常的状态，热衷于对非理性的捕捉，对城市内在的规则这一新城市主义所关心的题材表现出过敏性的抵制。同时，知识界的传统是要在现实面前保持冷峻的态度和警惕的距离，而新城市主义者却是热切的行动者。建筑理论家常常满足于像作为作家的乔尔·加鲁那样，能够透过混乱的现实，"在大多数人还没有能意识到的时候就清理出我们这个时代的趋势"。像库哈斯这样具有杰出的智慧和洞察力的知识分子兼"煽动者"则着迷于"现代生活中那些令大多数人憎恨的现象和东西"。

新城市主义不像前卫主义那样自私，也不像另一种持顺其自然态度的"日常城市主义"那样退避。[35]虽然它对改变世界的能力的估计也许有所夸大，但是假如我们暂时避开对新城市主义宣言式修辞习惯的不满，回到设计的目的这个最基本的东西上来，那么我们就必须承认设计最终是为人而做的，所以设计者要帮助大众喜欢和鉴赏城市的生活，参与社区，以可以被理解的语言和大众沟通，为大众提供他们能够喜欢并感到舒适的场所。新城市主义的真正力量在于它的确做到了这几点。

在新城市主义之前，无论是建筑设计行业还是建筑学院都没有对当前郊区型都市的现象进行过严肃的关注。有职业抱负的建筑师很少介入郊区，对郊区的大量性

住宅和购物中心尤其没有兴趣。CNU 推动了对城市和郊区的空间机制的全面分析。新城市主义者在过去的十多年里一直研究什么样的社区才是人们喜爱的社区，其结果就像戈德伯格在书评中所写的，他们"比任何我们同时代的其他的人，都更清楚地阐述了好的城市规划所包含的各种元素。"凭借着这种对城市空间的认知力，和对一个不同于现在的未来的信心，他们试图恢复一种欣赏城市的风气，建立一种在彼此接触和相互依赖基础上的、热闹的公共生活。新城市主义带给人们的不是发明而是反省。邻里、街道、步行尺度这些新城市主义的基础概念也都不是新的名词。事实上 60、70 年代的现代主义建筑师就已经开始重新探讨邻里、街道、步行尺度这些在英雄时代被取缔的东西，当时的设计者试图为这些传统的概念试验新的空间形式：其中包括步行商业街、空中街道、还有史密森夫妇 (Peter and Alison Smithson) 的空中邻里等等，不过许多这些建立在传统概念基础上新的空间形式并没有获得太强的生命力[36]。新城市主义的重大贡献是将街道设计、开放空间、功能混合等等这些经过时间检验的古老的知识和技能重新带回到规划领域中来，这些东西在现代主义之后的几十年里虽然没有被抛弃但至少是被忘却。新城市主义者是这个时代的行动主义者，CNU 的中心人物是开业建筑师而不是建筑理论家，他们更善于用实际工程说话，他们的实践成功地改变了当代纯功能性的规划和陈腐的道路交通设计标准。而且像所有的实践者一样，他们看重的往往最朴素的道理：要获得真正的邻里就应该为人而不是为汽车做设计。新城市主义者突出的地方是他们在服务信念时的执着，这一般设计者难以做到的。

新城市主义原则起初是针对美国郊区提出的，虽然 CNU 通过许多实践已经证明它同时也是一套适用于其他建造空间的好的设计原则和理论系统，不过人们也许还是有理由怀疑这些原则是否一样可以解释香港、东京这样一些在很大程度上是从经济和文化生态中繁衍出来的形态。我们也

会担心新城市主义社区的个体形式过于完善是否会导致它们成为结晶体，从而缺乏弹性、兼容性和结合力。新城市主义原则对于中国的问题也许没有直接的针对性，但随着全球化的进程，美国作为最发达社会的象征，它的生活方式正在销往世界各地，尤其是发展中国家。美国经历的事情，无论是好是坏，对其他地方都有巨大的示范效应。事实上，我们可以看到许许多多美国的现象正在被模仿，就像出自80年代美国的封闭式居住区今天已经是中国住宅产品的惯例。所以对于中国来说，新城市主义不仅是一些智慧、经验和方法，它更帮助我们认识美国的城市主义，从而更清楚地理解我们自己。

杜安尼喜欢的一种观点认为好的老城市给人的感觉是一双合脚的旧鞋[37]，他说"当我们看到完全错误的评价城市的文章时，我们很少反击。我们对自己说：只要再过上15年，我们就可以看到这些项目中哪些才是真正有分量的作品。"[38]新城市主义的"新"最终在于它在探索城市潜力方面付出的前所未有的努力。然而作为一种设计倾向，连杜安尼自己也清楚地承认它不会是未来惟一的一种方向和方式。**E**

参考文献

[1] 参见Joel Garreau, Edge Cities: Life on a New Frontier. Originally published in 1991

[2] Mike Davis, "House of Cards" (Las Vegas: Too many people in the wrong place, celebrating waste as a way of life) Sierra Club网站 http://www.sierraclub.org/sierra/199511/vegas.asp

[3] Joel Garreau, "Edgier Cities" Wired Magazine, Issue 3.12 - Dec 1995

[4] "15 Ways to Fix the Suburbs" Newsweek, May 15, 1995

[5] Robert Fishman, Bourgeois Utopias: The Rise and Fall of Suburbia, New York: Basic Books, Inc. 1987, 51-62

[6] James Kunstler, The Geography of Nowhere, 1993

[7] Jane Jacobs, The Death and Life of Great American Cities, 1993 (原版本1961), New York: Modern Library, 37

[8] Peter Gordon and Harry W. Richardson, "The Sprawl Debate: Let Markets plan", http://www-rcf.usc.edu/~pgordon/

[9] "15 Ways to Fix the Suburbs" Newsweek, May 15, 1995

[10] John Dutton, New American Urbanism: Reforming the Suburban Metropolis, Skira, 2000, 19, 引述Duany, Plater-Zyberk, Speck 所著 Suburban nation 中的文字

[11] Peter Calthorpe, The Next American Metropolis: Ecology, Community and the American Dream, Princeton Architectural Press, 1993

[12] Andres Duany, Elizabeth Plater-Zyberk, Alex Krieger, Towns and Town making Principles, New York: Rizzoli, 1991

[13] 《新城市主义宪章》(Charter of the New Urbanism)，前言 http://www.cnu.org/

[14] 《新城市主义宪章》第19条

[15] Colin Rowe and Fred Koetter, Collage City, 8th printing (Originally published in 1991), MIT Press, 1995, 50.

[16] Andres Duany, "Our Urbanism, Duany Responds to Alex Krieger" Architecture, December 1998

[17] Dutton, New American Urbanism, 30.

[18] 1999年3月哈佛研讨会: Exploring (New) Urbanism at the GSD

[19] Andres Duany, Rem Koolhaas and Alex Krieger (moderator), "Exploring New Urbanism(s)", Studio Works, Princeton Architectural Press, September, 2000

[20] 中国设计界对此的关注主要可参见沈克宁在《建筑师》第80、81期上发表的关于新城市主义和DPZ事务所的文章. 中国的许多开发公司分别在它们的公司杂志, 地产研讨会等不同场合对新城市主义做了更加广泛的研究和宣传。

[21] 瓦莱丽·波特费, 洛朗·居蒂耶雷. 生活在高密度区. Domus, 中国建筑工业出版社 2/2001, 50

[22] 参见童寯. 建筑教育. 《建筑师》95期, 4

[23] Dutton, New American Urbanism, 37.

[24] 杜安尼与一家中国开发公司的通信. 参见《半岛第一章》. 香港建筑业导报出版社，2002, 286.

[25] 《新城市主义宪章》第25条

[26] Congress for the New Urbanism, Charter of the New Urbanism, McGraw-Hill, 2000, 164

[27] Andres Duany, "Our Urbanism, Duany Responds to Alex Krieger" Architecture, December 1998

[28] 同上

[29] Andres Duany, "A New Theory of Urbanism," Scientific American, December 2000, 转引自DPZ事务所网站: http://www.dpz.com

[30] Michael Pollan, "Town Building is No Mickey-Mouse Operation" The New York Times Magazine, December 14, 1997, 56-88.

[31] James Howard Kunstler, Home from Nowhere: Remaking our Everyday World for the 21st Century, Simon & Schuster, 1996.

[32] David Harvey, "The New Urbanism and the Communitarian Trap" Harvard Design Magazine, Winter/Spring 1997.

[33] Robert Campbell, "Marrying Modernism to Tradition: on José Rafael Moneo's Cathedral of Our Lady of the Angels" Metropolis, December, 2002.

[34] Andres Duany, "In Defense of Traditional Architecture" The American Enterprise Online, January/February 2002, http://www.taemag.com

[35] "日常城市主义"强调对存在的理解和宽容, 主张设计应该尊重已有格局. 具体地对待城市中多层次、复杂、和矛盾的各种要求. 参见John Chase (Editor), John Kaliski (Editor), Margaret Crawford (Editor), Everyday Urbanism, Monacelli, 1999

[36] 参见Spiro Kostof, The City Assembled, Boston: Little Brown and Co., 1992, 237-243. Willian Whyte在 City: Rediscovering the Center 中也写到, 现代规划喜欢"将本来发生在街道上的活动搬到其他地方. 在对抗街道的战斗中, 人被驱赶到天桥上, 流放到地下通道中, 在封闭的建筑中庭和廊道中聚会, 惟一不鼓励人活动的地方是正常的城市街道."

[37] http://www.periferia.org/publications/Quotes.html

[38] Andres Duany, "Duany to Paul Goldberger RE: The Prince of Wales", DPZ事务所网站: http://www.dpz.com/B-02-andres.htm

（上接第33页）

参考文献：

1. John A. Dutton . New American Urbanism Reforming the Suburban Metropolis . Skira editore 2000

2. Edited by Congress for the New Urbanism . Charter of The New Urbanism , Mc Graw_Hill

3. Peter Katz . The New Urbanism Toward an Architecture of Community. Mc Graw_Hill,Inc.1994

4. Jane Jacobs. The Death and Life of Great American Cities . New York. Random House, 1961

5. 胡四晓. DUANY&PLATERZYBERK 与"新城市主义". 建筑学报.1999(1)

6. 方可, 章岩.《美国大城市生与死》之美丽缘何经久不衰？——从一个侧面看美国战后旧城更新的发展与演变. 读书, 2000(3)

7. 桂丹, 毛其智.美国新城市主义思潮的发展及其对中国城市设计的借鉴. 世界建筑.2000(10)

8. 沈克宁, 马震平, 人居相依——应当怎样设计我们的居住环境, 上海科技教育出版社, 2000.

9. 王受之.《当代商业住宅区的规划与设计——新都市主义论》, 中国建筑工业出版社.2001

注释：

[1] Edited by Congress for the New Urbanism . Charter of The New Urbanism, McGraw_Hill.P89.

[2] 转引自John A. Dutton. New American Urbanism Re-forming the Suburban Metropolis. P16

[3] 同1

[4] 沈克宁, 马震平. 人居相依——应当怎样设计我们的居住环境, 上海科技教育出版社, 2000, P191~199

[5] John A. Dutton. New American Urbanism Reforming the Suburban Metropolis. P51

[6] John A. Dutton. New American Urbanism Reforming the Suburban Metropolis. P54

[7] John A. Dutton. New American Urbanism Reforming the Suburban Metropolis. P49

[8] 同(1)

[9] Jane Jacobs. The Death and Life of Great American Cities. New York. Random House, 1961. P143

新城市主义的三个领域

沈克宁

【内容摘要】新城市主义的理论和设计实践集中在三个领域：郊区城镇设计，区域和可持续发展之社区的设计和旧城改建。本文通过三位美国建筑师DPZ，卡斯洛普门的设计和理论对这三个领域进行了讨论

【关键词】城市形态，建筑类型，郊区城镇模型，区域设计，可持续发展社区，旧城改建，滨海城

作者：沈克宁，海外学人

新城市主义作为一种运动已有十余年的历史。在美国有关新城市主义的热火朝天的讨论在90年代初到90年代中期已经基本结束。新城市主义的影响力远远超出建筑领域，他为社会公众、营建开发商、城市规划、市政管理、政府部门、政界要人所关注。其表面原因是新城市主义的市镇设计和改造所采用的一些手法较容易为建筑和城市设计领域之外的人们所理解，他们使用的一些形式和策略引发了大众感情上的共鸣，认为触及到了居者所关心的问题。较容易为人们理解的便是新城市主义设计采用了'传统建筑形式'和'传统城镇尺度'。从专业和更深层的角度来讨论新城市主义引起人们的反响的原因有三：一是人们对小城镇生活中的浪漫和富有诗意的生活的向往；二是新城市主义的城镇模型具有可持续发展社区的性质；三是新城市主义的设计将步行系统的重要性提升到车行道之前，将对行人的重视程度提升到对汽车的重视之前。由此产生的环境对人们有很强的吸引力。

新城市主义的实践始于80年代初，到90年代初便成为城市设计的主流。在新城镇设计方面的代表是迈阿密建筑师杜安尼和普蕾特·兹伯格（DPZ）。他们以滨海城（Seaside）、坎特兰镇和温塞镇（见图1～6）为代表的一系列城镇设计使得"新城市主义"为人们广为所知。DPZ依据他们对区域法、区域基本建设、交通工厂和造价的熟悉开始了一场改变美国郊区设计基本原则的运动，这场运动发展到后来就成为今日人们称之为"新城市主义"的运动。人们认为"新城市主义"的城镇是一种紧凑、严密织构的社区。其发展模式结合了目前的社会和环境考虑，如减少机动车使用量，鼓励使用公共交通，更为多样、复杂和混合的住宅，尊重自然环境和具有历史特征的场所，保持传统市镇的特征，如宜人的尺度、蜿蜒的街道、明确界定点公共空间、在步行距离内的多用功能中心和多样的住宅类型，以及使用区域和传统的建筑形式。大众们对DPZ设计的城镇中建筑使用传统建筑形式和风格十分喜爱，但是这些城镇成功的真正原因还在于DPZ在设计上采用的微妙的城市主义传统：设立市镇中心、市政建设、街道网格、狭窄的街道、缩小的建筑地界和重新限定建筑红线。他们在设计中一是倡导将郊区的土地分划作为城镇设计来对待，二是向分区制的常规提出挑战，并自己制定能够形成场所的以传统模式为基础的城市和建筑条例和法规，三是与直接营造现代郊区景观点人们交流和工作。他们的设计思想和理论强调传统、历史、文化、古典主义、地方建筑传统、社区性、邻里感、场所精神和生活气息。他们创造了具有意义的场所，重新建立人们失去的步行道、行列树、街角商店、邻里活动区。他们的设计显示了设计者对人类天性的理解，也显示了他们对存在于人类、社团、环境构成、场所意义之间存在着的逻辑的理解。他们的成功寓于规划设计的历史感，在设计滨海城时，他们对美国城镇设计的整个历史进行研究，从中发现规律、模式和教训。滨海城是最先开始对美国城镇、郊区和区域进

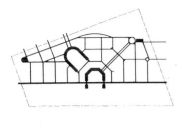
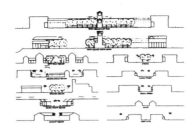
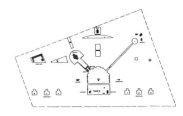

1

行严格检讨的实例，它首先采用美国城市传统，即变化多样的小型花园城市作为样本，对过去50年代郊区住宅区病态的街道和邻里加以改变。20世纪90年代是滨海城作为城市模型加以推广而成果丰硕的时期。这个时期的城镇建设特点是老式的、高密度的、小尺度和亲近行人的。该模型成为美国城镇规划和设计的范式。

新城市主义的主要理论著作大都发表在90年代初。最早出现的理论著作是凯包夫 (Dong Kelbaugh) 和卡斯洛普共同编辑的《步行街手册：一种新城市设计策略》(Pedestrian Pocket Book: A new Suburban Design Strategy)[1]。这本出版于1989年的手册只有几十页，但内容诚实、温和而谦恳，具有较强的学术性。其后出版的是杜安尼和普蕾特·兹伯格 (DPZ) 的《城镇和城镇创造原则》(Towns and Town-Making Principles, 1991)[2] 和所罗门的《重建》(ReBuilding, 1992)[3]。再其后是卡斯洛普的《下一代的美国都市：生态，社区和美国梦》(The Next American Metropolis: Ecology, Community and the American Dream, 1993)[4]。上述三部著作都是作者通过对自己过去几年的设计和规划实践进行总结，而系统化地提出设计理论。DPZ和卡斯洛普的著作实际上是设计模式著作，人们可以依据他们在书中提出的原则和模式来进行设计。他们的著作和设计实践奠定了他们成为"新城市主义"奠基人的地位。旧金山建筑师凯兹的《新城市主义：走向社区的建筑》(The New Urbanism: Toward an Architecture of Community, 1994)[5] 则是新城市主义的设计和理论出现和成熟后对该运动的一种总结。

新城市主义在美国的发源地有二，一是西海岸（主要是加州和华盛顿州），二是东南部。东南部其实主要就是以佛罗里达州迈阿密为中心的毕业于耶鲁和普林斯顿大学的建筑师杜安尼和普蕾特·兹伯格

2

3

1 DPZ 城镇设计的基本法则，法则共有七条：总图、街道、网络、步行网络、街道剖面、控制平面图、公共建筑和广场、法规

2 DPZ 设计的滨海城一景 (seaside, 1981)

3 DPZ 设计的坎特兰镇鸟瞰 (kentlands, 1988)

(DPZ)。他们的理论和思想表现在《城镇和城镇创造原则》一书中。西海岸的情况稍微复杂一些，人员较多，分支和流派也较杂，但主流是以伯克利加州大学和旧金山为中心的旧金山湾区的教授和建筑师。东南部的DPZ主要侧重于美国郊区新城镇的设计，其主要设计项目大都位于美国南方。他们的作品较多，而且由于是新城镇设计，其城镇和建筑形象对公众的影响也较大，受到的宣传也较多。西海岸的新城市主义的贡献主义有两方面：一是城郊和区域规划和设计，以及将可持续发展的讨论引进城市和社区设计。其主要代表是当时任职于伯克利建筑系的讲师卡斯洛普。他

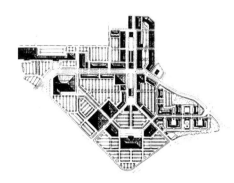

4

5

6

4 DPZ 设计所的坎特兰镇平面

5 DPZ 设计的文塞村一景 (The village of windsor, 1989)

6 DPZ 设计的班巴顿镇透视 (Bamberton, 1992)

是最早进行新城市设计理论和实践讨论的人物,他主要是从城市步行街系统的设计和研究入手的。当时伯克利建筑系教授马克麦克 (Mark Mack) 与他一起进行了由国家环境署资助的有关发展"步行口袋"思想的主题研究。他们的研究在伯克利建筑系的工作室进行了六年。当时在伯克利进行此方面设计研究的还有勒如普 (Lars Lerup)、辛凡德伦 (Sim Van der Ryn) 和所罗门 (Dan Solomon) 各自领导的工作室。同时,由华盛顿州大建筑系主任凯包夫主办的系列研讨会也是针对此论题进行的,与会的主角则是从伯克利来的教授。其中的第七次研讨会的内容由凯包夫和卡斯洛普编辑出版了《步行街手册:一种新城市设计策略》

中。卡斯洛普还是最早进行城市和社区可持续发展研究的建筑师。1986 年他与辛凡德伦出版了《可持续社区》(Sustainable Communities)一书。而全面系统地阐述他的理论城郊可持续发展的城镇理论的著作是《下一代的美国都市:生态,社区和美国梦》。这是系统地从可持续和生态角度论述新城市和社区设计和区域规划理论的著作。二是有关旧城改造和旧城市社区街段的重新设计。这一领域的主要理论和实践者是伯克利城市设计和建筑教授所罗门。所罗门的设计实践集中在加州旧金山湾区。他的城市设计和旧城改造的理论是通过对自己的建筑项目和方案的设计总结而获得的,其理论反映在《重建》一书中。

1996 年四月的《建筑》杂志是以"新城市主义/旧城市主义"为主题的,其中的一篇文章将新城市主义的发展方向分为四个领域:新城市主义的住宅开发区、新城市主义的郊区、新城市主义的城市改造,和新城市主义在美国国外的发展[6]。其实,新城市主义的理论和实践可以分为三个领域:新城市主义的郊区设计理论和实践,新城市主义的区域规划和生态可持续发展,和新城市主义的旧城改造。这三个领域的主要代表是:DPZ、卡斯洛普、和所罗门。下面通过上述三位建筑师的实践和理论,从这三个论题对新城市主义的设计实践和理论进行讨论。第一个论题是有关 DPZ 和卡斯洛普的郊区新城镇设计的,第二个论题是有关卡斯洛普有关区域规划和可持续发展的,第三个论题是关于所罗门旧城改建的。

一、郊区的城镇模型

DPZ和卡斯洛普的设计实践主要是针对郊区设计的策略。郊区曾经是进步的思想和激进政治的载体。19世纪末霍华德在他的乌托邦社会改良著作《明天的花园城市》[7]一书提出了将郊区提升为除城市和乡村之外的第二种生活区域的思想。自美国建国以来,人们就一直保持着那种所谓的美国梦,这个梦想便是能够生活在即靠近城市又接近乡村的地方。要有自己的地产,要能有不断搬迁的自由,要有自主性和隐私权,所有这些都在一定程度上与建立良好的社区有着矛盾。50-60年代后,美国的中产阶级为逃离大城市的各种弊端,而向郊区发展。他们认为郊区是发展和实现自己生活理想的地区,从而导致郊区大规模的扩展。但是,现代主义的郊区规划原则和方法并没有创造出一种美好的社区,而是造成以车为主角的铺展的,没有明显形态和特征的中间环境。为改变这种状况,DPZ提出采用小城镇形态作为设计原则的思想。他们认为既然大多数郊区单元的规模远远超出传统和历史上的城镇规模,就应该回到使用过去通常指导城镇设计的原则来设计郊区,而小规模的城镇形态便是基本的原则。小城镇是城市主义的一种特殊形式,它与大城市不同,有着自己的制约市镇规模、成长、扩展,以及对公共领域形态、构造和组织的内在力量。对小城镇的理解需要仔细研究其空间经验和平面图示。小城镇的正常衍化需要依靠对城市的关键部件和内容的解决方式相对稳定,保持这些关键部件和内容的解决方式、设计策略、形式体量的设计原则便得以保证城镇特色,形态和空间经验不因那些不断变化的要素的变化而改变。

DPZ和卡斯洛普的"新城市主义"特别反对现代主义的郊区设计策略,认为现代主义采用的铺展的低密度郊区设计思想,使得城镇没有活力。其原因一是现代主义的规划理论没有重视步行街的重要,二是底密度使得邻里和社区没有足够的居民来支撑商业和工业活动,三是现代主义的功能分区,隔离了有机的生活,使得郊区成为单一功能的社区。但是,新城市主义的设计并没有区分出城市、郊区和城市内部街区重建的设计策略。尤其是对现代主义思想和理论进行猛烈攻击的卡斯洛普,在设计上并没有解决和改变郊区扩散的现状。相反他们提出的仍然是郊区设计策略,而没有提出真正的城市设计策略。实际上,人们普遍认为新城市主义的思想和设计策略,以及其对象主要仍然是美国郊区。新城市主义者们也声称未来的美国郊区看上去会更像过去的城镇[8]。

新城市主义的一个特点就是在新城镇设计中对建筑类型学的重视,他们的信条是城镇设计要遵循城市设计类型学。DPZ在设计中规定在某一特定城镇中可用和不可用的类型。普蕾特·兹伯格说:"我们的哲学是城市设计直接来自对建筑类型的了解和掌握……,如果不采用类型的思想和范畴进行思考,建筑和城市就变得混乱一片、模糊不清。"[9]这是对意大利建筑师罗西有关城市形态和建筑类型学理论的继承。罗西的《城市的建筑》[10]是从对欧洲战时城市大规模破坏和战后重建开发而来的,他试图从历史中的欧洲城市中寻找答案,发现城市是如何生长的,如何在历史中转变的,以及建筑类型是如何与进入城市的形态一起进化和转变的。罗西所提出的不是一种建筑形式和风格,而是一种分析的方法,一种处理城市住宅、设计和变化的手段和方法。这种方法考虑了特定的历史和变化的模式和传统,从而建筑类型就成为他进行设计的一个主义手段和坚实基础。对罗西来说,建筑类型并不是抽象的,而是根源于特定的风俗和特定城市或特定城市区域的传统习惯。但他反对重复使用类型,要求在对特定城市进行详细分析的基础上进行有创造性的变化并进行使用,而这正是DPZ在设计新城镇时特别重视的。

在DPZ发展出城市设计模型和设计原则的初期,他们对欧洲的理性主义城市设计理论家,折衷主义古典建筑师克里尔兄弟的城市设计理论很感兴趣。R·克里尔的《城市空间》和《建筑构成》两书试图探索城市和建筑中的类型学构成原则。克里尔认为"街道和广场是严格精确的空间类型,街区则是街道和广场构成的结果。"[11]他讨论了从古典和传统欧洲城市中抽取城市空间创造的规律,那就是重视城市街道和广场等城市空间的塑造。克里尔的理论探讨具有一种理想和幻想性,一种复古的乌托邦理想。通过克里尔的著作,DPZ了解了真正的城市是如何建造和形成的。可是,克里尔所论述的是欧洲城市模式,因此他们决定采用克里尔的城市思想并结合美国城市的历史、文化和建筑类型,尤其是滨海城所在地区的美国南方乡土城镇形态和乡土建筑的类型去形成一套美国城镇的建造方法。在接到设计规划任务后,他们就在美国南方对小城镇进行摄影、测绘、观察街道、树木、停车场、商店、门廊等。经过测绘他们认识到小城镇可以为今日的城镇设计提供一种模式。据此,DPZ为滨海城提出了城镇平面和一套城市规则。他们提出了对典型住宅区街道构成方式进行大幅改变和重构的方法和方案。他们修改了过去的城市组织结构和空间的程式设

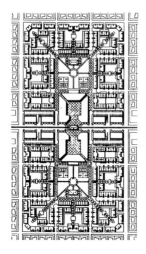
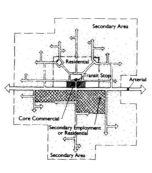

7

8

7 卡斯洛普提出的多用途
"步行口袋"社区，这种
社区可以发展为新镇和
区域发展的设计策略

8 卡斯洛普设计的南布兰
伍德村（South
Brentwood village，
1991）

9 卡斯洛普的杰克逊—泰
勒复兴策略（jackson-
Taylor Revitalization
Stzaregy,1991）方案试
图将原有的以铁路为主
的工业区转化为多用途
社区

9

计，代之以有机、协调和统一地指导城市如何在有控
制、有参数的情况下增长的设计标准。实地考查表明
传统城镇的街道、公园和广场的模式，以及靠近街道
的住宅和住宅凉廊与紧密的社团和邻里之间的关系。
他们识别出那些构成紧密的社团和邻里的基本的物质
要素，这些要素包括：总体平面和规划，街道网络，
步行道系统，街道剖面，限定性平面和法规。每种建
筑类型的模式都与某种特定的城市街道类型相对应。
他们的设计原则是要遵循城市设计的类型学。这个原
则是从美国历史传统城镇和社区规划中寻找出基本设
计原则，并发现社区构成的基本要素，建立起一套设
计和构成的基本法则。

建筑师和城市设计者在新城镇设计开始时就要制
定城市法规和建筑规章以获得预期和计划的城镇结
果。法规是一系列的文件以保证执行城镇设计。城市
条例和法规控制私人建筑邻接公共的界面，即与形成
公共空间有关的部分。建筑条例控制建筑的材料、构
成和营建构造技术。在一个没有通过长时间逐渐衍化
条件和没有数个开发商的城镇设计中，法规在鼓励多
样性的同时，保证能够构成社区特征的协调性。法规
在三维空间上为实现城镇设计的思想提供了工具，它
保证在空间上对街道和广场加以限定，保证可以预见
三维空间的结果。例如滨海城的城市法规在道路宽
窄、园林绿化、地产规模和住宅类型的相互关系上设
定了标准。

在一座新城镇中，如果仅有一家事务所进行建筑
设计，这样的城镇不可能获得真正的多样性。只有多
样化的作品的集合，才能形成一个真正城镇的特征。
DPZ在设计中试图避免那种一次性设计所产生的速成
城镇，他们试图建造一种具有历史感的真正城市，而
这只有通过不同建筑师资长时间中完成。但是为取得
城镇的统一与变化的协调，为保证城市各方面的质
量，需要一定程度的控制。因此需要拟定一套城镇和
建筑规章，建筑规章在一定程度上造成了城市的某种
统一性。滨海城的成功还在于其制定的城镇法规和建
筑规章的成功。建筑师为特定的设计项目和城镇制定
特定的设计法规。根据历史研究，决定街道和建筑，
尤其是临街建筑的尺度。

二、区域设计和可持续发展社区

卡斯洛普的新城市主义的城镇和社区设计在本质
上是一种"可持续发展"的城镇和社区模式。可持续

发展的城市和社区概念考虑诸如土地的使用,城市和郊区扩散,城市生长界限,合理的郊区城镇模型,旧城和城市中心的复苏,城市交通的多样性与社区和城市组织,生态与社区划分城市空间环境,城市文脉等问题。任何使社区和邻里环境好生活空间得到改善的措施,任何创造良好的社区和邻里空间的规划设计措施在本质上都为节省财力、物力和能源做出贡献,从而是创造可持续发展的社区化邻里的根本方法。这样的社区由于居住者的满意程度高,而减少了重建、改建和加建的数量,从而是可持续发展的。创造合理、舒适、紧凑和具有生活气息的社区的另一个原则是在社区和邻里的公共与私人空间之间达到一种平衡。可持续的邻里、社区和城市设计是要强调城市和社区中断"公共领域",公共公共空间和共同使用的设施。因为过度私有化所产生的环境形式不是最经济,最能节约能源和资源的。正是在社区尺度上共同具有的立场、责任和系统才是人居环境最有希望的模式。可持续发展的社区设计所要遵循的有如下几项:注重环境质量,节省能源和资源,保持历史、文化和社区特征,维护建筑类型和城市社区形态,强调高密度和多功能混合使用。当可持续的城市设计涉及到城市和建筑文脉,文化的持续、保存和发展时,对建筑师来说就不仅是一个技术上的问题,而且涉及到责任、道德、义务、良心、自觉意识等更为本质的问题。

卡斯洛普的'下一代美国都市'在肯定DPZ的新城市主义或新传统城镇以及其格网规划和设计的前提下,没有进一步将其注意力放在单独的城镇设计上,而是着眼于区域景观的管理上。他的理论是基于现代主义规划理论强调机动车,导致郊区扩散和相应产生的郊区设计的失败。他的《下一代的美国都市》试图治疗机动车导致的郊区扩散所造成的种种弊端,他试图将生态原理用在城市、郊区和区域的概念上。卡斯洛普的下一代都会的概念是结合了城市、郊区和周围自然环境的整体生态系统。他认为防止郊区扩散的方法是将住宅、公园和学校的社区布置在商店、市政服务设施、工作和交通的行走距离内。这种设计策略得以保留公共的开放空间、支撑公共交通、减少车辆交通和创造人们可负担得起的邻里海社区。卡斯洛普不鼓励使用私人机动车辆,在他的区域规划中经常出现的公共交通便是火车。公共交通的枢纽通常便是社区和邻里的一个公共社交中心。他在《下一代的美国都市》中特别强调可持续社区、步行口袋和以公共交通为主的发展。这三项便是他的新城市理论的主要贡献。

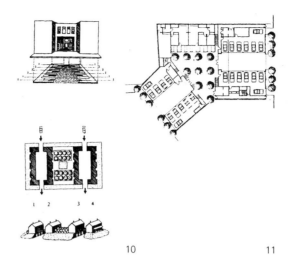

10 所罗门的太平洋高地住宅设计结合了庭院、街巷形成了一种城市化的住宅组团

11 所罗门的棕榈院设计采用了四行平行的住宅布局

卡斯洛普的《下一代的美国都市》有一点与DPZ的《城镇和城镇创造原则》有着很大的不同,那就是前者缺少城市设计的形象化的图示:城市空间、建筑和空间的构造组成、空间形态的分类和构型、建筑类型的组成、如何处理建筑的公共特征的。《下一代的美国都市》表现更多的是传统的城市规划表现图,而缺少作为建筑师进行城市设计的形象思维和表现方式,因而显得空洞、肤浅、抽象和表面化(见图7~9)。其实该书的文字也因为有不少宣言式的文字和过于抽象、缺少细部而有不少地方显得较为空洞。但是,卡斯洛普的波特兰的城市生长界限方案则是一件十分成功的作品。波特兰的城市生长界限是1973年设立的一个弹性界限,这个界限是可以在未来加以扩展的。90年代初,波市的发展达到了该界限,市政府聘请卡斯洛普进行研究。卡氏提出了三种方案:重新调整该界限以保持过去20年来到城市扩散速度;在现有界限外建造卫星城;在现有界限内对现有的社区和邻里进行重新开放和改造。该改造方案提议在社区内使用与其他区域联系的轻型火车。在该设计中,他采用典型的城市设计表现方法:空间表现,城市空间的细部构造,城市空间和建筑的组成,以及社区鸟瞰和透视等。1994年波特兰地区的居民公投采用第三种方案。

卡斯洛普的新城市主义理论特别强调对环境的可持续性发展的考虑和关注,他提出环境的可持续性与城市和郊区的发展有关,因此他提出城市发展界限,城市街段的重建和复兴。他认为现代主义中断了历史上对城市界限的重视,但这并不全面,因为在现代主义阶段霍化德在"花园城市"中就提出了城市界限的思想。

三、旧城(社区)改造的实践

旧城改造与新城镇设计完全不同。旧城改造需要

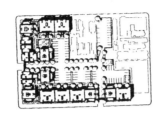

12

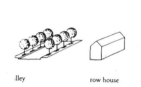

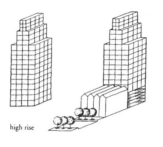

lley   row house   parking structure   high rise

13

14

12 临街住宅与中心车库的组合

13 行列式住宅将高层建筑的车库遮挡，同时造成丰富的城市尺度和空间变化

14 加州圣荷塞communication Hill方案（1991）

根据旧城的特定地点、环境和历史条件进行设计。它必须考虑设计项目与周围的特定关联域和文脉的问题。旧城改造所处理的不是大面积的彻底重建，而通常是在某个街段内的一个不大区域、邻里和社区的改建或重建。由于它是特定区域和街段内的设计问题，因此是特殊和无常规可寻的。它不可能产生像滨海城那样的"原则"、法规和规章。它只能是通过个案分析而达到的一种总体理解，一种具体分析和"田野"作业的方式。这是一个细部一个细部地通过解决建筑设计来解决城市设计、空间和形态问题。也就是是说建筑师在设计时是同时考虑建筑和城市问题的，一个建筑问

题的解决必须能够满足和解决城市层次上的问题，而且这个城市是现存的、有着文化、历史、空间和形态上的特定制约关系的。

所罗门在太平洋高地城市住宅工程上，通过城市住宅这种欧美传统住宅类型创造和解决了特定的城市空间和形态设计问题。他通过城市住宅类型的社区设计，结合传统的庭院和小巷这两种城市空间类型，创造了一种新的混合的城市社区建筑空间形态（见图10~15）。

在分析城市社区和邻里与住宅关系时，他发现同样的住宅类型在某些社区很成功，而在另一些社区就不成功，他认为其原因在于在考虑城镇设计和创造时，建筑自身的关系并不大，关键在于如何将街道、基址、建筑，以及将它们放在一起的方式的总和才是城镇创造的基础。在"棕榈院"（Paml Court）工程中他们采用同样一种建筑类型，创造了一个有院子的高密度住宅区。这种住宅区每英亩可以容纳24个单元，而且环境效果很好，但在过去，采用同样的城市住宅类型不同的组织方式每英亩仅能容纳5个单元。不仅如此，棕榈院工程所采用的四行平行布局的住宅，两条街巷，一个中心花园的模式还帮助限定了合理和标准的城市街段单元的尺度。

在面对城市日益增加的车辆，住宅如何解决车库与城市景观的问题便是所罗门在城市设计中所要解决的任务。他认为在一个依靠私人汽车的地区，高密度城市住宅必然导致大体量的车库，而车库的形象和自身便会破坏街道。他的解决方法是将一个街段分为两种：周遭或临界体块和中间体块。他将住宅设计在沿街处或临界处，用以遮挡位于中间地段的车库。他在旧金山的几个工程中使用了典型的行列式住宅来遮挡大体积的车库。

与卡斯洛普在区域尺度上进行抽象的城市思考，而缺少细节不同，所罗门自称自己只是城市修理工。因此，他将精力放在建筑细节和寻找独特的类型上。当他选择了特定的城市类型作为对特定工程的答案时，他并不试图创造一种抽象的模式来填充图

纸，而是根据历史先例，场所和使用的存在来创造特定的场所。与DPZ和卡斯洛普那种试图在城市模式制造方面创造统一的理论不同，所罗门面对现实，承认人们的价值和门味超出自己的控制，通过自己在建筑设计和实践上的成功与失败，在《重建》中讲述个人的城市设计体会。

以上讨论了新城市主义理论和实践的三个领域。新城市主义运动发生在美国的80-90年代。至今新城市主义在美国的城市设计实践上已基本上占主导地位。这自然会导致不同程度的程式化，对建筑设计的创新和自由思考有着一定的负面影响。但对这方面的讨论我们留给他们美国人去做，DPZ和埃森曼不就曾为此打的不可开交吗？我们且谈谈新城市主义城市设计思想对我们有什么样的启示：

1. 新城市主义所提出的美国郊区的新城镇模式对现代主义郊区模式来说也许是一种改进，新城镇的密度有所提高。但对发展中国家，尤其是人口较多的国家，其密度和高度远远不够。它仍然是郊区模式，不是城市模式，根本不可能控制郊区扩展和城市蔓延的问题。它没有提出真正的城市设计策略，例如如何为旧城注入活力，如何在旧城的邻里和社区中进行设计。如果不加修改和批判地将新城市主义的城镇模式用于我国，如欧陆风格的住宅区发展，将加速郊区扩展的速度。

2. 新城市主义者们所提出的城市研究和设计方法对我国城市改建和新城规划和设计是有所帮助的。尤其是如何从历史和传统中获取对新城设计有所助益的内容，如街道和建筑尺度，历史城市的空间处理，传统城市形态与建筑类型的关系等等。此外，如何将从城市和建筑历史和形态研究中获得的知识使用在城市设计中，并满足今日社会的需要，为特定的设计城镇设计制定特定的设计法规。我们应该对传统城市的进行测量、总结，发现其中的模式和尺度，并在相应的项目中加以使用。

3. 对传统建筑类型和流行的建筑形式的使用应该采用批判的思想。尤其是新城

市主义的实践主要是在美国，其使用的建筑是新古典形象、美国本土的地方建筑，或欧陆风格的。对这样的城市和建筑形式的使用尤其要采用批判性的态度，即使用"批判的地方主义"思想进行思维。此外，在城市和社区设计中应该使用多样的建筑类型。**E**

15

15 所罗门设计的海伍德商业中心复原计划（Downtown Hagward Revita lization plan，1992）

注释和参考文献：

[1] Doug Kelbaugh, Pedestrian Pocket Book: A new Suburban Design Strategy. New York:Princeton Architectural Press, 1989.

[2] DPZ, Towns and Town-Making Principles, 1991

[3] Peter Calthorpe, the Next American Metropolis: Ecology, Community, and the American Dream. New York: Princeton Architectural Press, 1993.

[4] Daniel Solomon, Rebuilding. New York: Princeton Architectural Press, 1992

[5] Peter Katz ed., The New Urbanism: Toward an Architecture of Community. McGraw-Hill, 1994

[6] Heidi Landecker,'Is New Urbanism Good for America?', Architecture, April 1996.pp.71-77。

[7] Ebenezer Howard, Garden Cities of Tommorrow. London: Faber and Faber, 1965.

[8] Thomas Fisher, Do the Suburbs Have a Future, Progressive Architecture, Dec. 1993.p.36。

[9] David Mohney and Keller Easterling ed., Seaside, Making a Town in America. New York: Princeton Architectural Press, 1991.

[10] Aldo Rossi, The Architecture of the City. Cambridge: MIT Press, 1988.

[11]转见于 Peter Rowe, Design Thinking. Cambridge: MIT Press, 1987.

新城市主义的住宅类型研究

要 威 夏海山

【摘要】新城市主义是美国20世纪70-80年代兴起并盛行的探索城市发展新模式，促进邻里和社区的运动，其思想影响到了当今美国以外的许多城镇建设。住宅类型的多样化和灵活运用是新城市主义塑造场所环境进行城市设计的重要手法，本文分析了住宅类型发展的根本动因，并通过对新城市主义的住宅类型及其应用的研究，为住宅类型的研究及其在城市设计中的具体运用拓宽思路

【关键词】新城市主义 住宅类型 城市

作者：要威、夏海山，同济大学建筑系博士生

我们的哲学是城市设计的轮廓直接来自对建筑类型的了解和掌握，如果你不采用类型的思想范畴进行思考，你心目中的建筑和城市就变得一片混沌，模糊不清。

普蕾特·兹伯格

1. 新城市主义运动

在过去的半个世纪中，大规模开发所导致的以郊区为代表的蔓延式发展模式席卷美国，甚至是欧洲许多城市，各种超大尺度的公共建设项目和城市设计项目破坏了城镇原有的结构，而且由于这种无节制的土地开发，传统的具有人性化尺度的居住社区被以汽车为主要交通工具的大型区域代替，超大尺度的公共建筑、商业，以及与之配套的停车场，取代了容纳人们舒适生活的社区空间。(图1)

70年代以后，各种类型的强调以社区和居民为主体的小规模社区规划，逐渐成为城市发展的主要模式。人们开始怀念现代城市发展以前的乡村生活的恬静和舒适，越来越多的情结寄予了在人们意念中存活已久的乌托邦式的"理想城市"，构建以城市增长为原则的一系列平衡建筑、开放空间、城市基础设施、景观、交通等元素所构成的整体发展模式，并且恢复适合步行尺度街道、景观、活动设施、开放空间、邻里空间的理想城市成为许多建筑师的梦想。

19世纪末20世纪初兴起的新城市主义运动就是拥有这样设计理念的建筑师所进行的城市设计运动，由他们共同发起的一个运动——CNU (Congress for New Urbanism) 即新城市主义。

"重建邻里空间和创造更良好和有活力的社区是新城市主义的基本出发点"，[1]新城市主义的目标就是重建理想社区。丰富的住宅类型，合理的土地利用，适宜的建筑密度，人性化的步行环境，具有凝聚力的社区中心，都是构成新城市主义理想社区的要素。其中住宅类型的多样化是实现新城市主义目标的重要手段。

2. 新城市主义的住宅类型研究

2.1 两大问题——郊区蔓延及城市中心区的衰败

位于城市与乡村之间的郊区，最初代表了城市生活的一种新的趋势，即工作与居住的分离，逃离城市的喧嚣环境的人们将郊区视为居住的天堂，便捷的交通方式的发展极大地推动了人们到郊区的热情。

第二次世界大战之后，郊区急剧膨胀。到1980年，2/3的独立住宅都在郊区，到1990年60%的大城市居民住在了郊区。郊区的开放空间被迅速吞噬，生态环境遭到破坏。从1960年到1990年大城市的人口增长低于50%，然而土地的开发量却成倍增加。更令人吃惊的是1982到1992年间土地开发量等于美国历史总开发量的1/6。[2]这种蔓延发展对土地使用的经济合理性，生活的舒适度以及生态可持续等诸多方面多带来了极大挑战。

大量中产阶级涌向郊区之后，城市的中心区却成为低收入居民的聚居地。大都市的未来发展所面临的一项重大挑战就是打破这种集中形态，由于聚居带来的接触环境的封闭，使得居民极度贫困，并且没有

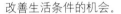

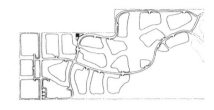

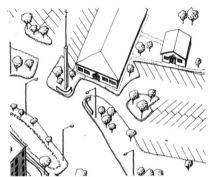
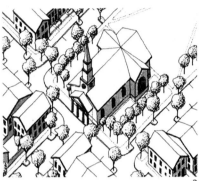

1

3

1　Andres Duany and Elizabeth Plater-Zyberk绘制的低密度蔓延发展模式与传统城镇发展模式的对比

2　新城市主义改造郊区蔓延模式社区的概念图

3　DPZ设计的 seaside

改善生活条件的机会。

克林顿政府的HUD(Departmen of Housing and Urban Development) 承担了这项具有挑战性的城市复兴任务，希望通过不同阶层居民的混合居住，使低收入居民可以得到更好的居住、教育、就业等机会，并且 "复兴我们属于美国的新社区空间。"[3]

2.2　住宅类型现状及问题

促进新城市主义将住宅类型作为主要手段并对其进行研究的深层原因来自住宅本身的发展现状。(图2)

独立住宅是中产阶级梦想的住宅类型，郊区丰富的土地资源、新鲜的空气、宽敞的住宅、围绕住宅的花园，构成了人们心目中的理想生活，人们再也不必为喧闹的城市生活空间所限。汽车的普及成为这种居住方式的强有力的保证。无论是政府政策还是社会舆论都将独立住宅渲染为代表美国中产阶级道德和居住特点的旗帜。

但随社会的发展，低密度居住方式的存在付出了巨大代价，在经济、能耗、生态、资源使用等方面都造成了很大浪费。高密度发展的社区环境将更能满足人类居住的需求，而成为社区发展的必然趋势。

对传统城镇优美生活的向往，也成为越来越多的人现实生活中的梦想。漂满浓浓咖啡香味的街道，悠闲漫步的花园，各种各样的传统住宅，宏伟的市政建筑，整个城市都是具有人性化的空间，城市文化和传统的印迹清晰可辨。

而且，住宅使用的主体在新的环境下也发生了变化，家庭结构除核心家庭之外出现了空巢家庭、单身家庭、单亲家庭等多种形式，家庭规模也逐渐呈小型化趋势。数字化时代的到来，进一步缩短了时空距离，改变了人们的生活观念，居住空间包含了更加多样和复杂的功能。原有的住宅类型已经不能够满足居住的需求，迫切要求新的住宅类型出现。

面对高密度社区环境的社会和时代发展趋势以及社会对居住多样性和文化传统的需求，新城市主义者希望通过研究住宅类型的研究，丰富现有住宅类型，并最终创造新的理想社区。

3. 新城市主义住宅类型的研究

新城市主义者将类型学研究作为解决问题的钥匙。杜安尼和普蕾特·兹伯格是美国当前最有影响的新城市主义的代表，他们设计的滨海城已成为新城市主义出色的样板，这对夫妇的名字的缩写合并为DPZ，在美国他们就被简称为DPZ，自滨海城之后DPZ又设计了40多座新城镇。DPZ的一些设计原则归结为一个词表达就是：类型。他们认为类型是规划设计的关键。[4](图3)

新城市主义对于类型的研究，受到在20世纪初一些建筑师作品的影响，许多新城市主义者对类型研究起源于法国和意大利在20世纪70年代的 "新理性

4

5

主义"运动。20世纪70年代，后结构主义尤其是符号学开创了对城市语言的全新理解，类型学成为构成城市语言系统的重要部分，传统城市成了对建筑类型学重新探索的起点。新城市主义认识到类型的研究对城市设计的极端重要的意义。"类型用来创造具有一定密度的城市肌理，这些肌理可以被塑造成为不同的城市形态，或具象的开放空间，如广场、公园、道路等。"同时，"对建筑类型的轻微调整将创造出城市的丰富多样的面貌，具有特色的场所和邻里空间。"新城市主义者将建筑类型的研究作为理解和塑造城市空间的有力开端。（图4）

3.1 住宅类型

3.1.1 联排别墅（Rowhouse）

联排别墅最初形成于18世纪早期的波士顿，曼哈顿和费城这些美国的主要城市，其合适的尺度，经济适用，紧凑集中的空间形式，一经推出就倍受推崇。新城市主义将联排别墅用在郊区，综合了独立住宅的空间独立性和多户住宅的居住密度的合理性的联排别墅极大地提高了居住密度。一般来讲，"居住密度可以达到每亩18～24个居住单元，至少是独立住宅的5～10倍。"[5]（图5）

并且，联排别墅具有组合灵活的特点，能够形成完整连续的街道界面，有利于新社区步行空间的塑造。

3.1.2 双叠加与三叠加住宅（Duplexes and triplexes house）

这是一种将小规模的居住单元叠加积聚的住宅类型，吸取了多户住宅的空间组合特点，并通过独立住宅的形式出现。通过两倍和三倍住宅叠加的处理方式，每亩土地可容纳8个居住单元，至少是独立住宅居住密度的两倍。（图6）

3.1.3 居住／工作单元（live/work units）

住宅的内部空间功能，居住功能垂直地置于工作功能之上，有利于独立性的保持，有时住宅的底层和上层之间会有联系，有时则完全独立，两部分功能区都拥有各自独立对外公共出入口。（图7）

新城市主义在住宅的研究中，注重居住功能和其他功能的平衡，他们认为形成郊区蔓延的一个很重要因素，就是工作地与居住地的分离。但越来越多的家庭却需要在社区或甚至是家里办公，工薪阶层，自由职业者，以及不能负担精致的办公空间费用的商人或需要在家照看小孩的父母都需要一种居住与工作功能的结合的住宅。

新城市主义者认为将工作与居住合理性结合的住宅形式，将会有力地激发社区活力，他们深信可以有效地节省人们到工作地的时间，从而控制郊区蔓延的发展。居住／生活单元提供给人们一种新的工作可能性，很具实验性。同时，居住／生活单元也可以组织

6

7

8

为工作／生活、工作／工作、生活／生活单元以适应灵活的市场需求。

3.1.4 带庭院或侧院的多户住宅（Courtyard and sideyard multifamily house）

在气候炎热地区,居住舒适的首要条件就是适宜的居住温度,如何利用生态和物理作用降温将是解决住宅设计中所要解决的重要问题。

院落是炎热地区传统建筑的必要组成部分,同时也是家庭生活必不可少的空间,通过空气流通院落能够调节室内温度。（图8）

3.1.5 与商业结合住宅（shop loft house）

另外,将综合居住、商业功能的混合功能住宅在新城市主义的社区中也是重要的类型,综合了多样功能的混合功能住宅在欧洲传统城市中十分常见。

城市发展的延续性,使得城市建筑的混合生长成为必然,这种住宅类型在新城市主义的再创造之下,不仅在使用上带来了方便,而且也界定了社区中的公共和私密空间。（图9）

3.1.6 住宅组合单元（Compounds）

将各种类型的住宅加以组合而形成住宅组合单元是新城市主义住宅类型研究的最重要的部分。密度不同的一组住宅通过半公共的院落加以组织,这种组合后形成的复合体对于塑造城市空间,丰富城市景观,调整居住密度都有极其重要的意义。

住宅组合单元的居住密度与独立住宅是相似的,但它的聚集状态却给予开放空间更多灵活性,从生态意义来讲,保留了更多的自然环境,有利于环境的可持续发展。

"将各类型住宅进行组合和集中的住宅单元是新城市主义者的一项极其重要的设计方法。"[6]新城市主义者在几乎所有的设计作品中都是使用了这种方法来平衡建筑密度,塑造丰富空间的。（图10、11）

3.2 住宅的组合

新城市主义者对住宅类型的探索,基于传统住宅原型的研究,并结合现实需求,尤其是居住密度和社会文化的新需要的改变,做出了适合时代发展的新住宅类型探索。

新城市主义者强调了社区的居住密度,密度不仅影响土地的使用效率,而且也是传统小城镇空间尺度的关键因素。联排别墅、双叠加及三叠加住宅、住宅组合单元等的住宅类型强调了对密度的关注。

通过住宅原型间的组合,以及住宅与其他功能的复合来创造新的住宅类型,是新城市主义者住宅类型研究的重要成果,也是其塑造空间的主要方法,极大地影响到了新城市主义的城市设计观。

3.3 住宅类型的应用案例

西岸项目（lake West）是达拉斯的一个城市中心区的更新项目,面积为1平方英里,聚集了大量的

8 Windsor, Florida的带侧院的住宅

9 new village的商业结合住宅

10 new village住宅组合单元

9

10

11

12

11 new village住宅组合立面

12 west lake原来的总平面

13 west lake改造后的总平面

14 由450户居民形成的居住单元

13

14

低层公共住宅。19世纪50到60年代的一次大规模的改造,其结果并不理想,改造后的区域甚至还不如原来的贫民区,(图12) 3500个一模一样的联排住宅均匀的分布于整个区域,整个住宅区了无生机。居住区缺乏公共空间,而且住宅之间缺少的室外空间,每幢住宅在社区中都成为独立、封闭的孤岛。

新城市主义的根本目标是创造理想社区,所以整个社区居住品质的提高,是新城市主义者首先关注的问题。(图13) 针对现状,设计者Peterson & Littenberg对该地区进行了全新的设计。(图14) 首先将庞大的社区按照每450户居民形成一个邻里空间的形式,将社区进行重新划分。并且在清除部分住宅的基础上,增加了整个社区的市政、零售、办公等空间,从而提高了社区空间的多样性和凝聚力。(图15)

对住宅单体的改造,则采用化零为整的设计思路,提出了四种基本的建筑组合原型,分别为短线型、长线型、H型和L型。(图16) 组合原型是由住宅与室外空间的不同组合而形成的复合体,原有的行列式住宅空间,在重新设计后,形成了一定的围合及半围合空间,不仅提高了居住的私密性,而且也丰富了整个社区的空间形态。(图17)

新城市主义者将住宅类型的研究在设计中的应用,不仅在于社区空间形式的重塑,更重要的是住宅与社区功能丰富性的结合,来达到居民社区生活质量的提高,而这一点反映了新城市主义对聚居环境本质认识的提升。

3.4 以建筑类型塑造城市空间

新城市主义对住宅类型进行了颇为深入的研究,而且把理论研究的成果,同设计紧密地结合,具有很强的现实意义。住宅是最基本的建筑类型,也是城市中最小的建筑单位。透过新城市主义对住宅类型的研究可以更深层次的挖掘建筑类型以及建筑类型与城市空间的关系。

"对新城市主义者来说,建筑类型研究的意义不在建筑本身,更多的在于其对整个城市的重大意义。"[7]城市空间的塑造很大程度上依赖于建筑类型的丰富。

3.4.1 建筑类型与城市发展

"建筑类型本身就是对建筑的历史和城市环境

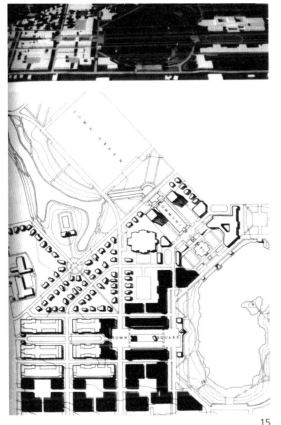

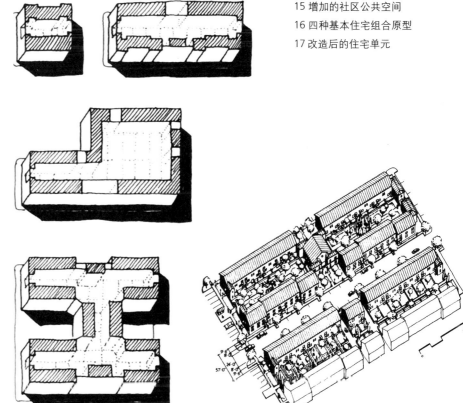

15 增加的社区公共空间
16 四种基本住宅组合原型
17 改造后的住宅单元

15

16

17

的一种反映。"[8]建筑类型学的研究是基于对建筑以及城市发展的客观历史的基础之上的，建筑的发展是随着时间的推移而形成的，绝非朝夕之功，从开始的茅屋陋室到今日的华屋美舍，其间每一步都有历史的痕迹，经过时间的洗练之后仍然存在的建筑类型，一定是具有旺盛生命力的建筑类型，其发展成长的过程中，会结合各个时代的客观要求而变化发展，类型的研究具有历史的延续性，新的住宅类型的产生是在传统住宅类型的基础之上的新的组合和演变。

新城市主义者还将大量传统的建筑形式运用到设计之中，这样的形式不仅可以引起人们情感的共鸣，而且也有利于统一多样的建筑类型，并使之更好地与城市结合。

3.4.2 建筑类型与城市空间

人类是具有丰富多彩个性的生命群体，无论是生物性，社会性，还是经济性等诸多方面都体现出强烈的个性，作为人类聚居地的城市，也应具有多样的特性，新城市主义者利用建筑的类型进行城市设计的方法，强调城市的多样性，城市不应该因为大规模的现代化发展，而抹杀长久以来发展而成的多样性，无论从任何角度来考察，城市都需要尽可能地支持基于功能合理之上的多样性。"多样性是城市的天性"。[9]

规模庞大的城市设计项目，往往从宏观入手，新城市主义所进行的城市设计则采用从微观着手的方法，利用建筑类型作为城市设计的基本工具，以建筑为尺度的设计过程，建筑是用来限定空间的元素，并且又是其中的一部分。在探索回归人性本原所追求的城市设计方法中，建筑类型作为联系人和城市之间的媒介，新城市主义者重新运用不同类型建筑的组合塑造城市空间，形成城市中形态各异的空间：街道、广场、开放空间……

4.结语

新城市主义对于住宅类型的探索，无论从住宅类型本身，还是从城市设计的角度来讲，都具有重要意义。住宅是构成城市空间最基本的元素，其变化直接地反映人类居住的实际需求。新城市主义住宅类型的研究是基于对人们生活和城市发展的理解之上的居住理念的全新诠释。而且新城市主义将学术研究与设计实践的紧密结合，也促进了自身的良性循环。

虽然，新城市主义的研究并未真正解决城市的一些根本的问题，而且在住宅类型的研究中，新城市主义所涉及的范畴不够广泛，主要集中于中产阶级的住宅研究，但他们对建筑类型本身的研究以及利用建筑类型对城市空间进行思考的方法将随时间推移不断散发光彩。 **E**

（下转第19页）

共同社区的建筑

文森特·斯考利 撰文　周宇舫 何可人 译

文森特·斯考利（Vincent Scully），耶鲁大学建筑学院教授，著名建筑历史学家和评论家。本文是发表在 The New Urbanism: Toward an Architecture of Community 一书 1 中的编后语

译者：周宇舫，中央美术学院设计学院客座讲师；何可人，美国纽约 FERGUSON & SHAMAMIAN ARCHITECTS 事务所建筑师，美国注册建筑师

这本书里的建筑师们都相信他们的作品是由原则塑造的，这些原则包括公共空间的形成，人行尺度以及邻里的识别性，它们不仅适用于郊区的环境，也适用于城市中心。这很有可能是真的，也有一两个城市的方案来佐证，然而事实却是，这本书里大多数的作品所处理的最有特色的景观，都是郊区。同样也是事实的是，有许多为了振兴城市所制定的现行策略没有被这册书提及，邻里社区的历史保护也是众多问题的一例。书名所题"新城市主义"看上去过于综合了一点。

"新郊区主义"也许是更准确的标签，因为这些项目所涉及的"新"场景大多是重新设计那些大片大片的，大多数美国人现在居住的地方，它们蔓延于逐渐被离弃的大都市之间，迅猛地吞噬着乡村的土地。主要的议题当然是有关如何重整蔓延发展的汽车郊区，使之变成合情合理的共同社区；"面向共同社区的建筑"，本书的副标题，也是此书的主要宗旨。如此而言，便是指怎样使建筑合理的尺度适用于合理的用途，也是指在自然世界中塑造人文环境，建造人类共同社区的整体。

所有人类的文化都是试图以各种方式来保护人类不受自然的危害，缓和因不变的自然规律所造成的影响。建筑是人类的这种努力下主要的策略之一，它给人们以遮蔽，强调其存在。它的目的是调停个体和自然的关系，其手段是创造人类共同社区的物质环境，通过它个体和其他的人性相联系，自然环境一部分被隔离，一部分被改造驯化，同时自然本身也被人性化了。所以

建筑在自然不可改变的规律下创造着自己的现实模式，人类就是在这个模式下生存着，他们迫切地需要着它，如果它被破坏了人们就可能变得发狂。

这正是今天所发生的一切，虽然不仅仅发生在美国，但是这种模式却在此地最为清楚地展现，正像当代历史里常发生的一样。这部分是因为美国在过去的几代人中，实实在在地破坏了很多的社区环境。这个过程发生于二战之后，由于人们对汽车的热衷，那些代表着城市和乡镇生命线的有轨电车被取消拆毁之后便开始了。自1914年之后，因为汽车数量的增加，公共交通一直在走下坡路。20世纪60年代的城市更新运动，完成了这种毁坏的过程，展现了这一大劫难的本色。汽车曾经是，也仍然是混乱的一种媒介，一个城市的破坏者。城市更新运动把美国大多数的城市撕裂开，允许车辆从中心自由地穿行，然后希冀靠附近郊区大量的购物者来振兴城市。结果相反的效果却发生了：因汽车而形成的郊区的大购物中心，吸走了每个老城市中心的生命力。这真是有足够的讽刺意味，因为那些现存的社区为了把神秘的郊区购物者吸引进来，自觉自愿地让城市更新运动毁灭了它们。从新英格兰地区到佛罗里达，沿着九十五号高速公路和它的不同的交接点行驶，就像是看着这种罪恶的运行，从纽黑文（New Heaven）的橡树街一直到公路端头的迈阿密北区。这些社区都从形体上被分裂开，没有机会再形成新的社区，许多城市中心的居民开始变得不理智，然而谁又不会呢？他们中间的许多人是南方乡村的

黑人，在二战期间被吸引到大城市的兵工厂工作；随后兵工厂又带着完全不负责的态度迁移到南方去寻找更便宜的劳工；最后，在经济危机的阴影下，大城市开始以上面所述的方式重新开发，而那些失了业的居民，在类似皮罗内西画面的高速公路的桥墩下，在那带着住宅、教堂、商店和城市街道轴线的超写实的废都里，统统地被打入了地狱。

与之正相反，通过被赖特（Frank Llyod Wright）称为"现实的铁腕"的方法，那些郊区与城市隔离后，简直像是天堂。但是他们也有自己恼人的问题，花无数的时间在路上，却还通不到任何地方。很快地，恐惧开始登场，它和锁起门的汽车一起行驶，并且不久会得到证实：无论是通过那些在公路上的飙车狂徒、那些潜伏在立交桥上的狙击手，或者是当你下错出口后可能发生的事情。

无论还有其他多少原因涉及到社区环境的解体，汽车（不管我们都是多么爱它）仍然起了决定的作用。它不仅忽略了共同社区的物质体系，还让我们觉得社区提供的心理上的保护是不必要的，汽车所能提供的个人的自由就足够了，这是一种很深的错觉，可以说是所有社会混乱现象背后的渲染者。事实上，时间很快就会显示给我们，汽车和我们所想象的文明社会是否能共生共存。

我们中的一些人在60年代曾都写过，或教过这些观点，甚至在那时这些城市发展的后果对美国社会的影响已经有很明确的预示，也有一些年轻人在认真聆听。Peter Calthrope，一个70年代耶鲁大学的学生，似乎是其中之一。他的"以公共交通为导向的发展"（transit-oriented development）在Laguna西区的设计中得到体现，试图重新组织郊区居住，构成一定的密度，使公共交通成为可行。他的这个方案以辐射状的林荫道为基础，像凡尔赛宫那样，从一个公共建筑组群和开放空间放射出来，一片"公共绿地"夹在中间。这使人们想起17世纪康涅狄格州纽黑文市的城市网络规划，也是中心一人块绿地。当纽黑文的道路网络系统往西部转移，构成北美大陆的其他城市时，这绿地、这公共场所、却逐渐被私人的贪婪所吞噬了。Calthrope现在试着把它们搬回来，这代表着过去的30年里，许多机构和组织希望保护和恢复公共场所的愿望。人们是否记得1967年，纽黑文历史保护信托组织的Margaret Flint，为保护纽黑文市中心绿地与舒适环境所做的斗争。事实上，那场斗争把纽黑文的邮局和市政府大楼从城市更新运动的手中拯救了下来；后来因扩建而野蛮拆迁低收入住宅的行径，也因

参议员Lowell Weicker的抗议而中止。这些可以算得上是当代保护运动的真正开端，也是通过这些事件，在现代历史中，一个受大众欢迎的大型运动第一次找到了方法和政治靶心，促使建筑师和相关的城市建设官员去实现非正式的公众的要求。

现在，国家历史保护信托组织大胆地领导着这场运动，看上去的确反映了今天大多数美国人要求恢复社区文化的心声。每个人都已经明显地感觉到，正如19世纪70年代殖民地复兴时人们的感受一样，这个国家是如此实实在在地丢失了社区文化，而社区正是20世纪中叶经典的现代主义建筑设计和城市规划所无法提供的。之所以如此有很多原因，最直接的是那些英雄时代的现代建筑师们（赖特，柯布西耶，密斯，格罗皮乌斯以及他们的跟随者）都蔑视传统城市，那些西方建筑的最完美的成就，许多世纪以来日积月累的成果，而代之以他们自己个人的、乌托邦式的、特异性的方案。柯布西耶的"光辉城市"是其中最有影响力的一个，它构成了美国城市更新运动的基本模型，甚至所涉及的社会结构都可怕地一致：同样都是"商业的城市"，穷人都将被排除在外。德国的现代主义者发展了同样灾难性的想法，本着他们的"时代的精神"（Zeitgeist）的观念，不允许任何曾经被人做过的东西再被重复或被保护。於是就有Hilbersheimer畅想着他的无边无际的高层楼房，他的地狱般的景观，20世纪50年代的大宗住宅都是以此为原型的，其中许多房屋在不到20年的时间里就因为完全无法居住而被炸毁。

在这些灾难性的城市规划里，有一种世界的社会性组织方式的仇恨。但也含有其他的一些东西，一种在美学基础上的企图。那些国际化风尚的现代建筑师们都把抽象绘画作为他们的典范，他们希望能像抽象画家们那样自由而不受约束。他们梦想脱离开一切曾经制约建筑形式的东西，抛开静力平衡本身（形式必须流动和悬浮）、抛开屋顶、窗户、线角等等，但是最重要的是，要脱离城市环境作为一个整体这一约束：不管城市、不考虑社区、免除一切规范、不用理会街道限定的要求、无视用地上已经存在的状况。它们应当是自由的，就像纽约的利华大厦、泛美大厦、或是惠特妮博物馆、甚至古根海姆博物馆，都对旧的城市加以分裂或是侵犯，也许最准确的是，利用还在运行的旧城市的秩序作为它们的跳板。大多数建筑必须是抽象的，它们在任何情况下都不能受周围的古典或传统建筑的细部和风格的影响，这样才能创造出不朽的篇章，去补足他人则是另一种疯狂。今天挣扎于

复杂现实中的建筑师们仍然坚信建筑是一个纯粹自我参考的游戏，和正式的发明创造有关，宁可疯狂地把它和语言学或是文学扯上关系，也不愿意以任何理智的形式放眼于城市和人们的生活。这样的建筑师声称他们的作品是为了反映现代生活的混乱，并且为之歌功颂德，一些人假装来崇拜汽车，"时空一体"，就像之前的未来主义者Marinetti，崇拜暴力、速度、战争、最终崇拜法西斯。"当宙斯想到要摧毁的时候，"希腊诗人埃斯库罗斯或多或少曾这样说："他会疯狂地忙着去做。"

然而也应当承认，今天几乎没有一个建筑师或评论家没有被卷入过现代建筑中，也几乎没有人不欣赏成千件的现代艺术作品。但是城市的问题也必须面对，国际化风尚建造了许多美丽的建筑，但是它的城市设计理论和实践却破坏了城市。它书写了蹩脚的法规，它的构想最终是个人主义，所以它最纯粹的创造是郊区的别墅，比如萨沃伊别墅和菲利普·约翰逊的玻璃别墅。这类建筑歌颂着脱离了历史和时间的个人自由，不可能和社区有什么关系，特别是在玻璃别墅里，一个人好像从整个人类社会中解脱出来了，它的秘密就是技术，一个不确定的东西，插上取暖和空调系统，一个存在主义的自然的人就可以抛弃所有曾经阻碍于他和自然之间的东西。他享受着这天地间惟我一人的感觉，他的建筑不能，也不需要去应付什么关于社区的问题。

新的现代主义建筑，目前是在"解构主义"的状态，虽然在学校里很受欢迎，(为什么不呢？它提供了理想的学术语言，教起来像做图像练习一样容易，没有任何书本外的东西能使它妥协或变得复杂)但是很长一段时间，在更大环境中的实践里一直是失败的。这里已经很清楚的是在过去的至少30年中，建筑与城市最重要的发展是古典建筑和传统乡土建筑的复兴，因为它们总是在顾虑到社区和环境问题的基础上，尝试汇入到现代建筑的主流中去。这种发展其实已经在20世纪40年代开始了，那时是一种对美国本土建筑历史的鉴赏——我称之为Stick和Shingle风格建筑，[1]第一个

成形的作品是1959年罗伯特·文丘里设计的Shingle风格的海滩别墅。文丘里随后继续实践，在60年代设计的母亲住宅中，他重新学习了赖特早期建筑的特点，而赖特早期建筑则是直接从19世纪80年代的Shingle风格建筑中汲取滋养的。他甚至更是挖掘至Shingle风格的本身，这反映在他1970年设计的Trubek和Wislocki住宅上，他重新发现了一种基本的乡土建筑的类型，很类似于意大利的阿尔道·罗西所说的"被记忆"的类型。很多建筑师跟从了这个引导，罗伯特·斯特恩 (Robert A.M.Stern) 更是其中最紧随的一个。斯特恩很快学会放弃了他早期设计的发明创造的冲动，他的建筑尽管本着Shingle风格的模式，却是原始解构主义的形式，这是他为了学会设计好传统建筑的同时，又试图用合理的方法组织在一起。这种概念不再是风格，而成了类型，更进一层说，叫做文脉。又一次文丘里的设计领导了潮流，普林斯顿的胡应湘堂、费城的科学信息学院、以及伦敦国立美术馆的Sainsbury馆，全都反映了现代建筑所应体现的在特定地点存在的"风格"：普林斯顿的都铎式风尚，费城的国际化风尚，Trafalgar广场的古典风尚。每一个建筑都用自己的语言强化和完成了现存的环境。用这种方法城市能被治愈而不是被侵犯，曾经这种侵犯的程度之深是难以相信的，犹如伦敦，城市住房被突如其来地摧毁而代之以早期的新建筑，迫使查尔斯王子评价说现代建筑对英格兰的摧毁比德国空军还厉害。如今的建筑师们放弃了他们半神圣的毁灭者和创造者的姿态，打消了像发明新宗教一般地发明建筑风格的想法，取而代之的是期望扮演更人性化、更脚踏实地的医生和治疗者的角色。文丘里当然是鼓励这种实用主义，他夫人Denise Scott Brown的邻里设计和倡议性的规划也证明了这一概念。於是，跟着文丘里，建筑师放弃了对现代主义运动的顶礼膜拜，认为自己是属于一个漫长连续的建筑传统之中。本着这个传统的概念，从前的城市于整体而言是正确地建造起来的，是符合人类的合理需求的。

从这一点来看，实际上也由于乡土和古典建筑复兴的自然积累，安德烈·杜安尼和伊丽莎白·普蕾特·兹伯格的作品就应运而生了。它们把城镇作为一个整体考虑，使得这一复兴变得完善。他们呼吁恢复改造建筑、建筑师和整个环境领域，而这些环境领域的形状在过去的几代人中被所谓的专家，特别是无处不在的邪恶的交通部门所篡夺，使得美好的环境被撕碎并如恶瘤般地畸形发展。通过上面的两个年轻的建筑师和他们在迈阿密大学的学生们的努力，建筑重拾了它传统的发展境界，以相同的手段，城市也得以达到同样的高度。

我曾在别处写过，在70年代早期，杜安尼和普蕾特·兹伯格还是耶鲁大学建筑系学生的时候，曾经把我的讨论课带到纽黑文的传统街区，给我们展示不仅单个建筑有如此有机的魅力，而且他们互相之间又是多么好地联系在一起而构成了城市的环境。他们发现了有效的街区组织；门廊和街道所构成的关系；人行道、篱笆和树木可以把街区粘合在一起；沿街停车要比停车场要好，汽车行驶可以得到控制；最重要的是，这些都是可以被重复的。如果想做得地道，就应当把它当作一个基本和整体来做，包括转角的柱子、立面的山墙、尖头的围栏、人行道和树木。所有遭国际化风尚痛恨的，被"时代精神"德意志式地宣布过死刑的，都活了回来。对于我这个浸泡在现代主义中的人来说，如同所有的一切都被唤醒了新的生命。没有理由把所有的好的东西都驱赶到过去，一切都可以被重新利用起来。就像建筑惯常的规律，总是有现成的可琢磨的模型，可运用的类型。

要紧记住的是，对于杜安尼和普蕾特·兹伯格来说，上述的平面可不是最先形成的。房屋是第一考虑，建筑的乡土风格，因为毕竟是这种类型的建筑使老纽黑文三维地交织在一起并组成空间的。批评杜安尼和普蕾特·兹伯格的人从来没有理解这一点，这又一次是类型的问题。伴随着合理的细部和装饰，建筑的类型充分显示了塑造文明人类场所、组织成集体而形成城市的能力。Leon Krier也在方法上帮助我们认识

到这一点，他成了杜安尼和普蕾特·兹伯格最重要的一个导师，并且亲自在 Seaside 规划中设计了一栋美丽的住宅。

类似"历史主义"这样的术语于此没有什么关系，"时代精神"的心理是"历史主义者"，但在这里说的不是这个。然而一些和象征有关的辅助性的概念实际上是很有关联的，在这种事实前不用寻找理由。人类在体验所有的艺术作品时都会用两种不同但是有无可分割的联系的方法：移情和联想。靠着自己的文化教育，我们都能在身体里同时体会到它们的存在。现代主义在它最纯粹的时期，原始地想要尽可能地消除文化印记，从而达到抽象。文丘里在他的时代著作《建筑的复杂性和矛盾性》(1966) 和《向拉斯韦加斯学习》(1972) 中，第一次把象征主义的世纪性的认识带回到建筑里，他也是第一个利用符号学作为建筑工具的人。他给当代的建筑对话引进了文学，评论，特别是 Empson 的模糊理论。面对这种情况，新现代主义者们却要使之转向，放弃那些关于基本的建筑象征标志，那些代表着自然，场所和社区的观点，而取而代之一些次要的，牵强的理论，或是有关语言学，或是有关无论什么从那混沌的人类识别系统挖出的东西。

杜安尼和普蕾特·兹伯格却不是这样，他们的目标放在事物现实的本身上，这就是为什么 Seaside 设计得那么感人。无论它实际上是一个度假村，还是一个现代的 Chautauqua[2]，从创造一个社区的形象，或在广大的自然里建立一个人类文化场所的标志的意义上，它已经超越了成功，比在我们这个时期其他的建筑都要圆满。它以一种高密度的三维形式把各种建筑类型组织在一起，甚至是挤在一起，在佛罗里达州狭长海岸的耀眼阳光下，一直延伸到闪光的白色沙滩旁，衬托着蓝绿色的海水和墨西哥湾晴朗的天空。Seaside 不只是平面上的一个规划，不仅仅像其他的所有规划一样只是想实现二维的几何形体。真实地讲，Seaside 的平面的确借鉴了很多著名的先例，它不仅直接借用了凡尔赛宫和整个法国古典规划的传统，从这上面华盛顿不比现代

巴黎更少地运用它的形状；Seaside 也同样参考了美国本土上曾繁荣盛行过的城市设计，这一传统却在格罗皮乌斯1930年到达哈佛大学之后被根本破坏了。这里人们会特别想起 John Nolen 于1920年在佛罗里达的作品。所有 Seaside 的规划形式都相合于 Nolen 为佛罗里达的 Venice 和 Clewiston 所做的规划：轴线，开阔的半圆，对角线的林荫道。而 Nolen 在他那时代也不是孤立的，10 和 20 年代的规划师如 Frederick Law Olmsted, Jr., Frank Williams, Arthur Shurtlief, Arthur Comey, George Ford 和 James Ford，每个人都至少有一个哈佛学位，他们也都持同样的观念，当然还有更多的人。可以承认这些规划者有一个弱点，就是世纪初时被杰夫逊式的观念先入为主的，被称为城市的"充满"，这一点后来被现代主义反偶像崇拜者和汽车狂热教徒们用作反城市的借口。否则，这所谓的新城市主义在很大成分上是复兴古典和乡土的规划设计传统，这些传统存在于现代主义滥用其方法和目标之前。

但是杜安尼和普蕾特·兹伯格和 Nolen 的不同处，也是 Seaside 和 Venice 不同的一个基本特点，是他们为 Seaside 制定了一套规范，既控制规划也制约建筑本身，确保建成的三维的城镇能满足平面上所孕育的想法，因此他们不用每个建筑都自己亲自设计。他们鼓励其他建筑师和建造商们参与其中，在一定的条例执导下进行自由的设计。Nolen 当时没有这样的控制，所以他设计的街道经常是难看地被围合着，轴线的端点是加油站，整个规划的形状不够完善，围合得也松散。Calthrope 的设计也有一些同样的问题。

然而杜安尼和普蕾特·兹伯格不光向 Nolen 学习，也从 Coral Gables 的开放商 George Merrick 处学到一些东西。George Merrick 从1921年到1926年在 Coral Gables 建设，当时的台风把他的财产扫荡一空，但没有销毁他的城市。Merrick 是美国建筑界一个不像英雄的真正的英雄。他是佛罗里达州的开发商，在当时经济迅猛增长的混乱状态下，许多佛罗里达的土地

一天之内能被售出两到三次，而实际上已经在水底下。而 Coral Gables 却不是这样，它有一个不寻常的平面，周边是密密交织的街道包围着一个自由随意的英式花园，Coral Gables 的整个形状被几个高尔夫球场限定，基本上是汽车的尺度——1920年的汽车尺度，也就是说驾驶汽车的尺度是当时拥有一套完好的公共交通的 Coral Gables 的基本理想。我们不能责备 Merrick 漂亮的渲染，美丽的林荫道上几辆行驶的优雅的机动车，谁能预料到后来这种东西的爆炸性发展呢？但是杜安尼和普蕾特·兹伯格以及 Robert Davis 从 Coral Gables 学到的不仅仅是一个大致概念：一个有机的小城市的形成可以不利用郊区的元素；而他们学到的更特别的一点是，它的形成需要一个及其严厉的建筑规范来制约。这就是 Merrick 的绝招，这样的规范首先在 Coral Gables 的西班牙复兴风格的城镇规划中制定和使用，后来又用于其中的法国村，中国村，南非荷兰殖民地小村落的设计，结果都很成功。

1926年的台风使 Merrick 破了产，失去了控制权力。所以后来的住宅，特别是二战以后建的，都变成了典型的郊区房屋——低矮、平铺、较少城市性、无法与自然组合，而用地却大大增加，使得一定的结构和尺度都消失了。然而很多的规范还有效力，所以一个基本的城市秩序还被维持了下来。到最后这秩序大多数情况下被树木保护着，树木限定了街道，遮蔽阳光，是体现场所特色，统一各个方面的主要建筑元素，同时也遮掩了最难看的房屋。

Seaside 的结构不是从它的树木产生的。多风的海湾对树木生长不利，它的"树林"只能长到被房屋所掩护的高度，但是规范里规定了街道必须由三维的形体所形成。街道也应当尽量地窄——机动车可以通行，但还是人行的尺度。尖头的篱笆，前廊和房屋的形体紧密地在一起划分着街道的界限，没有停车场，车库也很少。在汽车足够用的前提下，街道立面保持了它的完整性。所以最重要的贡献者是规范，它不浮华琐碎，也不是"遁世"，而是实质性的，而且 Seaside 的规范也许写得还不够严格。

令人好奇的是，Seaside 的设计中被建筑出版社（不是那些大众出版社，它们其实还更了解情况一些）报导得最多的建筑，是那些最明目张胆地挑衅规范的建筑，好像原创性是建筑的主要美德，颠覆社区是它的最伟大之处。以这一点而论 Walter Chatham 在 Seaside 设计的住宅是最为明显的，每一个住宅都破坏了一个类型；他自己的住宅像一个原始的木屋，似乎更属于森林中的沼泽地，然而却硬挤在带有常人尺度的门窗，平线角和精致敞廊的文明街道旁，使之搀杂一些蛮荒之气；他在镇中心设计的联排住宅，做了两样不破坏组群就无法达到的事情：打断檐口线，把单独的住宅垂直地从中间划分开。然而 Robert Davis（Seaside 的开发商）却鼓励 Walter Chatham（既然每个人都如此喜欢他）并继续给他房子去设计，也许是因为他的不妥协好像能够被整个秩序许可，也许简单一点，是因为他的作品一再地被发表吧。更进一步来讲，如果能看到一些很好的建筑师，像弗兰克·盖里（Frank Gehry），在 Seaside 在规范控制下做设计，将会是十分有益的。Frank Gehry 的作品多数属于解构主义，但是趋于温和、圆满和非理论性。他曾显示出不但懂得如何屈就他的无政府状态的设计，使之适用于特定的环境，而且他理解并热爱美国传统的木构建筑。他也许会寻找到一条路去重新解释传统，并且保持文明的特色，这方面 Chatham 显然还没有能够达到。

杜安尼和普蕾特·兹伯格的做法渐渐惹来麻烦和苦恼。在面对新现代主义者的责难的时候，他们宣称之所以采用乡土建筑形式是因为业主的喜好。这虽是一种温和的打诨，但是对手却不遗余力地对他们提出了所谓"讨好"公众的批判。不过这种"讨好"和 Chatham 的情况一样，是面对建筑杂志和建筑专业圈的。这些批判嘲弄了杜安尼和普蕾特·兹伯格所坚持的每一个观点，否认了他们的成功是历史性的事实，好像他们必须得到他们早已不属于的专业小圈子的首肯，或者被定位为异类的成功，这样才能象征着紧密的团结的建筑专业协会（像海军陆战队和天主教会那样）施加给每一个曾经属于它旗下的人的压力。无论何种情况发生，另一代的人，包括他们的合作者，被杜安尼和普蕾特·兹伯格训练过的人，他们在迈阿密大学教过的学生，那些比他们还思想解放的人，自然会继续他们的工作。

诚然 Seaside 也许因过于刻意而带有虚假的成分，容易引来批评。那么 Kentlands 呢？也许不会那么严重。但是观点是清楚的，所有人类社会都涉及到很深的个人和法律的关系，没有法律社会就没有和平，个人就得不到不含恐惧的生活的自由。建筑就是代表这种状态的最完美的形象。Ambrogio Lorenzetti 在他所作的锡耶纳的壁画"一个好政府的警言"中，向我们展示了这一点。画上是一个围起来的国家，有富饶的葡萄园和麦田。一段城墙切入进来，墙后面是城镇里边缘清晰的建筑，交织在一起围合成公共空间，市民们在公共场所中跳舞。一个守卫样的人在城门上观望，在这些美丽画面的旁边，城镇政府的警言写在墙上。一个荣耀的人物被各种美德包围着，在他之下所有的市民都聚集在一起，每人身穿各有特色的衣服，手里牵着一条金色的线，这些线都是来自与那个荣耀的人。这些线就是法律把他们约束在一起，他们自愿地牵着因为它给他们以自由。在画面的中间和平使者随意地依靠在空中。

Seaside 事实上不止一点地效仿了 Lorenzetti 的密集的城镇形象，就像另一个尺度的纽约 Battery 公园城，很好地体现了这二重性的必要性。有趣的是以这点来比较 Laguna 西区的房屋和组团，Calthrope 曾指出他不能够完全地控制建筑状况。更有趣的是比较那些沿着海湾靠近 Seaside，并刻意模仿 Seaside 的城镇，它们都有尖头的篱笆、小凉亭和乡土式的房屋，这些也很有效。但是它们的道路却太宽了，用地太大了，密度还没达到，所以汽车还是控制者，社区法律的压力也没有真正实现，所以这些 Seaside 的变体们都不够有说服力。但是不应当气馁，因为它们的方向是正确的，观点也依然是明确的：建筑在本质上不是单独房屋的问题，而是社区形成的问题。巴黎，乌鲁克（Uruk），或锡耶纳都是由这个定律所建造的。

人们仍然禁不住会希望 Seaside 以及其他城镇的成功可以推广到解决穷人住房的问题上，那才是最需要社区而却被最灾难性地毁坏了的地方。如果这种经验用在中心城市，那么城市就需要真正的邻里关系。悲哀的是，如果这样的行为发生在城市更新运动之前就会容易得多，那时邻里的基本结构还存在，不像今天的状况。但是，不管城市作为一个整体的规模有多大，这"五分钟步行"距离的原则应当保证，同时房屋的尺度也应当遵循以低层为主，并有郊区规模的质量，这样的环境因种种原因，是大部分美国想要的。于是一个实际的问题就显现出来：我们所知道的"中心城市"是否真的能被塑造成那种大多数美国人想要住的地方。

这本书里介绍的曼哈顿的克林顿小区，相比该地区其他街区的开发，在这一方面有着突出的进步，但是它的尺度还是巨大的，比维也纳1919-1934年时期建造的工人集合公寓还要大。它很城市化，有合理的公共场所。但是在美国，不像欧洲，只有有钱人才一般选择住在高层公寓里，穷人则梦想着所谓的美国家庭标准：一栋在郊区的独家住宅，Seaside 则是他们最理想的环境。既然我们已经不是现代主义建筑师了，不能再去告诉人们应当要什么而不是倾听他们需要什么，我们应该知道如何使人们得到他们所要的。建筑类型应当没有什么问题，特别是它的基本视觉质量和它的个体识别性，可以从一个较狭窄，高耸，也许是多户住宅的体形中捕捉到。事实上，杜安尼和普蕾特·兹伯格的基本模型住宅，Melanie Taylor和Robert Orr在Seaside的设计，都是纽黑文普通邻里小区的两到三户木构住宅的翻版，三层高带前廊，凸窗和前门廊山花，一个19世纪蓝领阶层的Stick和Shingle的结构，略带强制地，以一定密度和合适的尺度限定着街区划分。

于是又想起了一个几乎被我们忽略当代项目：罗伯特·斯特恩在1976年设计的地铁郊区。在纽约布朗克斯南区，地面以上的城市已经被烧毁、废弃和遗忘，斯特恩曾设想利用那里依然存在的城市服务设施：从地铁到下水系统，以原有的城市街道图案为蓝图，建造一个独立或双户住宅的社区。斯特恩所运用的一些细部，包括住宅类型本身，都和现在所推崇的乡土原型相差甚远，然而想法却已经接近。后来美国住宅和城市发展部 (HUD) 尽管没有能够得到社区团体心理上和物质上的充分支持，很快在这片地区造了一些独立住宅，并被抢购一空。在这大片曾经悲惨地被遗弃的少数民族居住区内，类似的一些新住宅也零星可见。有充分的理由可以相信，Seaside 的类型以及有关的乡土风格建筑，建造起来既容易又经济，应当适用于很多城市的环境。人文居住组织 (Habitat for Humanity) 已经在一点一滴地做这件事情，但能否实现城市尺度的大规模投资计划呢？

Seaside, Kentlund, 和 Laguna 西区可以吸引开发商投资是因为它们有利可图，为穷人建造社区是否也能挣到钱呢？也许我们还需要别的办法。私人投资和明智政府的津贴合在一起也许能解决这个难题。联邦政府曾经为城市更新花费巨大，而那时建筑界还不知道如何处理城市问题，我们希望政府重新整理它的先后秩序，让专业界先行做好如何明智地投资的准备再开始投入资金。

一些城市组织，比如说Michael Freedberg任社区规划指导的芝加哥邻里设计技术中心 (Center for Neighborhood Technology)，都在密切关注着杜安尼和普蕾特·兹伯格，Calthrope 和其他人，学习他们的作法。在芝加哥它们有着过去理想的城市——郊区秩序，内环路形成工作区，橡树公园为住宅区，完美地用地上火车联系在一起。但是这个秩序同样也开始走下坡路，随着商业向城市边缘离心式的转移，现有的东西方向火车线不再那么完美地服务了。以长远眼光来看，Calthrope 的"TODS"有可能对此有参考作用。

如果总是对这个项目或那个案例有着如何大的期望，这便是言过其实了。有许多决定要做。一个人如果陷在城市状况中不能自拔，那就应当跳出来从已知条件开始。如果一个 Seaside 激发起的模仿只限于佛罗里达海湾，那也是可悲的。就算是 Seaside 本身也开始不负它成功的重荷，很多人都来此参观，奉承，有讽刺意味的是，都在夏天开着车来。惟一可以解救的方法，照杜安尼的话说，是更多的 Seaside，许许多多的 Seaside，从最广义的社会感知来看这才是真实的方法。比如说杜安尼和普蕾特·兹伯格设计的温莎镇，有两个马球场，而向的是最有钱的业主，其中有很大的住房用地，有的靠近高尔夫球场，有的靠近水边，中心是一个高密度的小镇，而那里却是每个业主都想要的地方。所以即使有钱人要选择的话，也会选择社区的环境，或者至少要求有社区的样子。那么对那些必需依靠社区来生存的低收入家庭，难道他们不会更举双手拥护吗？如果Seaside 和它同类的例子在最后不能成为可行性的模型，它们所拥有的只有美丽的画面，那才将是实质的悲哀。也许它们会达到目的，因为人类总是被象征来指导行为，而那象征就在此存在。当那狂风从海湾上空吹起，乌云翻滚成雷声降临在那亮着灯的小镇，带着塔的房屋之上时，你可以感觉到一种信念，一种对神奇自然的赞叹，然而其中也有一部分，对人类友爱团结的信心。**E**

注解：

[1] 见 Vincent Scully 书 "Stick Style and Shingle Style"

[2] Chautauqua 运动指成人教育，包括文化，宗教和休闲等活动，1870 年在纽约州 Chautauqua 湖畔渡假村发源而由此得名

参考文献：

[1] Peter Katz, The New Urbanism: Toward an Architecture of Community. McGraw-Hill, 1994

百分之七十五

——下一个大型的建筑项目

埃伦·邓纳姆-琼斯 撰文　何可人 周宇舫 译

一个虽然不大受建筑界欢迎，但却被广泛认可的事实是：在美国，建筑师只得以设计建造一小部分的房子。即便如此，仍旧让人吃惊的是在过去的25年里，已被建成的大量的景观中很少有被建筑师认为是"建筑"的房子，而且这些建造项目也几乎没有受到任何评论的关注或是理论的制约。这些项目大多建在郊区边缘，外郊区和前郊区，通常被称为"城市的蔓延"。这种蔓延开发现象不仅和后工业经济紧密相关，而且使许多建筑师震惊的是，它构成了近几十年新建造项目的大约百分之七十五的比例。如此巨大的影响不仅代表着建筑师们从业机会的极大损失，以设计为主旨的景观的缺乏，也反映了建筑观念和理论在影响物质环境和社会文化上的苍白无力。虽是如此，新的政府已经为建筑师们打开了新的窗口，这新窗口能使建筑师们开始摆脱大批盲目开发的困境，设计建造一些有创新性，综合性和有潜在批判力的建筑。

虽然这百分之七十五的数目值得反思，却不应算是令人无法想像。旅行者开车去任何一个美国城市都会不可避免地经过一圈新开发地带，然而，因为这些新建筑在设计上千篇一律，并且又不是极端难看，又因为它们以低密度地扩展，或是隐藏在公路的端头处，所以虽然数目惊人，却并不能构成当代建筑评论的一部分。建筑界对这种现象不无原因的广泛看法是这些大型购物中心，办公园地中的建筑，公寓组团和郊区独家住宅都是些配方式的、被市场经济驱使的、无想像力的设计，不值得被提升为建筑。除了最近又新时髦的50年代风潮和重新发现的加州个体研究住房，一般意义上

的美国的郊区住宅，对于那些生于斯长于斯的一代现代设计师来说，完全不能代表现代的生活。而许多近期的建筑效仿着上世纪中叶的作品，蝴蝶式的屋顶，飞镖形的曲线，外包材料的质地和图案——种种形式的背后则暗示着对地方主义的摒弃和对现代国际化风潮的拥戴。然而建筑师们在逐渐抛弃郊区这个文化荒漠的同时，却受制于顽固的OZZIE和HARRIET[1]的条例。认为建筑的价值存在于不断挑战现实的观念和自鸣得意的郊区文化简直是大相径庭。特别是90年代的美国生活信仰——超量的消费，对权威的信奉，及社区的统一性使得这一体系很容易产生对异己的排斥。

我们之中一些教设计的人喜欢在课堂上探讨"模糊领域"，在嬉皮式的电影里，这样的领域多少带有陈腐味道。对喜黑装的勇敢的男士女士来说，去郊外参观WalMart或HomeDepot这样的超级连锁商场算是一种野游，但从大体上讲，我们的观念中却完完全全忽略了这大片的景观和这大群的建筑物。学校教的是考虑城市和自然景观的方法，却很少有例子解释这两者之间模糊的状况。而实际建筑行业中除了一些众所周知的例子外，则仍是把注意力集中在单体建筑的设计而不考虑地域的影响。许多设计杂志虽以不同程度的怀疑态度来报导新城市主义，却很少对郊区或郊区的房屋类型感些兴趣。带着一贯的轻松感，建筑师和建筑学者们指着那些看上去未经过设计的郊区开发说："可别责怪我们，我们和此事毫不相关。"

这种忽略则正是问题的所在。

建筑师们想和郊区建筑完全划清界限

埃伦·邓纳姆-琼斯（Ellen Dunham-Jones），佐治亚理工学院建筑系主任，新城市主义协会的创始成员之一，曾任麻省理工学院和弗吉尼亚大学教授。本文原载于 Harvard Design Magazine，2000 秋季刊

也不是件容易的事，事实上他们对郊区的贡献要远比普遍所认识的大。当然，许多郊区房屋类型很大地依赖于蛋糕模子式的重复制造，而极少有建筑师的参与。在私家住宅方面更为明显。无论是出于大型居住建设集团的手笔，还是小合同商的作为，郊区的住宅是越来越类似。与此同时，越来越容易取得又复杂的市场信息，驱使着建造商用有限的一些平面发展出不同的外观。独立的连锁零售店，旅馆和仓储都类似地根据标准化模式形成。特别是这些商业从属于那些全国性无孔不入无限扩张的大集团旗下。然而建筑师在许多方面也协足颇深，办公和商业空间，购物中心，多家庭住宅，以及学校等教育机构的设计正使郊区边缘扩张成为可能，甚至戏剧化地改变了当代的郊区建设。然而建筑师在这些项目上做的工作却有意无意地很少被认识到。相反的，那些森林般的大公司集合群，侵略性明显的零售店和高档教育型项目则经常被发表，却从不冠予"郊区建筑"的头衔。城市性的建筑则更是被大肆宣扬。对而今许多建筑师来说，"城市性"隐含着一种不落陈规，不同于郊区中产阶级品味的活力和创新。这种蒙蔽人的观点相对而言很新。20世纪前半期的建筑师和批评家，从赖特，CIAM创建者，到路易斯·芒福德（Lewis Mumford）都曾认识到建筑与全方位文脉的联系上的价值，这全方位应涵盖城市，郊区，直至更大的地区。当代的建筑界论坛通常注重实践对理论的论述，而忽略以特定地点区域为背景的设计方式。结果是，专业建筑师们便或多或少地放弃于郊区建设的责任。

这种对郊区的偏见使建筑师们忽略了一半美国人生活和工作的环境。这种背离不仅加强了公众心目中建筑师高人一等的优越感，同时也设置了建筑行业的障碍。郊区现在正在经历着巨大的开发，而建筑价值观却从50、60年代的实践为主转移到70、80年代的理论当关。这难道是一种巧合吗？也许可以在某种程度上解释为郊区开发商认为常规设计具有市场预见性，比创新更有价值。越是有限地给开发商和那些保守的中层阶级业主服务，越是引诱着建筑师在假想和理论的领域中的一展身手。

理论指导下的设计师们为了自治而脱离文脉和经济的制约，他们选择了在高高至上的位置对广义的文化评头论足。更有甚者的是那些建筑理论家们，则越来越把自己隔离于和建筑实践和大多数人的生活环境之外。

然而在高层次上也并没有实践当初的承诺，给与建筑师自主的权力。那些极力把自己和中产阶级区分开来的优越的业主很快发现，不合常规的新前卫项目对于他们就像名设计品牌的时装。今天，尽管在新技术、城市设计和环境能源方面的追求越来越引人注目，但统领建筑界论调的并不是理论和评论，而是毫无思想的明星炒作。那些明星设计师的设计风格越来越可被预料，并且也只局限于几个世界范围的文化中心之类的项目而已。这种被认同的个性设计价值当然值得赞扬，然而悲观的是，人们由来已久的印象也更加深了：建筑师是一种只为富人服务的社交性的职业，一种隔离于日常生活的职业，一种放弃了对社会的影响的职业。

华盛顿的政治家们也遭到了同样的批评。然而，他们却更快地意识到权力和人力往郊区转移的趋势。事实上，郊区生活已不是那种过时的、战后的模式了。今天的郊区涵盖着多样化的模式，从城市边缘炫耀的办公建筑到首批郊区圈内多族裔的小购物商场。在许多郊区正与过度开发做斗争时，另一部分地区却挣扎在投资不足的边缘。一些郊区仍是卧室型社区，很多则已变成新经济的动力中心，更多的则连结着全球化经济化的实体。Henry L. Diamond 和 Patrick F. Noonan 在"美国土地的利用"的报告中，陈述20世纪80年代产生的1500万就业位置的95%都在低密度的郊区。不同的研究报道提到20世纪90年代中期，最快增长的经营行业和就业增长最快的地区都在郊区。当许多邻里社区还充满了传统的家庭时，在1999年，只有7%的美国家庭是由一个职业父亲，一个家庭主妇和几个18岁以下的孩子组成。郊区家庭生活极大反映着美国家庭的结构的现状——65%的家庭没有孩子，25%的家庭是单身生活。所有的这一切都意味着现代的郊区已经不再是传统意义上的郊区了。

事实上，郊区已经成为创新的中心和新经济的血液。硅谷作为一个高科技地区，就是一份最好的例子。全美那些刚起步的企业为寻找便宜的租赁，分享供给渠道和高智能人才来源，都效仿着硅谷的快速分散并以低密度凝聚的例子。许多在郊区的公司服务于位处城市的主公司。所以大多数的新近发展的郊区企业，从硬件和软件的发展商到新媒体和化工公司，都是着眼全球而不只是地区化市场。

成长的痛苦也伴随而来，郊区也逐渐成为社会，经济和环境的问题中心。热衷于挑战所谓流动资本、社会分裂、复杂性、环境的均衡、及可持续发展性等等问题的建筑师们，会发现郊区对他们的极大利益。通常用"蔓延"来形容的这些困境反映了曾经是美国梦想中城市的问题也开始侵犯到了郊区。越来越多居住郊区的人不无理由地抱怨交通的拥挤、路况的恶劣、税收的增加、市政债务、犯罪、污染、公共场所的损失、缺乏经济住房、以及一发不可控制的开发，当郊区和城市边缘地区吸收了新经济，同样的发展模式却引发了无计划的蔓延。这种模式在当初曾经许诺远离尘嚣的种种标准：每英亩3～4户居家、依赖于汽车、在住宅区内的有限交通、单一用地、不连续的开发、以及独立的住房。

而一个健康的多核心的地区和一个青蛙式蔓延发展地区的最重要的区别一直不是非常明朗，但却是许多学术性讨论的话题。那些拥护蔓延发展的理由是：这种发展是自由经济所产生的有效方法，提供了一个从来没有过的，服务于越来越多美国人的高质量的生活。而对此发展的批评却指出无计划蔓延的恶劣性，贫富地区的分化，持续的种族分化，工作和居住的不平衡，不平衡的公益设施，最早一批郊区及城市边缘的老化和衰落，税收制度刺激了自治，人均土地利用的增长，人均车辆行距离的增长，越来越多的硬地，空气和水质量的降低，供水的增加，动物生长环境的损失，以及普通上损失的市政管理和社会资金。

正因为是这些有深度和相互关连的问题，郊区逐渐成为创新政策和解决问题方法的话题。很多政策和建议被分成类别，并冠之以一个还处于模糊状态的定义：明智

的增长 (Smart Growth)。这概念曾被环境保护协会用于制定保护城市空气和水标准的政策。环境保护协会在80年代致力于烟囱和下水管排放的规定，而90年代式的明智增长则增加了限制汽车尾气的排放。明智增长所指的并不是被许多环保主义者倡导，却被低价住房发展机构和自由经济拥护者反对的停滞发展。它鼓励地域性的规划，区分被保护的自然环境和高密度，公共交通为主的居住地区。通过与联邦，州政府和地方政府在基本建设，交通系统和就业中心协调之后，明智增长能够联结起经济发展，工业利用计划和环境的保护。

明智增长的部分政策是把维护环境质量的责任较少地放在政府规定和大企业作为上，而更多地放在社区的生长模式和个人生活态度的选择上。克林顿政府的"刺激可居住社区"的政策鼓励自治政府采用明智增长政策并提供联邦资金。1份30点的刺激计划，包括100亿美元的"美好美国基金"用于鼓励地方力量保护公共场所和水资源，90亿美元来提供公共交通和前工业用地的迁移改造；3500万美元用于地区电脑地图的绘制，以便给地域规划提供帮助。明智增长政策的制定者赞扬这些激励政策，并不断强调有关生活质量的论点。这些论点反应了郊区居民的不满并倡导住在市镇和城市邻里的益处，环境保护协会城市和经济发展分部的指导，以及明智增长系统的协调人 Harriet Tregoning 指出，虽然80%的美国人称自己为"环境主义者"，却很少有人能够在他们身边环境中表现出来——除了回收家用品，买EDDIE BAUER款的小客货车。明智增长政策所提供的发展模式则能使普通人作更多的有关环境、社会和经济持续增长的生活方式的抉择。

明智增长和可居住性社区政策在注重于地区性规划的同时，仍然促使建筑师去更有效地介入那75%的开发。两个专业性的机构——美国建筑师协会的可居住性社区规划中心，和新城市主义协会，都着眼于把建筑师、规划师和高层次的政策制定官员的力量合在一起而制定出公共的政策。2000年美国建筑协会大会上有50多个议程是有关可居住性社区的；下一年会议上则会有更多，新城市主义在不断发展着，新

城市主义协会在建成后8年里已有了2100成员，并与美国城市建筑发展部，环保协会，Fannie Mae 基金会，城市土地研究会，麦克阿瑟基金会和能源基金会结盟，因为城市主义已建成的许多项目都在郊区，并采用新传统主义风格，所以常被戏称为"新郊区主义"，然而这类批评没有意识到的是，在这类建筑风格的背后是新城市主义更本质的目标，即推动城市化的风格：其中包括多种用途，多种收入，多种建筑类型，高密度的居住和更好的公共交通的计划。尽管新城市主义的开发项目与更大范围地区性规划的联系还不够，但它们在城市、郊区甚至远郊区的建设中已经为居住者提供了常规蔓延式发展之外的选择。

当建筑师们仍然对新城市主义表示怀疑的同时，新经济的倡导者却逐渐地感受到它的好处。具讽刺意味的是，硅谷已经决定，与其依赖于电信和网络工业来缓解它的堵车状况，还不如投资发展公共交通和经济住宅。代表着大多数户主利益的硅谷制造集团，联合圣克拉郡的21个自治机构，大力推动此举并赢得了半分销售税以资助25亿美元的道路和铁路建设和24000座经济住宅。俄勒冈州的波特兰市所有英特尔公司办公地点都在距轻轨火车或公共汽车站十分钟的距离之内，公司还提供给11000名雇员公共交通通票。亚特兰市的南方电讯公司把分散在七十五个郊区的13000名雇员集中起来，重新安插到三个离城市公共交通系统很近的地点。除此之外，南方电讯还在四个有公共交通的郊区等建设停车设置和商业中心，使得雇员们从那里开始安排自己的日程从而避免交通高峰期。

很多电子网络公司也同样地开始认识到雇员之间面对面交流和社交环境的价值。微软公司认命了 Peter Calthrope 去重新定位它的公司总部，使之跟城市邻里区域更加交融。在这项规划中，办公楼被沿街设置，靠近可行走，有公共交通和多种用途的 Issaquah 高地的镇中心。曾经设在办公楼内的餐厅和健身房也被挪到镇中心，临近商店和居民。许多公司的老板特别是那些从事高科技行业，正逐步认识到在这种高度竞争的人才市场里为吸引和保留雇员，需

要提供更舒服的环境，并不只是高档健身房和咖啡厅可以解决问题。尤其是那些雇用期限短竞争激烈的行业，未来雇员会从整个地区的环境来评价生活的质量，那无限扩展的郊区中一大片停车场中的一只方盒子已不是能满足要求。雇主为吸引人才已经都在寻找那些社交性的，可行走的和多种用途的邻里区域，并且最好可以有自然风景，临近海滩或公园。一个最近的调查指出高科技公司吸引高级人才，都把整体环境质量列为寻找公司位置的第一考虑。另一个类似的研究也指出新一代的人才更趋向于文化和人口多样化的环境。

这些发现使新经济的领导人对他们中多数人曾经工作过的枯燥的郊区环境感到失望。新的网络公司逐渐发现硅谷是一个非常没有效益的地方，随着投资资本的更容易获得，新涌现的电子投资公司则更愿意设在纽约的"硅巷"或旧金山的"媒体谷"，因为这些地方本身对雇员们就有吸引力，更为他们提供一种有活力的、集中式的、24小时服务的、多样化用途的环境，和饱受工作压力的人所喜爱的放松场所。这些城市环境有较少的大企业气氛，也比巨大的郊区停车场要更多姿多彩。同样地，在旧金山的 Mission Hill，和亚特兰大的 Aaburn 街和老的第四区之间的改造后的地段，翻新的旧厂房和仓库提供了宽敞、轻松和恒温的环境，更加强了网络公司的新潮的形象。准确地讲，正因为电子网络的发展使得公司可以设在任何地方，所以这种重新回到中心城市的现象也越来越多起来。在这个前提下，新经济产业选择位置时更多地是基于生活的质量而甚于降低成本。于是，即使是在郊区的产业，也鼓励更美观的设计，更优的社区划分和环境标准。

剩下的事情就是建筑师如何来抓住这些机会了。有明智增长关于高密度的革新性的多用途环境的规范，再加上新经济市场对于健康的，有活力的，全天候的生活环境要求的压力，日益增长的需求使建筑师们可以充分利用他们的城市设计的技巧，把多样化功能和复杂的郊区地形用想像力结合起来。但是首先他们应当放弃那些对于郊区生活模式的偏见，并学会认识到那些已经逐步形成的有活力的转变。比如说

很多洛杉矶老的郊区，正在改写新的生活模式——一些经商者，多半是新移民的房主，会把前院变成零售，后车库则当作商业用房。这样的生活加工作的模式意味着家庭公司和信息服务开始吸引更多的注意力。大型购物中心和零售中心已类似地开始寻求新的形式以区别于它们的竞争者，并迎接网络销售的挑战。一些郊区正在改建旧的购物中心，建设从未存在过的城市中心和主要街道。这种综合体包括图书馆、邮局、商店、休闲中心、餐厅，甚至居住。这些中心的建立虽然注重了多样化组合上的翻新而较少设计的创意和对市政的责任，但它们还是反映了对郊区城市化的趋向与兴趣。在这样的前提下，建筑师有了极大的机会和能力帮助郊区表达他们的重要性，形成社区的荣誉以及在新经济环境下竞争。

郊区的问题并不只是一个城市设计的问题，它也是一个建筑设计的问题。新的建筑观念能极大地改观郊区面貌。俄勒冈州波特兰 Garg Reddick 和他的 Sienna 建筑公司就提供了很好的例子。他们一直在探索创新的方法怎样把不同的郊区房屋类型组合成综合体，如何使城市住宅的观念结合郊区服务的便利和个性化。利用把住宅置于停车场和零售店之上，Sienna 公司所设计的正是明智增长所倡导的混杂功能、高密度的策略。在有很好的住宅发展市场的西雅图和波特兰，Sienna 公司说服了一系列非住宅房屋的业主出卖他们的停车场和屋顶的上空权用于居住。在波特兰最繁华的、高密度的西北社区，Sienna 看中了一个医院的停车场用作未来的住宅。在进行了一些可行性研究后，找到该业主，表示他们愿意提供一个有顶的 43 车位停车场（只比原有的少 3 个车位）和 100 万美元的利润，来交换再增加一层的停车库（有独立入口）和两层的公寓楼。这个已建成的项目称为 Northrup 公寓，它利用从街道进入的两户双拼住宅，将后面的停车场和 2 层公寓遮蔽起来，这个项目很好地把公寓，两居住宅和停车设置结合在一起，并且其规模比例和材料运用都极好地融合于传统文化之中。

Sienna 公司同时也是第一家在超级市场上建造公寓的设计公司。它设计的 Macadam 村距波特兰市中心三英里，把公寓盖在一家超大型超级市场和一串零售店的上面。这个公寓面向着一组同样也是 Sienna 公司设计的建于山上的小别墅，商店和公寓入口位于不同层上，每一层都或多或少附合地形的要求（包括一家在商店门前的地面停车场），但这两者的结合却形成了一种不寻常的都市化的紧凑感，后门运货和贮存都藏在通向住宅道路的下面，没有造成对附近居民的视觉影响。这些处理手法自然都造成了造价的增加，比如说空调系统和屋顶，但这些增加的造价都靠出售房屋的上空权而补偿了。

在波特兰市中心的北区公园附近，Sienna 在一家 92 年历史的汽车仓库里巧妙利落地设计了居住空间和停车设施，从而引发一系列地区重建。设计师们把公寓都面向公园，把原有的向着区域内部的汽车坡道改建成 3 层的停车场。住在这一桩 10 层公寓低层的住户几乎都可以把车停在家门口。另在公寓上加盖了四层，每户的房价从 11.3 万美元到 57.3 万美元不等。这差别较少大的房价和不同收入状况住户的对比被设计上的不同手法所淡化了：新颖别致的阁楼屋顶，一个存留在立面上老的广告牌，一家未来临街面向公园的餐厅。这一切都造成了一种令人神往的城市气氛：新与旧、富有阶层和中产阶级、居住和商业共生共存。当然再加上藏起来不让视线涉及的停车处理。

在西雅图，Reddick 和他的公司说服了 Safeway 公司在一家 6.5 万平方英尺的商场上很小心地建造 100 户居住单位。出售的上空权不仅能换来两层的内部停车（包括一家全天候的卡车卸货车位），还能建造一家超级商场。利用同样的手法，Sienna 公司正希望说服一家全国连锁的医药杂货店，同意在屋顶上建造居住用房。

这些喜欢独立存在于环境中的连锁店，包括超大型零售市场、药店和书店，充斥并糟蹋了美国的景观。特别是全国性的大连锁店，更是不愿接受 Sienna 的建筑概念，抵制混同于其他非商业功用，也不喜欢紧凑的都市结构。在这一层文脉下，Sienna 公司肩带包式的策略则是彻头彻尾革命性的，对明智增长策略中改良郊区商业带更是一种极好的预见。

重大问题对于有创意和有知识的人来说或许是大好的机会。放眼于郊区改建的建筑师现在有着一个极大的机会去挑战现有的状态，大胆去想像新的郊区的风貌。市长，州长，开发商和郊区居民都迫不及待地需要新的想法。建筑们则应当在实践上和理论上重新定位，充分考虑到那些已不可避免的因素：生态的可持续性，社会的公平性，浮动的资金，消费者文化，伦理和文化特征，以及政策法律等。我在前面已提到过的新模式，新政策和新的人口调查已给予建筑师们除了抱怨和批评之外其他的力量。这并不是提倡一种换汤不换药的作法，也不是要抛弃城市。我无非是提出建筑师应当把自己对城市设计的构想带到他们通常忽略的那 75% 的开发项目上来。正因为我是一个城市主义者，所以才呼吁人们多重视一些在郊区的建设。

建筑师应当参于郊区设计的理由有很多。新城市主义者可能是被一种改革的愿望所激励，他们想要通过调整郊区的发展模式，以提升社会和环境目标。有些人可能被新经济带来的新的商业机会所吸引。而另有一些人则可能想利用这个机会，批判地参与这个正在快速转型的郊区文化。评论家，理论家和设计师们也许会为这所谓的改型提出很多问题。建筑师能为郊区未来的美好生活贡献什么呢？建筑师怎样做才能更好迎合中产阶级的特点和口味？如何利用大量增加的特制产品（从 Levis、厨房柜子、以至全套建造系统）来降低郊区的千篇一律和刺激消费者的个体需求，从而产生更好的建筑和设计？怎样使郊区焕然一新却又不重蹈贵族化的困境？那 75% 的土地和 50% 的人们在等待着我们的答复。🄴

参考文献：

[1] OZZIE 和 HARRIET，1952 和 1966 之间 ABC 电视台播出的 435 集情景喜剧，描写 50，60 年代的美国郊区家庭的生活。

新城市主义新在哪里？

乔纳森·巴尼特 撰文　何可人 周宇舫 译

我们许多人都生活在从前只最富有的人才能享受到的宽敞、舒适和便利的环境中。电脑，汽车和飞机给就职和休闲造成了很多新的机会。但是管理城市生长和变迁的老办法却不像原先那么管用了，多数时候则根本不起作用。

在飞速生长的城市郊区，社区利用分区规范控制大量的新开发，促成小型项目，这些规范大概是 50 年代开始实行的，社区还在努力地设法集资建新学校、道路和服务设施。尽管如此，郊区的景观和吸引新开发的生活方式已经在慢慢地濒临险境。

对于那些老城市来说，城区的更新已经不足以弥补那些因工业倒闭造成的职业的损失、越来越多的社会服务需求、学校系统中的问题，以及功能失调的住宅项目。

而那些旧的郊区，直到几年前还运行得很好，却忽然发现自己面临着和周围城市一样的社会问题，并且没有和城市一样的税收和公共机构的援助。

於是新城市主义宪章开始论述：

"新城市主义协会认为中心城市的资金缺乏、无目的的开发蔓延、种族和贫富阶层的分化、环境的恶化、耕用土地和野生资源的丧失以及对社会文化遗产的侵蚀，这些问题都是相互关联的，是对社区建设的挑战。"

这里面所陈述的每一项问题都是长久以来已经为人们所认识的问题。而新城市主义之新，就在于提出解决这些问题的方法，是要同时对付所有这些问题。

当城市边缘的社区能提供工业发展的补助金、便宜地租和新基础设施的时候，在城市中创造新的就业机会则更难了。当急速发展起来的郊区社区没有钱盖新学校的时候，老城区则正把无用的学校变成老年活动中心。像底特律和圣路易斯那样的城市里，整个邻里街坊的房子都被遗弃拆毁，留下一片片设备齐全的空地。与此同时，附近人烟稀少的郡县的耕地和树林却被铲平建房，还因为建造道路和水处理加工厂深深地陷于债务中。

一些城市是靠合并周围的郊区开发而扩大的。研究显示这样的大都市或是城郡一体的结构，比那些城市和郊县各自为政的系统，有更多的解决问题的资源。大都市成了城市开发的一个基本单元：机场和高速公路可服务于整个区域而不只是一个城市或城镇、零售店、办公中心、运动设施和文教系统也是如此。

逃避旧城市的问题，搬迁到郊区的新房子去，对独立的家庭和企业来说是一种诱惑。然而，注销已经存在的城市，代之以在都市边缘的郊区开发，没有一个国家能承受得起这样一个策略。即便这样的说法已是荒谬绝伦了。然而在美国，很多个别的决策在制定时就好像旧城市已经被注销了一样，这些决策合起来，则很有成为国家政策的危险性。

然而个人和企业所搬迁的地方却常常达不到人们的期望。它们缺少旧城市和城镇的凝和力，同时也缺少人们所期望的乡村的质朴魅力。带着对新城市化地区的失望，人们又向更远的地方迁移，恶性循环便

乔纳森·巴尼特 (Jonathan Barnett)，新城市主义协会成员，宾夕法尼亚大学城市和区域规划教授。本文原载于 Michael Leccese, ed., Charter of the New Urbanism, McGraw-Hill 1999

开始了。

当然不可能把这一切倒回去到1970年，然后再根据现在我们的经验重新开始。零散的大都市已经是新的现状，我们必须学习怎样让它运转。

重新塑造无边无际的带状商业，使之变成城镇和特区，把没有形式感的小型住宅组团变成邻里，这些策略都是完全可行的。但是这样的任务没有先例，需要新的规划政策和设计手法。对城市中被忽略的、老化的地区进行新开发是可行的，但是必须提供与别的地方同样、甚至更高质量的东西。避免重复近年来在开发上的错误是可行的，用交通系统连接都市地区的各个部分而不只依靠私人汽车也是可行的。成功的组织可以缓解开发自然环境的压力，使有价值的老房子和历史保护区重获新生。

所以这就形成了新城市主义的另一个新的因素：呼吁新状况下新的设计观念。包括纠正近年来城市开发错误的革新性的方法；避免旧的错误再重复的新规范政策；以及限制都市地区的扩张，用新形式的交通系统加强其凝聚力的新计划。

所以新城市主义宪章继续论述：

"我们提倡恢复现有的城市中心和大都市边缘的城镇，重新规划蔓延的郊区使之成为真正的邻里和多元化的区域，保护自然环境，保护已有的文化遗产。"

听上去都很好，但是在今天严酷的经济和社会现实下，新设计观念有多实际呢？犯罪问题、学校问题、就业问题又当如何解决呢？

城市和郊区在迅速地转变成大都市地区，这是更深远的经济增长和变革过程的一部分。这种变化也动摇和改变了今天人们生活的很多因素，远远超出了城市设计和规划的范围。

但是最近一些控制犯罪的革新性的方法很有趣地类似于新城市主义提倡的某些计划。以社区为单元的保安巡视；对"环境"侵犯行为的低容忍度，比如说强行乞讨和胡写乱涂；以及为保安调度编写的新电脑软件。这些新的犯罪控制方法的成功蕴涵了很重要的信息。

首先，它表明了犯罪率上升并非是不可避免的，犯罪是可以控制的，不必试图逃离这个问题。第二，建立在社区责任感和环境改善基础上的措施不只是好的城市设计措施，同样也是好的社会政策。

教育所有的学生达到个人最大的能力是学校教育的宗旨。教育系统的失败是一个重大的问题，尤其是那些有严重经济和行为困难的家庭在旧城区的聚集更

使这一问题恶化。从一些试验课题得出的结论足以证明，一些孩子可能有严重的学习障碍，多数情况下问题出在学校系统上，而不是孩子身上。

美国正在进行全国性的讨论怎样在保持通材教育的基础上提高学校质量，其中包括国家标准，特殊学校和学校文凭的实验教材的提议。一些最有实质性的革新措施包括使家长参与学校生活，开展以学校为基础的计划帮助那些多问题家庭集中地区的家长们，以及建立以社区为基础、由教师和课外活动组成的支持网络。另一个重要因素是维持学校本身一个有秩序和安全的环境。

再一次，这些提议和新城市主义的原则不谋而合，这是因为它们都是在强调具有支持性的社区和物质环境的重要性。

新的全球交易的模式、工业发展地理位置的变化、服务和信息产业日益上升的地位，都在改变着工作的环境。老的城市不再自动地成为低技能、低程度职业的场所，尽管需求这样工作的人们大多还住在老的城区。

这些问题牵扯着整个经济发展，远远超出了城市设计和规划的议题。美国和其他一些国家正在调整社会福利制度，着眼于让社会福利的接受者回到劳工队伍中去。这样的调整需要更有力的公共政策，着眼于创造就业，更正那些错误地安排就业地点和就业人员的住所的现象。这些努力以及其他的政府刺激经济发展的计划都涉及到对新城市主义很重要的议题。很多被忽略，或停滞发展的老城区死气沉沉，是因为堆集了确凿的，抑或可疑的工业污染废料。特殊的清理计划可以很容易地清扫和回收这些废料，把生机带回到老城区来。企业集中地区则提供税收细则，鼓励商业设置临近雇员居住的地方。此外，优选住房和其他的一些计划鼓励打散分区，使经济住房更平均地散步在都市中，新的都市交通系统被重整，得以服务于离散分布的工作地区。

过去，在制定设计和规划政策，包括贫民窟的清理计划、都市振兴计划、新城镇运动计划的过程中，人们相信依靠这些政策本身就可以救治一些社会的重症，对于这样的观念，新城市主义已经过了长期的发展。

宪章继续阐述道：

"我们认识到不能仅仅依靠物质的方法来解决社会和经济的问题，但是如果没有一个相互关联的支持性的物质构架，经济的活力、稳定的社区和健康的环

境就难以维继。"

很多时候，新的商业建筑或是住宅开发虽然建造得很昂贵，看上去总是像从周围环境中抽了出来而不是提高了环境的整体性。这不论在环境优美的郊外还是在城里都是普遍现象。这样造成的结果是，当地的居民总是反对新的开发计划，这也是为什么新开发总是被远远地赶到都市边缘的一个主要因素。

很多当地居民和开发商的矛盾是不必要的。矛盾的产生原因只是因为过时的发展规范和为适应这些规范所采用的方法。

比如说，许多控制划分用地的规范都有一个道路坡度的最大限制，通常是5%。对一个开发商来说最容易应付这一规定的办法是修理整个用地的坡度，铲除所有现存的植被，清除表层土，把土壤和岩石推至平均地下水位，总之是违背了生态设计的原则，以求达到整个用地没有超过5%的坡度。对这个问题的答案涉及到修改地方规范，减少在陡坡上建造的许可，接受一个更随意的街区和街道的划分。与此同时，房屋建造商应更改他们的实践标准，拒绝需要大量重整用地的方案，毕竟，整修坡地需要很多花费。成型的植被对买房者来说有货币上的价值，并且一个维持了景观轮廓的用地，和一个没有这些要素的用地相比，可以建造同样多的住宅。

另一个例子：社区经常在以千亩计的区域里只允许一种规模的独立住宅。开发商於是就建造出一批成百，甚至成千个同样大小的住宅和用地，几乎没有收入差别，没有邻里的商业，步行距离内达不到任何目的地，居家之间距离太远以至不能提供公共交通。反其道而行，社区应当建造有多种房屋类型，有方便购物的邻里分区。他们应当允许在邻里中心集式地开发，使人们可以步行或利用公共交通到达一些目的地。这些改变政策的形式已在一些地方实验，造成的影响是创造了一些有特色，多样化的地区，而不只是一群一色一样的小住宅区加上几个零星的大购物超市罢了。

第三个例子是分区规范刺激商业，却只形成了沿高速公路的狭窄的商业带。这种商业带的概念可以追溯到电车时代围绕一条主要街道的郊区和小镇。但是当开发延伸到高速公路的里数时，这种概念就行不通了。然而，实践已经适应了这一切。人们认为这蔓延的商业带是房地产市场不可避免的后果，但是人们却已经忘记了商业带实际上是过时的分区规范造成的，这些规范指定了过多的开发商业的用地，却没有能够规定如何在一个集中的地域有效益地开发。在高速公路附近一个地区集中开发的办法能创造更好的商业设计，使长距离交通速度更快，更有效率地利用土地，从大体上来讲则更具有经济的合理性。

在大片土地上部署商业带和大块的分区是郊区蔓延的产物。为改观新的开发设计，有必要先改变那些法律上的模式。

於是这又是新城市主义的一个创新：认识到设计规划的概念不能和它们的履行途径分离开。今日城市设计的弊病可以追溯到有缺陷的公共政策和不良的大面积投资。所以改良的城市设计概念更需改良的公共政策和新的房地产投资实践。

正如新城市主义宪章所述：

"我们提倡改进公共政策，开发实践来支持下列的原则：邻里应该是人口多样和多种用途的；社区应当既为私人车行，也为行人和公共交通设计；城市和城镇的形式应该是普通公众能到达的公共场所和社区机构；都市空间应当包括那些反映历史、气候、生态和建筑技术的建筑和景观艺术。"

有史以来，设计者们把自己的建筑设计、景观设计和城市设计的概念提供给社会，期望社会认识到其"正确性"，然后去找方法实施。新城市主义协会则认识到城市设计的改革与公共决策和私人投资改革需要同步进行。协会的组成不仅仅是一些专业设计人员，应当包括那些所有的声音，那些希望改良城市乡镇，使之更服务于自然和人文环境的呼声。

新城市主义的另一个新的特点是它不仅仅是一个专业组织，而是一个由设计师，其他专业人士，私人投资决策指定者和有责任感的市民所组成的合作团体。

引用宪章的话就是：

"我们代表着一个背景广泛的市民组织，包括公共和私人部门的领导人，社会活动家，多行业的专业人士。我们承担着以公共参与为基本，重新建立建筑艺术和社区规划设计之间联系的责任。"

当然没有一个团体能回答所有的问题。城市设计、规划和景观保护的改革需要实验，需要一个连续的评价和改良的过程。但是，有一些基本的原则可以认为在很长一段时间里是正确的，许多原则其实并不是新创，遗憾的只是因为过快的开发变更而被遗忘了。

宪章提出27个城市主义的基本原则，用于指导公共决策、实践发展、城市规划和设计。它们从大都市入手，而后是城市和城镇。它们引进了作为城市基本单元的邻里，城市特别片区，分区走廊的设计原则，以及街区街道和房屋的设计原则。

单独地看许多原则都不是最根本性的，有些则显得公理化。然而从创新的角度考虑，它们是一个针对各种尺度人造环境的综合性程序。这些原则组合在一起便形成了新城市主义的基本议题。

就像宪章所总结的：

"我们将使自己执身于去改造我们的家、街区、街道、公园、邻里、区域、城镇、城市、地域和环境"。 ▣

关于"横断面"系统

安德烈·杜安尼 撰文　岳子清 译

1994年,新城市主义协会组织了九个特别工作组。由安德烈·杜安尼(Andres Duany)和斯戴法诺·波利索埃兹(Stefanos Polyzoides)主持的工作组负责专业术语的规范和整理。他们初步决定编制一部词典,按照字母的顺序分别列出各条相关的词汇及其定义。

这本应该是一项简单的任务,但工作一开始却遇到挫折,因为绝大部分术语只有在与其他术语相联系的情况下才能被很好地理解,就像在真实的城市和自然环境当中,我们每触动一个环节时都会引发其他的连锁反映。所以在编排术语时,更贴近城市真实的方法应该是按照它们之间的相互关系和类型,而不是字母顺序来组织。

当这一点确定之后,下一步自然要做的,似乎就是要将每一种类型中的各条词汇按一定的递进关系排列。例如,对于开放空间,按照它们的环境效能排列;对于道路,按照它们的交通量排列;对于建筑类型,则按照其商业功能占居住功能的比例大小排列。

但是,这样的递进关系虽然可以组织在词典当中,却也不符合这些术语在真实城市中自然呈现的有机含义,甚至还可能加剧专业与专业之间语言的隔阂——造成规划师、交通工程师、环境学家、城市设计师、景观设计师、建筑师、地产律师、发展商、银行家和市场专家之间的交流障碍——正是这种隔阂使得现代主义城市实践成为一座摇摇晃晃的巴别塔。

这不是一个小问题,它是现代主义之所以失败的关键。尽管在操作过程中各专业之间也存在细致的协调机制,但这样的过程制造出的社区却仍然不能多样和统一。每个专业只看重自己的要求,所以最终产品常常是一些城市零件而不是城市本身。道路设计完全根据交通流量的计算来决定;

本文节选自安德烈·杜安尼(Andres Duany)的文章:Introduction to the Special Issue: The Transect,原文刊载于英国《城市设计》杂志2002年10月第7卷第3期

译者:岳子清,华森建筑与工程设计顾问有限公司,建筑师

1

2

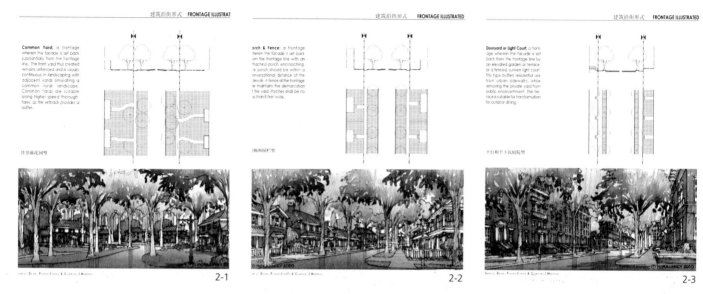

建筑沿街形式 FRONTAGE ILLUSTRAT

Common Yard: a frontage wherein the facade is set back substantially from the frontage line. The front yard thus created remains unfenced and is visually continuous in landscaping with adjacent yards simulating a common rural landscape. Common Yards are suitable along higher speed thoroughfares, as the setback provides a buffer.

共享前花园型

2-1

建筑沿街形式 FRONTAGE ILLUSTRATED

Porch & Fence: a frontage wherein the facade is set back from the frontage line with an attached porch encroaching. The porch should be within a conversational distance of the sidewalk. A fence at the frontage line maintains the demarcation of the yard. Porches shall be no less than 8 feet wide.

门廊和围栏型

2-2

建筑沿街形式 FRONTAGE ILLUSTRATED

Dooryard or Light Court: a frontage wherein the facade is set back from the frontage line by an elevated garden or terrace, or a fenced, sunken light court. This type buffers residential use from urban sidewalks, while removing the private yard from public encroachment. The terrace is suitable for transformation for outdoor dining.

平台和半下沉庭院型

2-3

受保护的自然环境范围由科学家的方法来界定；购物中心、办公园地、居住小区彼此独立，分别由各家专门化的开发商建造；以自我为中心的建筑师不理会道路；旨在美化环境的景观设计师又不顾及建筑物。这样建造出来的地方就是所谓的"边缘城市"，它们或许已经包含了统计学意义上城市的一切元素，但不过是卡通版的实物而已。

在这个寻找某种能够恰当地反映术语和术语之间相互关系的理论的过程中，"横断面"的规律被偶然地发现了。在此之前，"横断面"被理解为一种秩序系统，用来表现渐变的地理环境和相对应的自然生态的过渡。事实证明，这种"横断面"的概念也可以扩展到人居环境中，因为在从乡村到城市推进的环境过程中，任何一个城市元素都可以在其中找到相应的位置。例如，街道要比道路更具城市性；在路界处，路缘要比露明的排水浅沟更具城市性；砖墙要比木条板

墙更具城市性；有行道树的小径要比弯曲的回转路更具城市性。这种差别还体现在更细微的元素上，甚至连街灯的形式也可以在都市型和乡野型之间排出一个序列：从明亮而有丰富细部的铸铁路灯、到简洁的直管路灯、粗犷的原木路灯、一直到没有任何人工照明而完全依赖星月天光。

除了作为一种分类系统以外，"横断面"还有可能成为设计工具。不同专业、不同门类的各种元素，通过一个共同的，从乡村性到城市性的环境过渡系统联系起来，这就为建立一个新的规则系统提供了基础，这种规则系统将可以创造出多样化的、能够和已有现实相衔接的自然和人居环境。

这种综合性的规则系统有许多优点。首先，它将根除各自为政的各专业规范模式。第二，"横断面"上的每一区段都是一个全面的环境体系，其中所有的组

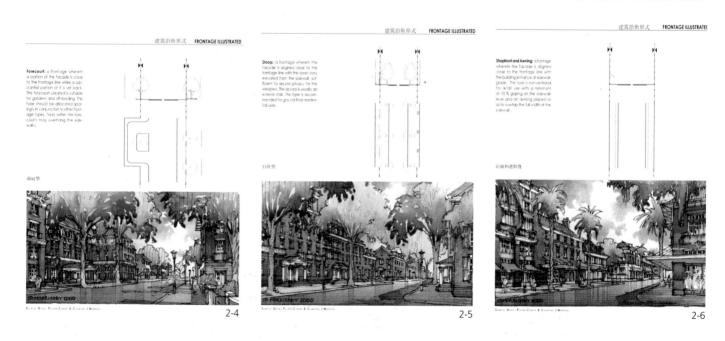

建筑沿街形式 FRONTAGE ILLUSTRATED

Forecourt: a frontage wherein a portion of the facade is close to the frontage line while a substantial portion of it is set back. The forecourt created is suitable for gardens and off-loading. This type should be allocated sparingly in conjunction with other frontage types. Trees within the forecourt may overhang the sidewalk.

前院型

2-4

建筑沿街形式 FRONTAGE ILLUSTRATED

Stoop: a frontage wherein the facade is aligned close to the frontage line with the lower story elevated from the sidewalk sufficiently to secure privacy for the windows. The access is usually an exterior stair. This type is recommended for ground-floor residential uses.

台阶型

2-5

建筑沿街形式 FRONTAGE ILLUSTRATED

Shopfront and Awning: a frontage wherein the facade is aligned close to the frontage line with the building entrance at sidewalk grade. This type is conventional for retail use with a minimum of 70% glazing on the sidewalk level and an awning placed so as to overlap the full width of the sidewalk.

店面和遮阳篷型

2-6

建筑的形式 **FRONTAGE ILLUSTRATE**

Gallery: a frontage wherein the façade is aligned close to the frontage line with an attached cantilevered and or a light colonnade overlapping the sidewalk. This type is appropriate for retail use. The Gallery shall be no less than 10 feet wide and overlap the whole width of the sidewalk to within 2 feet of the curb. 廊柱型

Arcade: a frontage wherein the façade is above a colonnade that overlaps the sidewalk, while the frontage line remains at the sidewalk level. This type is appropriate for retail use. The arcade shall be no less than 15 feet wide and overlap the whole width of the sidewalk to within 2 feet of the curb. 过街楼型

2-7

蔓延式建设方式的横断面
THE SPRAWL TRANSECT

乡野性　　　　　郊区性

RURAL ■■■■■■■■■■■■■ TRANSECT ■■■■■■■■■ SUBURBAN

RURAL ZONES			SUBURBAN ZONES			
S1 RURAL FARMLAND HELD IN SPECULATION	S2 PANCHETTES	S3 SINGLE FAMILY RESIDENTIAL	S4 GARDEN APARTMENT RESIDENTIAL	S5 STRIP COMMERCIAL / BIG BOX COMMERCIAL	S6 OFFICE PARK	S7 SKYSCRAPER DISTRICT / EDGE CITY

This is non-transect of Conventional Suburban Districts that has been prepared (with malevolent intent) by Dan Zack.
danzack@fresnocog.org

表现现行郊区模式在不同密度下的形态（为批判目的而有所夸张）

3

成元素都相互支持，从而形成、并且强化这一区段特有的品质。如果一个邻里包含了几种不同类型的环境，那么就有可能吸引多样化的社会人群，相对而言，常规的规划条例只能制造大面积单一类型的开发区。

作为一个基础理论，"横断面"最重要的贡献，将会体现在操作过程中。经验表明，新城市主义的发展项目很难通过技术审查，这是因为现有规则和标准尽管貌似客观，但它们只支持现代主义城市的习惯性做法。要在现有系统下创造出多样化的社区，就如同在一个不兼容的操作系统上运行一套新的电脑程序——这意味着巨大资源的消耗，却注定不会获得理想效果。

当前的主流理论无法处理真正的城市。而以"横断面"为基础的理论能够做到这一点。"横断面"理论无需说服或辩护，它可以在实践中得到证实。在许多专业人员的不断补充之下，经过一段时间，"横断面"能够发展得与现行的规则系统一样全面，也能够使行政者在操作时感到习惯和方便。而最重要的是，它能为我们带来更好的生活场所。

（在翻译和编排部分 Transect 图解的过程中得到 DPZ 事务所 Demetri Baches 和 Gustavo Sanchez Hugalde 的帮助，特此感谢。）**E**

萨凡纳（Savannah, Georgia）模式

优点
方向感好
用地的进深比较容易控制
网中道路的交通量分布均匀
直线有助于加强起伏地形的运动感
高效、双面服务的巷道和服务性通道

缺点
如没有变化则会产生单调感
不易适应复杂地形
不适应较陡的坡地

类似于：正交网络，棋盘格

马利蒙（Mariemont, Ohio）模式

优点
等级层次明确，对角线有助快速交通
网中道路的交通量分布均匀
单调感可以因街景折转而被打破
对角线路口的空间形态可以得到较好限定

缺点
方向感较弱

类似于：盖文（Sir Raymond Unwin）模式，蜘蛛网模式

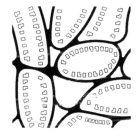

里佛赛（Riverside, Illinois）模式

优点
单调感可以因街景折转而被打破
较容易适应环境和地形变化
网中道路的交通量分布均匀

缺点
方向感很差
用地划分的形状大小不易控制
缺乏内在层次

类似于：奥姆斯戴德（Frederick Law Olmsted）模式

楠塔其特（Nantucket, Massachusetts）模式

优点
较清晰的层次关系，过境道路为通长的道路
网中道路交通量分布均匀
适应环境和地形变化
单调感可以因街道对景而被打破
街道布局因地制宜

缺点
用地划分的形状大小不易控制

类似于：西戴（Camillo Sitte）模式，街景模式

华盛顿模式

优点
较清晰的层次关系，过境道路为对角线道路
网中道路交通量分布均匀
焦点集中于特殊的地形
网格的单调感因对角线而被打破

缺点
用地划分的形状大小不易控制
异形地块很多
对角线交汇处空间限定不够

类似于：城市美化风格模式，豪斯曼模式

拉德本（Radburn, New Jersey）模式

优点
较清晰的层次关系
用地划分的形状大小可控制
适应环境和地形变化

缺点
因缺乏网络而造成交通拥塞

类似于：尽端路模式

4

3　蔓延式发展方式的横断面分析
4　道路系统类型分析

新城市主义宪章

何可人 译

1996年在美国南卡罗来纳州的查尔斯顿召开了新城市主义协会的第四次大会。该会通过了新城市主义宪章。该宪章内容如下：

新城市主义协会认为中心城市资金的缺乏，无目的的蔓延式开发的扩散，种族和贫富阶层的分化，环境的恶化，耕用土地和野生资源的丧失，以及对社会文化遗产的侵蚀，都是相互关联的，是对社区建设的挑战。

我们提倡在大都市的整体范围内改造和修建已有的中心城市和村镇，重新规划蔓延的郊区使之成为真正的邻里和多元化的区域，保护自然环境，保护已有的文化遗产。

我们认识到仅仅靠物质空间方面的手段并不能解决社会和经济方面的问题，但是，如果没有一个相互关联的支持性的物质构架，那么活跃的经济、稳定的社区和健康的环境将难以维继。

我们提倡改进公共政策和开发活动以支持下列的原则：邻里应该容纳不同的人和不同的功能；社区应当既为私人汽车，也为行人和公共交通设计；城市和村镇的形象应该通过形态明确、高度开放的公共空间和公共社区机构树立起来；都市空间应当由那些反映历史、气候、生态、建筑技术的建筑和景观艺术构成。

我们代表着一个背景广泛的市民组织，包括公共和私人部门的领导人、社会活动家和多行业的专业人士。我们致力于通过公共参与式的规划和设计，重新建立起建筑艺术和社区建设之间的联系。

我们将致力于重建我们的家、街区、街道、公园、邻里、城市特别片区、村镇、城市、地域和整体的环境。

我们提出以下一些原则来指导公共政策、发展策略、城市规划和城市设计。

地域：大都市，城市和村镇

1. 大都市地区是具有地理界限的有限空间，这些地理界限产生于地形地貌、水域、海岸线、农场、地区公园和河床。大都市是由许多中心：包括城市、城镇和乡村而组成的，每一个组成部分都包括各自有识别性的中心和边界。

2. 大都市地区是当今社会的一个基本的经济单位。政府的合作、公共的政策、空间的规划和经济的策略都应反映这一新的现实。

3. 大都市地区和它相应的农业和自然景观地区有着不可缺少但又脆弱的联系。这种联系是环境的、经济的和文化的。农业土地和自然资源对于大都市就像是花园对于住宅一样重要。

4. 新开发的形式不应使都市边缘被消除或变得模糊。对已有的都市地域的开发应能保护其环境资源、保护经济投资和社会构架，同时也能收复边缘地带和被遗忘的地区。大都市地区应当首先鼓励这种局部填充式的开发形式，其次再选择向周边扩展。

5. 如果合适，邻近城市边缘的新开发应组织成邻里和区域的形式，和现存的城市结构保持一致。不邻近城市边缘的开发区应当组成城市和乡镇的形式，带有自己的边界，规划中要考虑到使它们成为工作和居住平衡的结构，而不只是卧房式的郊区。

6. 开发和重新开发的村镇和城市应当尊重当地原有的历史结构、先例和边界。

7. 城市和市镇应当引进广泛的公共和私人用途，用以支持地区性经济发展，使不同收入阶层的人都受益。经济住房应当规划在各个地区以适应雇用的需求，从而避免贫困地区的集中现象。

8. 可选择性的交通系统应当用来支持区域建设和规划。公共交通、步行和自行车系统应当最大程度地在区域中扩展，从而减少对私人汽车的依赖。

9. 税收和资金应当更有效地调配给市政机构和区域中心部门，从而避免对计税基础的破坏性的竞争，促进交通、休闲、公共服务、住宅和社区部门合理性地协调发展。

邻里、城市特别片区和交通走廊

10. 邻里、城市特别片区和交通走廊是都市开发和改造中的重要元素。他们能构成具有识别性的区域，从而鼓励市民担负起维护和发展的责任。

11. 邻里应当紧凑、适宜步行，并且是功能多样化的。城市特别片区一般是以某一项特殊城市功能为主的专门地带，但是在可能的情况下也应遵守邻里设计的原则。交通走廊是指各邻里和城市片区之间区域性的联结，它们可以是林荫大道，铁路，河流和高速公路。

12. 很多日常生活设施应当设在步行范围内，可以让那些不能开车的人到达，特别是老人和小孩。街道网应当贯通，街道设计

应当鼓励步行，以减少开车的次数和距离，同时也节省能源。

13. 在邻里中，一个包含多种住宅类型和价格的规划设计可以使不同年龄，种族和收入的人群获得日常交流的机会，因而加固了一个真正社区应有的人和团体的纽带。

14. 公共交通走廊经合理的规划和协调将有助于组织大都市结构、振兴城市中心；相反，高速公路走廊则不应当造成现有城市投资的流失。

15. 在公共交通站的步行范围内应当有合理的住房密度和土地使用功能配置，使得公共交通能成为辅助私人汽车的有效手段。

16. 集中性的公共机关，研究机构和商业设施应当组织在邻里和城市特别片区当中，而不是隔离在遥远的，单一用途的集合体里。在决定学校的规模和位置时，应当考虑让学生们都能步行或骑车上学。

17. 城市设计图解法规可以作为未来改进的指导，促进邻里、城市特别片区和交通走廊保持健康的经济和谐的发展。

18. 一系列的公园，从乡村绿地，球场到社区花园，应当分散在邻里中。保护区和开敞的用地应当作为邻里和分区之间的界限和联结。

街区、街道和房屋

19. 城市建筑和景观设计的一个主要任务是塑造街道和公共空间，使它们成为可供人们共同分享的场所。

20. 单体的建筑设计应当不留痕迹地融入它周围的环境中。

21. 都市建设的振兴依赖于安全和防范。街道和房屋的设计应当强调安全的环境，但不应该牺牲公共空间的可到达性和开放性。

22. 当代大都市的发展应当充分容纳机动车。在做到这一点的同时应尊重步行者和公共空间的形态。

23. 街道和广场应当安全、舒适、并能够吸引步行人群。合理的设计能鼓励行走，邻居交流和保护社区的共同利益。

24. 建筑和景观的设计应当源于地方气候、地形、历史和建筑技术。

25. 公共建筑和市民聚集场所需要选取重要的地点以加强社区识别性和民主的文化。它们应该有突出的形式，因为它们的作用不同于组成城市结构的其他的建筑和场所。

26. 所有建筑都应该提供给居住者一个清晰的地方，气候和时间感。自然取暖和冷却方法可以比机械系统更有效地利用能源。

27. 保护和更新历史性建筑，地区和景观能强化都市社会的连续和发展。 ■

城市规划与设计

城市公共空间品质评价指标体系的探讨

周 进 黄建中

【摘要】城市公共空间品质评价是城市人居环境评价的重要内容。准确地评价现有公共空间品质能为制定城市规划和相关建设决策提供客观依据。本文通过界定和剖析城市公共空间和城市公共空间品质的概念和内涵，试图确立以满足使用者需要为城市公共空间品质评价的基本原则，并提出一个层次分明、操作性强的城市公共空间品质评价指标体系

作者：周进，同济大学建筑与城市规划学院博士研究生；黄建中，同济大学建筑与城市规划学院博士研究生

1 城市公共空间的概念与属性

1.1 城市公共空间的概念

城市公共空间（urban public space）目前仍无一个完全统一的概念。可以肯定的是它是城市空间概念的属概念，并与城市开放空间（open space）相近。广义的open space是指城市中完全或基本没有人工构筑物覆盖的空地、水域及其上面所涵盖的特性，如光线和空气等[1]。在我国的规划理论研究与实践中，城市公共空间与城市开放空间常常被相互转换使用。"开放空间是指城市公共外部空间，包括自然风景、广场、道路、公共绿地和休憩空间等"[2]。《城市规划原理》（第三版，2001）认为："城市公共空间狭义的概念是指那些供城市居民日常生活和社会生活公共使用的室外空间……广义概念可以扩大到公共设施用地的空间"[3]。近年来，有研究提出将城市公共空间与城市开放空间等概念相区别的观点，认为"从人的参与的角度……城市公共空间是人工因素占主导地位的城市开放空间"[4,5]。本文认为，依据人为参与的程度和自然度[6]，城市开放空间可以分为城市人工开放空间和城市自然开放空间。城市人工开放空间指通过人工建设形成的开放空间，如广场、道路、公共绿地等。从构成因素上看，赵民教授、赵蔚等的公共空间指的就是这种人工开放空间。城市自然开放空间指基本以自然状态存在的开放空间，如风景区、郊野旷地，以及以自然水体为主的公园等。据此，本文将城市公共空间定义为：城市公共空间主要就是城市人工开放空间，或者说人工因素占主导的城市开放空间。

道路、广场、公共绿地等是城市公共空间的主要类型。

1.2 城市公共空间的属性

城市公共空间的属性体现为以下五个方面：

（1）城市公共空间是城市空间系统的子系统。这使城市公共空间具有系统性，并表现为整体性、层次性、秩序性，以及社会、经济、生态等属性。

（2）城市公共空间是具备承载使用活动功能的物质空间。城市公共空间的核心功能是承载和支持城市的各类使用活动，必须要满足使用者基本的生理和心理需要。安全、遮阳、挡雨、避风、空气清洁、避免噪音等是公共空间的基础性能。同时，作为物质空间，必然可以用数理方法准确描述。长、宽、高、坐标、标高等数学工具运用是城市规划、城市设计科学化的重要保障。

（3）城市公共空间是城市公共资源。由于与城市土地资源的依附关系，城市空间实际上是空间资源。我国宪法（1999修订）第十条规定："城市土地属于国家所有。"因此，城市公共空间是公共资源。政府作为城市社会整体利益的代言人，有责任和义务建设好、管理好和维护好城市公共空间。这是在社会主义市场经济条件下，城市规划控制和引导城市公共空间建设的法理所在。

（4）城市公共空间是人们体验城市的主要领域。已有的研究（林奇，1960；培根，1978；克里尔，1979等）[7]表明，城市道路、广场在人们认知城市时有重要作用。城市公共空间在承载使用活动的同时，还为人们观察、理解和认知城市提供了必要的

条件。这突出表现为公共空间的标志性和场所属性。场所属性的核心为广大市民所理解和认同，即"公众的空间，人民的场所"[8]。

（5）城市公共空间是拥挤性公共物品。公共物品是指在消费上具有非竞争性和非排他性两个特征的物品[9]。拥挤性公共物品指具有非排他性，但在达到某一使用水平后又具有竞争性的物品。街道、广场、公共绿地、桥梁等城市公共空间和城市基础设施都属于这种拥挤性公共物品。公共物品的特性和所面临的"逃票乘车（free-rider）"等问题，使公共物品的提供（不是生产）必须由政府来承担责任。同样地，城市公共空间必须由城市政府及其城市规划部门承担提供的责任。

2 城市公共空间品质的概念与内涵

2.1 城市公共空间品质的概念

按现代汉语词典的解释，品质指：1、行为、作风上所表现的思想、认识、品性等的本质；2、物品的质量。城市公共空间品质主要指城市公共空间环境质量的状况，同时还有品性本质的含义。这可以反映出公共空间与人的需要之间的内在联系。也就是说，城市公共空间品质与城市空间环境质量是十分相似，但又有所区别的两个概念。

环境学认为[10]：环境质量一般是指在一个具体的环境内，环境的总体或环境的某些要素对人群的生存和繁衍以及社会经济发展的适宜程度，是反映人群的具体要求而形成的对环境评定的一种概念。人们常用环境质量的好坏来表示环境遭受污染的程度。这样可以认为，城市空间环境质量是指城市空间环境反映城市人群具体要求形成的对环境评定的一种概念。一般情况下，城市空间环境质量是指城市物质空间的物理环境质量，包括与空气、温度、湿度、噪声、阳光等相关的物理指标，反映了空间对于使用者的生理适应性。

与环境学的环境质量概念不同的是，城市规划中运用城市空间环境质量这一概念是为了反映城市空间环境满足城市人群的综合需要和使用活动需求的程度。所谓城市人群的综合需要就是不仅指作为城市社会成员个体的人的需要，而且也是指作为城市社会整体的"人类"的需要。使用活动的需求主要指公共空间在数量方面支持使用活动。城市公共空间的质量问题内涵十分丰富，如果用城市公共空间环境质量这个合成词无法全面表达，同时显得词语过于累赘；如用城市公共空间质量从字面上看仍停留在一般的环境质量概念层面。也就是说，需要有一个简洁的词语，它既能反映城市人群对公共空间的综合需求，同时又能与一般的环境质量概念区别开来。本文认为，城市公共空间品质就是满足上述条件的词语。也就是说，城市公共空间品质是指城市公共空间在"量"和"质"两方面满足城市人群综合需要和使用活动需求的程度。城市公共空间品质是一个相对的、发展的概念，它随城市社会经济的发展而变化。

2.2 城市公共空间品质的内涵

城市公共空间首先是客观存在的物质空间，其核心功能是承载城市的各类公共活动。因此，物质空间质量是城市公共空间品质的基础。这也是一般意义上的空间环境质量，主要指空间的物理环境质量和人们使用物质空间的水平。前者包括空气、温度、湿度、噪声、阳光等公共空间的生理适应性指标；后者包括公共空间用地面积、在城市中的分布、在城市用地构成中的比例、人均水平等公共空间使用强度指标。

对于使用者来说，真正重要的是为人所感知到的公共空间。这是具有实际意义的心理的物质空间。人们使用公共空间是基于对公共空间主观感受的认知，由此评估自己的需求是否会得到满足并决定是否使用。心理学研究指出，人从物理的环境中选择信息，根据这些信息形成了心理的环境[11]，可称为认知模型。这对人们决定是否使用与如何使用公共空间非常重要。认知模型的形成与人的知识水平、以前的经验等密不可分。因此，城市公共空间品质必然包含心理环境质量内容，如安全、舒适、美观、现代感等。

城市公共空间反映了一定的场所意义和文化内涵。城市公共空间是城市社会生活的物质载体和城市文化具体表现形式。因此，城市公共空间品质也反映了城市文化的内涵。城市公共空间在心理感受和文化内涵方面的结合就产生所谓的具有意义的空间——场所。反映到空间形态上就是对形式和内容在深层次的结构上相似的空间的理解和认同感，并由此产生归属感和安全感。这些促使形成特殊的地方文化，进而在城市社会生活中影响人们的价值观念及由此产生的使用公共空间的活动。也就是说，城市公共空间所反映的场所意义和文化内涵是其品质的重要内容，但它是建立在物质空间基础上的。

根据上述分析可以初步确定，城市公共空间品质指城市公共空间在物质空间、心理环境、场所意义、文化内涵四个方面的综合质量。物质空间是基础，心理环境是认知，场所意义是理解，文化内涵是价值认同。心理环境总是与物质空间内容相联系的。在正常情况下，物质空间质量与心理感受具有高度的相关性。

然而，心理环境、场所意义、文化内涵完全是主观的环境，它与主体的价值观密切相关。在现代城市社会中，价值观、审美观的多样化是发展的趋势。这样，沿此思路评价公共空间品质的结果难以客观、真实、全面地反映公共空间的实际品质。因此，需要寻找隐藏在这些主观意识背后的更为基本的品质内涵。

从公共空间的属性可以看出，支持使用活动是人们建设公共空间的出发点和归属。在使用公共空间的活动中，才产生心理环境、场所意义，并总结经验，归纳为知识以使下一次的建设能更完善。建设、使用、再建设……如此循环往复，形成文化上的价值认同。城市公共空间支持使用活动的基本条件是物质性的公共空间满足人的安全、舒适等生理需要和便于人们使用等。

使用活动发生的动力是人的需要，但具体活动发生的前提则是对公共空间的认知。在行动前对预备使用的公共空间是否安全、便捷的初步判断是行动的基础。在使用公共空间的过程中,形成使用的经验,包括安全性、舒适性、便捷性、以及使用的代价等。同时这些经验与公共空间的具体形状相对应形成初步的认知印象。这些经验和初步认知形象在使用完公共空间后经过大脑的综合整理,形成较为确定的公共空间形象。通过多次使用城市中不同的和同一个公共空间,不断的完善、补充和修正大脑中的认知印象,逐渐形成一个较完整的城市印象。在这个认知过程中,对公共空间的形象认知是连接心理环境与物质空间的纽带,是产生场所感的重要前提。公共空间及其中设施的视觉形态、景观和文化内涵等是影响形象认知的主要内容。

为保证人们能正常使用城市公共空间,需要及时、有效的管理与维护。公共空间运行保障是城市活动可持续发生的基础。公共空间用地与空间利用方式的保护、绿化的管理维护、环境卫生与公共服务设施正常运行的保持都是公共空间正常、有效运行的保障。

综上所述,城市公共空间品质集中体现为构成城市公共空间的所有要素在支持使用活动、形象认知、运行保障三个层面的综合质量,它包括这些构成要素在质和量方面的品格。这构成了本文评价城市公共空间品质的框架。

3 城市公共空间品质评价的意义及其研究进展

根据现代汉语词典,评价指评定价值的高低。它是评价主体依据一定的标准对待评价客体所作出的比较、判断,实质是判断客体满足主体需要的程度。因此,城市公共空间品质评价是指评定城市公共空间满足主体需要的程度。评价的根本目的是为下一步的行动提供客观依据。评价方法是决定评价结果的关键。评价方法包括评价指标体系的构建和评价标准的制定。其中评价指标体系具有决定性的作用,但评价标准是核心。

我国城市发展正处于城市化加速的初期。"五普"数据显示,2000年11月,我国(大陆)城镇人口(含在城镇居住半年以上的暂住人口)比重实际已达到36.09%。预计到2010年,我国将有45%(约6.3亿)的人口生活在城市中[12]。城市公共空间是城市人居环境的重要构成,是与市民日常生活关系最为密切的城市空间。城市公共空间品质的高低将在很大程度上影响城市生活的质量。因此,研究城市公共空间品质将有现实和深远的意义。对现状城市公共空间品质的准确判断是城市公共空间建设成功的基础,同时,城市公共空间建设需要有一定的标准衡量和检验。或者说需要一套科学的、完整的、可操作的评价指标体系。它是能客观、准确、全面地描述公共空间品质高低的参数集合。一方面通过评价现状公共空间品质,为科学、合理地制定城市规划和相关建设决策提供客观依据。同时,也为评价公共空间规划设计提供一个可操作的指标体系。

目前,国内外关于城市公共空间品质评价指标体系的研究成果尚未见诸于文献。从构成内容上讲,公共空间系统属于城市人居环境的有机构成之一。当前对公共空间品质及其评价的研究也主要体现在城市人居环境评价研究之中。由于传统的研究途径在认识城市空间系统的运行机制上更偏向于分析而缺少综合[13]。"过度解析"的研究方法存在着使我们丧失对城市内在联系的思考[14],因此,"人居环境科学"的研究思路应是强调"整合"各个子系统,从整体最优出发建立有机联系。20世纪80年代,我国学者对城市环境综合评价的研究已体现了"强调整合"的城市人居环境研究思维。如朱锡金教授从保健性、安全性、舒适性和方便性评价了上海市虹口区欧阳路小区的居住环境[15]。城市公共空间以其对城市生活的重要性成为最为理想的整合研究单位。对此,吴良镛院士1996年构想了一个以建筑、园林、城市规划的融合为核心的人居环境科学的学术框架。并将开放空间系统(开敞的空间系统)列为重要的研究对象[16]。城市开放空间系统中与城市活动关系最为密切的就是公共空间系统。总之,城市公共空间系统是人居环境科学重要的和最为迫切的研究对象,城市公共空间品

质评价是人居环境评价的重要内容。

20世纪50年代,道萨迪亚斯(C.A. Doxiadis)提出"人类聚居学"(EKISTICS:The Science of Human Settlements)概念以来,人居环境一直是理论研究的热点。1993年,吴良镛院士、周干峙院士等第一次正式提出应建立"人居环境科学"[17]。1996年,第二届联合国人类住区会议(人居二)在土耳其的历史名城伊斯坦布尔召开后,我国人居环境科学逐渐成为建筑、规划、园林、地理等学科研究的热点。关于人居环境评价指标体系的研究从1980年以来,也取得了一定的成果。例如,陈青慧等(1987)将城市生活居住环境由内向外分成三个生活圈、八条生活序列进行了评价[18]。宁越敏、查志强(1999)以上海市为例,从居住条件、生态环境质量、基础设施与公共服务业设施三方面评价了上海市中心城区人居环境,并提出了大都市人居环境优化的5项措施[19]。刘颂、刘滨谊(1999)从聚居条件、聚居建设、可持续性三方面建构了城市人均环境可持续性发展评价指标体系[20]。陈浮(2000)从建筑质量、环境安全、景观规划、公共服务、社区文化环境5个方面建立城市人居环境质量评价指标体系,并评价了南京市区各居住地域人居环境[21]。郭恩章(1998)教授认为[22],高质量的城市公共空间至少应具备十条特性:即识别性、社会性、舒适性、通达性、安全性、愉悦性、和谐性、多样性、文化性、生态性。"由于物力、财力及观念等原因,不可能每个城市每处公共空间都在上述标准的诸方面尽善尽美,但至少要做到"四有"(可称为初级标准),即:一有全部覆盖的地面;二有可供坐憩的设施;三有一定的绿化;四有专人维护管理。这些研究为本文的探讨和建构城市公共空间品质评价指标体系奠定了基础。

4 评价指标体系的构建

城市公共空间品质评价结果受到多方面、多层次因素的影响。评价主体的价值观念、评价指标的选择与相关评价标准、评价的程序和方式等都不同程度地影响着评价结果。本文对评价指标体系的探究试图为

评价主体选择评价指标提供参考。

4.1 评价方法

评价方法是影响评价结果的决定性因素。广义的评价方法包括评价指标的选择、评价标准的确定以及评价的程序和方式。狭义的评价方法仅指评价的程序和方式。本文此处指狭义的评价方法。目前可借鉴的主要是环境质量的综合评价方法。环境质量综合评价是在单因子评价的基础上，以某种方式求得多因子影响的综合评价结果。一般采用加权评价法，即通过赋予评价指标不同的权值（相对权重，这是关键之一）求出各构成要素评价指数，再将各要素评价指数相加得出综合评价指数。将综合评价指数与环境质量分级（实际上也是一种评价标准）对比，以判断评价对象质量的好坏。

然而，评价指标权值的确定往往是基于一种主观的分析和判断[23]。加上评价因子选择和评价标准确定的不定因素，使评价结果受主观影响较大而失去评价的真实意义——为行动（制定规划和相关建设决策）提供客观依据。在具体项目的评价中，往往成为为既定结果补充证据的形式[24]。同时，综合评价的结果一般只是一个数字。会因为一些现状或条件较好的要素的干扰，而容易使人们忽视那些问题严重的要素的现实状况。如公共空间数量严重不足的现状会由于形态、景观等其他要素的干扰而不被人们重视。毕竟综合评价结果是一个"过得去"的数字。因此，从为以后的行动提供客观依据出发，本文认为城市公共空间品质评价不必采用综合评价方法而得出一个"综合"结论，而应强调对影响公共空间品质的要素的主要类型集合的评价，以发现真正需要及时、重点解决的问题，为行动提供客观依据。

另一个重要的问题是，在评价城市公共空间品质现状时，是从使用者角度还是从提供者角度进行评估？还是从综合的角度评估？具体又是如何综合？面对多个主体的多元需求，城市公共空间在理论上应如何协调？质而言之，以什么作为评价原则和评价标准的价值取向？这是关系到评

价方法和评价结果及具体建设决策的重要选择。本文认为，在城市公共空间品质评价与建设决策中，应坚持以满足使用者需要为主，兼顾提供者需要，协调多方综合需要的价值取向。

4.2 指标体系构建原则

城市公共空间品质的评价指标体系是判断公共空间品质高低的参照系。它既要全面、准确地反映公共空间满足城市人群的综合需要的程度，又要符合城市发展的规律。也就是说，这个标准在一定阶段内是客观的，同时也是发展变化的。随着经济实

表1 城市公共空间品质评价指标体系

城市公共空间品质	支持使用活动 (50)	生理适应性 (11)	空气洁净度	1
			水体洁净度 ≠	2
			噪声污染(dB)	3
			安全隐患	4
			地面铺装率(%)	5
			休憩空间间隔距离(m)	6
			坐憩设施数量(M)	7
			树荫步行空间比例(%)	8
			有顶步行空间数量(M)	9
			无障碍交通系统完善度	10
		自然度 (9)	绿地率(%)	11
			绿化覆盖率(%)	12
			绿量 ≠	13
			绿视率	14
			植物种类	15
			空地率(可视天空率)	16
			日照时间	17
			山、水自然特质可亲近度 #	18
		可使用性 (10)	地形条件(相对高差) ≠	19
			活动场地面积(人行道宽度)	20
			活动场地布局 #	21
			有顶活动场地面积(m²) #	22
			坐憩设施布置	23
			服务设施布置	24
			安全使用(过街)便捷度	25
		可达性与定向 (9)	服务半径(m) ≠	26
			步行系统	27
			公共交通	28
			结构清晰	29
			指向标识	30
		公共服务 (8)	商业、通讯服务设施水平	31
			信息、文化服务设施水平	32
			环境卫生服务设施水平	33
		夜间照明 (9)	功能性夜间照明质量	34
			广告灯饰补充照明质量	35
			景观性夜间照明质量	36
	形象认知 (35)	视觉协调与景观 (15)	整体性	37
			轮廓性	38
			界面连续性	39
			界面建筑协调	40
			比例	41
			尺度	42
			视线通畅与视景	43
			视域污染	44
			景物风格与特色	45
			色彩	46
		设施外观 (6)	设施设置系统化	47
			设施形状、比例与尺度	48
			设施材料、色彩	49
		文化内涵 (8)	整体风格	50
			文化小品	51
			文化环境	52
			历史文化遗产保护	53
			文化活动	54
	运行保障 (15)	空间权利	公共空间用地性质稳定度	55
			空间利用方式与规划吻合度	56
		管理维护 (10)	正常使用保持	57
			绿化维护水平	58
			环境卫生保持	59
			设施运行保持	60

力的增强，城市环境质量标准会相应提高，城市公共空间品质的标准会向高的方向演进。

评价公共空间品质的目的和意义在于为城市规划的制定提供依据和指明行动的方向。因此，城市公共空间品质评价指标体系应全面、准确地反映城市公共空间的实际状况及其满足主体需要的程度。除应遵循科学性、完整性、有效性等普遍原则外，还应满足客观性、全面性、层次性、可操作性等原则。

（1）客观性。指尽可能客观地选择评价指标和评价标准，评价的结果应能真实地反映公共空间品质的客观状况。

（2）全面性。指所选择的评价指标应尽可能地覆盖公共空间品质的各个方面。设计的指标体系应尽可能地反映城市中各个群体的需要。包括基本需要和高层次需要。

（3）层次性。指标体系应根据公共空间的系统性分出层次，从宏观到微观，由微观到具体。使指标体系尽可能反映不同层次的公共空间品质。

（4）可操作性。要求在真实、客观、全面地反映公共空间品质的前提下，应尽可能地选择容易获取的、易于量化计算的、可靠的和具有可比性的评价指标。如人均数量指标、比率指标等。

评价指标分为可度量评价指标和不可度量评价指标两大类。前者是以数据描述评价对象，又称为定量评价指标。后者是以词语描述评价对象，一般称为定性评价指标。根据前述评价原则，城市公共空间品质评价指标体系应包含定量评价指标与定性评价指标。从实际需要出发，既需要能准确、全面、真实地反映城市公共空间总体水平的评价指标体系，又需要能评价具体公共空间品质的指标体系。本文在此主要探讨后一方面。

5 城市公共空间品质评价指标体系

从承载和支持使用活动这一公共空间的核心功能出发，结合城市公共空间品质内涵，城市公共空间品质主要体现为构成城市公共空间的所有要素支持使用活动、

形象认知、运行保障三个层面的综合质量，包括这些构成要素在质和量方面的品质。这三个层面构成了公共空间品质评价指标体系的一级指标，再向下进行分解为11类二级指标和60个第三级的单项评价指标，由此构成了城市公共空间品质评价的指标体系。（表1，其中带底色的为可度量指标，#号表示评价街道空间时该指标实际意义较小，可不予考虑。）如果要确定一、二级指标的相对权重，本文认为，在三个一级指标中，支持使用活动是最核心的评价指标，其重要度应在50%以上。运行保障对公共空间的正常使用至关重要，其重要度不应低于15%。这样，形象认知的重要度应为35%左右。表中二级指标权重值为建议值。需要特别指出的是，满足防汛、防火等城市防灾方面的功能是一切公共空间必须具备的基础性功能和公共空间品质的根本前提。

在实践运用时，首先应根据有关规划法规、相关规划技术标准和技术规范，结合城市的实际情况，确定表1中可度量评价指标的评价标准和不可度量评价指标的评价原则。

（感谢朱锡金教授的指导）**E**

注释与参考文献：

[1] Tankel,S.B.,The Importance of Open Space in the Urban Pattern,Cities and Space,Johns hopkins Press, 1986.

[2] 卢济威、郑正，城市设计及其发展，建筑学报，1997（4）：6。

[3] 同济大学 李德华主编，城市规划原理，第三版，中国建筑工业出版社，2001：491。

[4] 赵蔚，城市公共空间及其建设的控制与引导，同济大学硕士学位论文，2000.5。

[5] 赵民、张佶，回到母亲河 重塑滨江城市形象，城市规划汇刊，2001（2）：37。

[6] "自然度"是朱锡金教授1997年在"居住园区构成说"一文中提出的概念，"提出这一概念的目的是为了保证园区具有必要的自然基础和自然环境质量，其含意可以理解为'自然化的程度'。这一概念可逐步地廓清其范畴，并建立定量指标。自然度可通过如下指标或因素合成：绿地率、绿化覆盖率、人均绿地面积、绿地均布率、大气与水土洁净度、空地率以及如用鱼眼镜测定的天空率等项目构成综合的度量与评价指标"。详见朱锡金，居住园区构成说，城市规划汇刊，1997（2）：6。

[7] K.Lynch 认为，"道路是具有统治性的城市要素……主要的交通路线就是主要的印象特征。"参见lynch 著，项秉仁译，城市的印象，中国建筑工业出版

社，1990：44-45。R.Krier 的城市空间实际是指街道和广场。参见 R.Krier 著，钟山等译，城市空间，同济大学出版社，1991。E.Bacon 认为"在路上运动"是市民"城市经历"的基础，并提出"同一运动系统"的设计方法。参见 E.Bacon 著，黄富厢等译，城市设计，中国建筑工业出版社，1989。

[8] Evans.R., Public Spacees,People Places,Urban Design Quarterly,No.68, Oct.1998。

[9] 宋承先著，现代西方经济学，复旦大学出版社，1997：460。

[10] 何强 等编著，环境学导论，清华大学出版社，1994．4。

[11] [日]相马一朗 佐古顺彦著，周畅等译，环境心理学，中国建筑工业出版社，1986．7。

[12] 中国政府在向"第二界联合国人类住区会议"（1996）提交的《中华人民共和国人类住区发展报告》中提出，中国在城市化进程中人类住区可持续发展的目标是：全国城镇人口从1995年的3.5亿人，发展到2000年的4.5亿人左右和2010年的6.3亿人左右；全国城市化水平从1995年的28.85%，发展到2000年的35%和2010年的45%左右。

[13] 张兵，城市规划实效论，中国人民大学出版社，1998：56。

[14] 尹稚，论人居环境科学（学科群）建设的方法论思维，城市规划，1999（6）：10。

[15] 朱锡金，居住环境的质量评价，城市规划汇刊，1981。

[16] 吴良镛，"人居二"与人居环境科学，城市规划，1997（3）：7。

[17] 吴良镛 周干峙 林志群著，中国建设事业的今天和明天，城市出版社，1994。

[18] 陈青慧 徐培玮，城市生活居住环境质量评价方法初探，城市规划，1987（5）：52。

[19] 宁越敏、查志强，大都市人居环境评价和优化研究——以上海市为例，城市规划1999（6）：15—20。

[20] 刘颂、刘滨谊，城市人居环境可持续发展评价指标体系研究，城市规划汇刊，1999（5）：35—37。

[21] 陈浮，城市人居环境与满意度评价研究，城市规划，2000（7）：25—27。

[22] 郭恩章，高质量城市公共空间的设计对策，建筑学报，1998（3）：11。

[23] 在采用加权评价法评价环境质量时，评价因子相对权值的确定一般有三种方法：1、根据人民来信即主观判断分析确定；2、根据实际情况确定；3、根据环境纳污量确定。参见沈清基编著，城市生态与城市环境，同济大学出版社，1998：317。

[24] 这种情况在各类建设项目可行性研究之中最为突出。从项目建设和运行的实际情况来看，许多经过可行性研究报告论证"可行"的项目其实是"不可行"的。这从全国普遍的造成严重环境污染的项目得以"合法"建设和运行中可见一斑。这个问题的原因是多方面的，有政治的、经济的和技术的。但可行性评价这一技术性因素本身也有不可推卸的责任。

建筑设计与理论

文化人类学视野中的传统民居及意义

阮 昕

【摘要】本文将中国传统民居纳入文化人类学的视野中予以审视、考察、重点解析了侗族侗寨鼓楼所负载的文化信息内涵，给当代人的启示意义

【关键词】文化人类学 传统民居 侗族鼓楼

作者：阮昕，悉尼科技大学建筑学教授，建筑学系主任。原文发表于Exedra7.1,1977。作者根据朱竞翔译文作了校定及有节制的改动

一、民居、人类学与现代建筑

民居研究自19世纪起在西方建筑研究中其实一直都是非显学。20世纪80年代中国的民居研究热潮或许多少受到少数西方及日本学者到中国考察民居的影响。典型的事件有日本学者若林弘子与鸟越宪三良至中国寻根，以干栏住屋为依据，认定云南为倭族之源；美国地理学家那仲良（Ronald Knapp）从台湾民俗民居开始研究，后来重点转向浙江省，多年来以夏威夷大学出版社为基地出版了多种中国民居研究著述，其论作将于后文提到。中国本土的民居研究以中国建筑工业出版社出版的民居系列为一高潮，其范围包涵全国。仔细考察，20世纪80年代西方及日本民居研究与中国自身的民居研究热有一个明显区别：国外的民居研究者多为人类学家及地理学家，其研究角度往往着重于孕育民居的人文社会背景，而真正的关注点是造其居的人。中国20世纪80年代的民居研究者多为建筑师，其研究方法是形式分析与"美学"鉴赏，那么真正的关注点自然是民居的样式了。虽然其资料价值功不可没，中国建筑工业出版社出版的民居系列几乎成了建筑师钢笔徒手画的"竞美"角逐场所。

有趣的是，中国20世纪80年代的民居研究状况竟然以畸形的态势缩影再现了历史。西方人类学家对民居（过去往往被称作原始住屋）的兴趣可追溯到19世纪。举例来说，摩尔根（Lewis Henry Morgan）1881年出版著名的《美洲土著民族的住屋与日常起居》，企图将所谓"原始共产主义"之社会结构与住屋的尺度与形式联系起来。同为19世纪末的英国建筑师莱斯必（William Lethaby）于1891年出版了一本题为《建筑，神秘主义与神话》（Architecture Mysticism and Myth）一书，其阐述了大量建筑形式的象征性，呈现出的竟是一种对人类学研究对象的痴迷。这里值得一提的是，莱斯必全书所用的都是二手资料，全然没有人类学家必备的"田野"调查。奇怪的是，莱斯必的这一本书迄今仍没有引起多大注意。其实自20世纪初以来，建筑师们对民居的关注及兴趣往往多半是视觉上的；换言之，民居赋予建筑师们一种有机而原创的美学价值，如同画境般的童话世界。柯布西耶（Le Corbusier）的《东方之行》（Le Voyage d'orient,1966）及鲁道夫斯基（Bernard Rudofsky）的《非建筑师的建筑》（Architecture Without Architects,1964）最可代表建筑师的这样的一种美学品味。

然而早在20世纪50年代，雷克瓦特（Joseph Rykwert）的名著《市镇之意念：关于罗马，意大利及其他古代世界都市形态之人类学研究》（The Idea of a Town: The Anthropology of Urban Form in Rome, Italy and the Ancient World）已孕育诞生，并首次发展于荷兰建筑师凡爱克（Aldo Van Eyck）主编的"论坛"（Forum）杂志上。而这本书真正引起人们的注意是直到20世纪80年代麻省理工学院出版社将其再版之后的事了，自从写了这本书以后，雷克瓦特一直在不断地提醒我们注意古代世界中的人性。所谓古代，对雷克瓦特而言应是欧洲17世纪，即现代科学出现之前的时代，在那个时代建筑与社会之成型水乳交融，而神话之有益功效则令人与建筑达成意会。换言之，人们理解城市已与建筑型制的含义论著者拉

1

2

3

1 广西三江地区马安寨附
　近的程阳桥

2 贵州从江地区高增村鼓楼

3 贵州从江地区龙图村鼓
　楼形成的天际线

波特 (Amos Rapoport) 1989 年初版的《住屋的形式
与文化》(House Form and Culture) 表达了类似的观点,
此书框架宏大, 深具影响, 企图阐释文化如何造就建
筑型制, 而建筑型制又如何传达文化含义。拉波特的
中心议题认为建筑型制由文化、物质材料、精神及社
会因素综合造就而生, 于是民居世界中的建筑型制自然
是丰富多彩了。仅仅一本小册子, 拉波特就建筑型制与
文化的关系给定了论; 而雷克瓦特旁征博引历史文献
与考古资料的个案研究, 却给人们留下无限思索空间。

　　最近几十年, 以人类学的观点及方法研究民居似
乎有长足进展。人类学家, 建筑史家以及有些建筑师
对民居的"活状态"作了大量调查研究。所谓"活状
态"可谓民居世界区别于现代建筑的关键点, 因为与
民居世界中村镇及住屋仍然为居者自身所建造。这种
"活状态"令居者的世界观与社会状态无可避免地体
现在建造与居住过程中。沃特森 (Roxana Waterson)
1990 年出版的《活住屋》(Living House) 以及那仲
良 (Ronald Knapp) 1999 年出版《中国活住屋》
(China's Living House) 以丰富细致的"田野"调查
展现了东南亚及中国民居中居者与建筑通过象征性而
达到"神交"境地, 一种人与其世界的沟通, 从而令
人成为其居住世界的中心。可以这么说, 民居以"活
化石"的状态再现出古代世界中的人性, 而在现代世
界中, 居者与造者关系脱节, 都市与建筑由政客, 开
发商及建筑师们共同造就, 所体现的是政绩、赢利及
个人艺术表现, 与居者毫无关系, 都市与建筑对居者
而言自然只是机器了。

　　20世纪以来的建筑, 如同时尚一般风云变幻, 变
来变去只是视觉形式而已, 没有体现出多少人类学自
19 世纪以来对民居世界的关注及兴趣。如今新纪元
已经开始, 我们不禁要猜测试问: 21 世纪是否还会
沿袭上个世纪对建筑不断进行不同视觉包装的传统
呢? 或许人类学对民居的特殊视点将会促使建筑师们
重新思索"建筑为何"这个根本问题。有一点是可以
肯定的, 在民居世界中建筑不只是一个视觉形象的问
题, 而是人与世界沟通, 以及人在自己居住世界中的
位置问题。

二、侗寨鼓楼之社会生活

　　本文的主要材料来源于对侗寨鼓楼在侗族社会生
活中的实地考察。侗族是中国南方的一个少数民族,
也是中国五十五个少数民族之一。尽管侗族已有几千
年的历史, 但是关于他们丰富的文化, 历史和建筑却
鲜有记录。通常认为, 侗族社会是一个没有本民族文
字的传统社会, 换句话说, 侗族文化基本上没有文字
记录[1]。其文化存在于这样一些"意象"中, 诸如音
乐、表演、纺织、社会风俗、宗教活动等等, 以及最
为重要的一个方面——建筑。在其建筑和居住过程
中, 侗族通过象鼓楼、风雨桥 (图1) 和戏台等建筑
的结构和布局将仪式和权力具体化并赋予意义。就这
样, 侗族社会的特性和风俗被建筑具体化并赋以能力
性, 如同拥有权力一般, 这些含义似乎仍旧模糊, 但
总是在建筑和居住的过程中, 借着身体的卷入, 得到
具体而确切的表达。

　　本文考察了侗族最有特色也是最主要的建筑个体
——侗族鼓楼 (图2)[2]。通过对鼓楼这一建筑类型的
分析, 对鼓楼的建筑和日常居住活动的"厚重"描
述[3], 本文试图提示鼓楼是怎样成为一种能动性的象
征资本, 怎样具有所谓的"多声部"象征力量的。因
此, 这篇文章主要的论点是认为, 建筑等物质文化是
以与语言等文字文化完全不同的方式赋予意义的。

　　1. 侗寨鼓楼的"威望"

　　在侗族文化中, 鼓楼有着重要的地位。作为寨子
里形式上占统领地位的建筑物 (图3), 鼓楼并不因为
其标志性而显得重要, 而是长期的历史积累[4], 特别
是鼓楼在建造和使用过程中形成的社会威望的结果。
因此, 这种鼓楼威望是侗族族性及生活方式的有机组
成部分。

　　有一句侗族古语叫做"鼓楼为政", 这句话表明
鼓楼的地位源自其自身的能动性, 即规范社会的能
力, 同时表征着侗族的丰富, 庞杂, 以及独特的文化
活动。在这种意义上, 侗寨文化活动和社会行为是按
这种鼓楼威望的关系来处理的。按皮尔瑞·波尔蒂
(Pierre Bourdeiu) 的解释[5], 这种威望是象征性的资
本, 其象征性并非语言上的能指与所指的关系, 而是

这种地位象征性可转化为"造物"的力量。对于侗族人而言，这种地位是具体的，而不是抽象的，并且总是以文化的，同时也是建筑的具体形式来获得其"力量"。

2. 鼓楼的类型

就空间的布局和能动性的象征力量而言，鼓楼本身就代表了一种建筑类型。类型定义空间布局，并进而体现和传达权力。为了在侗族文化体系中通过鼓楼来理解权力的"沟通渠道"[6]，我们需要首先来考察一下鼓楼的具体类型。

在大多数情况下，侗寨鼓楼都是重檐木构（图4），平均高度大约20m。四个（有的是六个或八个）承重柱支承着屋顶以及其内悬挂的鼓。屋顶形式多变，有悬山、歇山和攒尖等等。多数鼓楼只有一层。作为鼓楼最可居的部分为一层的厅堂，不一定具备围合感，甚至经常是完全开敞的。

侗寨鼓楼的平面通常依照九宫格布局。这样的秩序表现出这种木框架体系的空间布局和基本结构。四颗承重柱围合出一个核心，地面的中心是一个火塘。在四颗承重柱之外，外围十二颗柱界定了环绕核心的另一层空间。建筑物集成了梁柱与井干体系，形成向顶层层层缩进的体形。这种九宫格可以看作是鼓楼形制的原型，而在现实中有各种各样的结构变化和形式变化。（图5）

3. "多声部"象征

鼓楼历史积淀下来的含义决不是以思想解读的方式被侗民们理解和认知的，侗民们对鼓楼的理解往往是通过他们自身身体来解读的。这种以自身身体来解读的方式是文化实践活动的一部分，就是我所说的建筑与居住的过程。同其他传统社会一样，侗族社会是通过威望（等级、地位、血缘关系、道德规范、民俗民规、传统等等）的力量组织起来的，而非财富。有趣的是，这种威望"铭刻"于建筑中，并且也只可能在侗民们的建筑居住过程中得以实现。鼓楼之象征性体现于各种层次，而我所谓"多声部"象征正是存在于建造与居住过程中。

4. 鼓楼的居住与使用

在制度上，侗族社会可以说是通过鼓楼的权威来象征性地统治和规范的。侗族自古没有行政管理机构。取而代之，他们以一种称作寨 的基本聚居单位来组织，严格地讲，一个寨只包纳一个姓氏氏族。可能与村中栋梁和男性祖宗祭祀有关，鼓楼本身就标记着氏族姓氏。通常两个（有时五个）寨子栖息在山前溪旁组成一个村子。寨与寨之间的关系，地位，等级和结构都体现在鼓楼的建造活动中。一个典型的例子是贵州省从江地区的高增村（图6）。高增村由三个寨

4 贵州三江地区华鼓楼的平面、剖立面，一个典型九宫格鼓楼平面的基本结构

5 贵州从江地区增冲鼓楼剖面和平面。该鼓楼建于1672年（清朝初年），是整个侗族地区现存最古老的实例之一

子组成。最早的一族人姓杨，他们拥有这个山谷里最高的鼓楼，这具鼓楼被称作"父"。另一个吴姓族人于杨性族人之后在这里安家落户，他们的鼓楼略低，被称作"母"。第三个寨子是一个从前两族人中分裂出来的群体。这个寨子的鼓楼最矮，被称作"子"。拥有鼓楼的寨子被看作是侗族社会政治组织的一个基本单位。寨子由两三位首领管理，他们被称作"nyens laox"或是"yangp laox"。他们通常都是寨子里年长而且倍受尊敬的成员。出于管理寨子的目的，寨子的鼓楼用作议会。每个侗寨的习俗规范的条目由这些首领在鼓楼制定并执行的。寨子的习俗规范一经确定或修订，这个规范就会勒碑立于鼓楼内。由于规范是汉字书写的，侗民无法阅读。但这无关紧要，因为习俗规范会以圣歌的形式在社区内传诵流传。有时就是一块无字碑（jinlbial）。然而，真正对侗民有意义的是，从石碑确立和规范公布那一刻起，鼓楼是习俗规范权威的象征性代表，而且侗民也逐渐认识到这一点。

贯彻执行习俗规范，是鼓楼日常活动的至关重要的一个部分，在这个过程中，既树立了鼓楼的权威，也明了了鼓楼所代表的各种意义。以往，任何违背族规的人都会被公开地在鼓楼里处罚。在广西侗族地

区，那些严重违背族规人会被驱逐出寨。这也是在鼓楼里进行的。在全村人在场的情况下，村中长老会从违背族规的人的家中取一铁耙，把它钉在鼓楼的柱子上。铁耙被认为是可以用来驱逐灵魂的东西。一旦铁耙被钉上了鼓楼的柱子，这个人就象征性地被永远地驱逐出氏族和村子，因为他的灵魂将无法返回他的村子，即使在他过世后。这种驱逐行为是什么时候废止的并不清楚，但现在在一些侗寨鼓楼里仍可以看到这种习俗的遗留痕迹。

举行仪式是鼓楼日常活动的一个重要组成部分。纪念性的仪式是一种特别的鼓楼活动，这种侗族特有的仪式称作多耶。(图7) 在古代，这是侗族的一种日常仪式。而现在只是在萨神（族女）祭祀，纪念活动和特别节日的时候才举行。

这种多耶仪式，非常公社化，载歌载舞，总体上几近乎于狂欢节的气氛。年轻的姑娘们华衣银饰，年轻的小伙子则翎羽装束。他们聚集在鼓楼里或是鼓楼广场上，手拉手围成圆圈或是螺线，边唱边跳。

侗民们无意也无法去追溯这些符号的原始含义。对他们而言，这种象征符号并非语言上能指与所指的对应关系。然而，这个过程是辩证的，一个方面，仪式保留了这些符号，另一方面，建造承载仪式的建筑再现了产生建筑的原始状态。这样，符号的意义得以实现，反映并转化为一种创建侗族文化生活的力量。

不论庆典的内容如何，多耶从根本上强调了侗族社会中鼓楼的统领角色。换句话说，多耶可以看作是对鼓楼本身的崇拜。因此，鼓楼常被认为是祖先、历史英雄、圣树、村落的核心、村寨的核心、村寨之舟的桅杆或是其他什么的类比和再生，这对于侗族人来说很重要，当鼓楼在聚落中的统领地位转化为"沟通"日常生活的力量时，建筑的象征过程，并非简单之象征主义得以实现。

鼓楼的威望是通过许多鼓楼仪式表达出来的。在黎平地区肇兴村，六十岁以上的老人去世后按惯例会在鼓楼举行葬礼。不到六十岁去世的如果在当地有很高的威望，也可以获得在鼓楼举行葬礼的荣誉。这是另一个相当有趣的象征资本的转化，建筑的地位经由鼓楼葬礼习俗象征性地转化为一个人的社会地位，给

小孩子命名是侗族社会时里另一项与鼓楼相关的仪式。在肇兴村，一个月大婴儿必须被带到鼓楼，在这儿举行仪式。寨中长老 (nyenslaoxs) 有义务为这个侗族的新成员命名。在命名仪式之后，这个婴儿就有权从他祖母那儿讨回他母亲的嫁妆。这个仪式明确地表明，一个新成员在鼓楼仪式以后被侗族社会正式接纳[7]。鼓楼还有其他多种实用功能，比如夏天可以避暑，冬天可以取暖 (图8)。它也在侗族生活中扮演文化传承的重要角色。例如，鼓楼里司空见惯的日常活动就是在劳动间隙，年长的给年轻一代讲故事，称作"摆古"这些故事的内容总是关于侗族祖先、迁移、历史英雄等等。这是侗族历史代代相传的重要方式。事实上，这个过程并不是完全重复和陈述性的，而通常会在讲述过程中有新的发展，有所扬弃。极为重要的是，鼓楼充满历史感，并因此在日常活动过程中形成权威。在鼓楼内轮流对唱有时用作仪式和平常叙事的替代形式。在某些节日里，精心组织和高度仪式化的多声部合唱（称作"唱大歌"）经常会在鼓楼举行。(图9) 年轻小伙子和姑娘们分别围坐在鼓楼火塘边的长凳上轮流对唱。这种合唱，毫无疑问是他们民族风俗的高潮，村民们一同分享，并进一步强化鼓楼活动的诗意性。在鼓楼里轮流对唱也是一种传统的年轻人相互认识与求爱的方式。

5. 建造鼓楼

一幢侗寨鼓楼的寿命可以长达几百年，但由于鼓楼的木质结构，很可能因火灾等原因在瞬间化作灰烬。在侗族社会里，重建鼓楼的事情时有发生。因为"文化大革命"的破坏，现存的大多数侗寨重建于20世纪80年代。在建造鼓楼的过程中，村民们捐献建筑材料是第一个步骤。通常每个家庭都备有建筑用的木材并会捐献其中一些以供鼓楼建设。每个家庭所捐建筑材料的数量取决于其经济实力。一般来说，参与建造的过程比每个家庭捐助的材料的数量更为重要。即使这样，过程也不尽相同。四颗承重柱必须是世袭的由村中最有威望的家族捐献。但是，如果这个有威望的家庭日益衰落，那么村中的另一个家庭就会获得捐助的权力，或者由大家凑钱购买。有时，四颗承重柱之一或是围绕火塘的四张长凳，必须是有血缘关系

6 从江地区高增村，图中可见该村三个鼓楼中的两个

7 1993年1月23日，祭萨之后，在鼓楼前进行侗族举行多耶

8 广西从江地区高增村的高增鼓楼内、中心火塘和长凳

6

7

8

的邻村赠送的。而且赠送者还要为建筑祭祀准备牺牲品。1993年，一座新的鼓楼在三江侗族自治县的首府三江镇建成。像多数中国的县城一样，三江镇主要由毫无生气的混凝土房屋构成，极其平凡。但是三江镇的人口组成却非常的丰富，有汉族、壮族、苗族和占人口大多数的侗族。很可能是因为旅游业的发展的缘故，县政府决定在县城里建造一座鼓楼以便刻意表现侗族特征。

作为一个旅游景点，新建的鼓楼并不仅仅是一个孤立的复制品，而是由当地工匠设计建造，以溶解度合鼓楼、风雨楼、侗族戏台为一体。尽管事实上这座新鼓楼不再在当地侗族生活扮演传统角色；但几乎所有城中的侗族居民都为这座新鼓楼的建造捐款。甚至有一些父母还替他们刚出生的小孩捐款，因此小孩的名字就会列在捐款名单上。这个名单会被刻在石碑上，立于鼓楼广场一边。以这种方式参与鼓楼的建造，侗族的身份便被象征性地确定，从而将他们与县城中的其他民族区分开来。作为一种建筑类型，并依照它的传统使用来看，在新鼓楼的建造过程中，有许多文化上的"错位"，多数是与旅游业有关。侗族和侗寨鼓楼的文化的稳定性与鼓楼在新形式和新条件下的文化变异，都在他们文化实践中被有趣地协调。因此，在一座鼓楼建造之前，鼓楼的意义就预先确定了。

当地的建筑工匠都是普通农民。一般他们是世袭成为建筑工匠的，并首先在修建住房的过程中积攒经验。只有非常熟练的工匠才允许建造鼓楼、风雨桥、戏台等公共建筑。鼓楼的建筑者必须在侗族社会中享有很高的声望，令人敬畏，因为正是建造者将鼓楼的地位和权威传达出来，使之真实而具体。侗族建筑是以隼卯结构预制的。所有构件必须在拼装之前仔细加工。构件尺寸（例如梁柱的长度或高度，构件榫头和榫眼的位置或尺寸等等），不允许出错，否则鼓楼的整个组装工作就会很困难，甚至不可能。

鼓楼拼装完成的第二天早上，邻村的村民通常会带着礼物来祝贺新鼓楼的建成，礼物有时包括围绕火塘的四条长凳。接下来是三天的庆祝活动，在这些活动中，侗民便体会到鼓楼到底意味着什么。当整个建筑完成的时候，就会举行多耶来祭祀鼓楼。建筑鼓楼的过程至此告一段落。

6. 结论

侗寨鼓楼并不是一种语言意义上的符号和标记，而是一个充满威严和侗族社会文化含义的象征性资本。侗民并不是仅仅从思维上去解读鼓楼，更是用他们的思维与身体共同去建造与使用。在这些活动中，"传说"产生并流传。像寓言一样，这些关于鼓楼传说的含义是模糊的；其结果是，这些鼓楼传说被象

9

征性地转化为鼓楼的威望，并具备"资本"的力量以主导着侗族文化生活。侗族文化生活是以建筑为基础的，更精确地说，是以鼓楼为基础的。这种象征力量渗透于各个层次。换句话说，它的含义是"多声部的"、错综复杂的。以上已经提及到，侗族社会生活和文化活动的各个方面都是以鼓楼为中心，围绕鼓楼展开的。鼓楼并非象征或是表现什么，在其仪式化的建造与居住过程中，侗民得以理解鼓楼诗意般的寓言。 **E**

注释：

[1] Clifford（詹姆斯·克利福特）认为所有的文化都或多或少地有文字记录，确实如此。一个可以佐证的例子就是侗族文化在广义上是有文字记录的。然而，我将侗族文化定义为无文字记录，这是基于其核心文化实践是以其他的阐述和表达的方式而不是文字方式。见Clifford, James. 'On Ethnographic Allegory' in James Clifford and George E. Marcus(eds.), Writing Culture: the Poetics and politics of Ethnography, University of California Press, Berkeley, 1986, pp1-26.

[2] 有关侗族鼓楼的基本资料来源于作者在1989，1992及1993年间所作的田野调查。

[3] 'Thick description' 是 Clifford 借自 Gilbest Ryle 的一个概念，这里取其直意以便增加"一个经验注释"（'a more empirical note'(in words)）。然而我不是像 Geertz 那样用来作为理论论述，要么表明一种符号学的文化观点，要么表明一种行为主义者的智力测试。见Geertz, Clifford The interpretation of Cultures. Sclected Essays, Basic Books, New York 1973, p.5.

[4] 这超出了本文讨论的侗寨鼓楼历史的范围。关于侗族建筑和文化完整流管的论述，特别是鼓楼的命名，参见我的博士论文《建造、居住及文化氛围》。另见阮昕 Empowerment in the Practice of Making and inhabiting Dong Aichitecnire in Cultural Reconstruction' in Journal of Material Cultrure, Sage Publications, London, 1996, VOI. 1, NO. 2, pp. ZI 1-238.

[5] 见Bourdieu, Pierre（皮尔瑞·波尔蒂），Outline of a Theory of practice, Cambridge University Press, New York 1977, 同一作者，In Other Words Essays Towards a Reflexive Sociology, Stanford University Press, Stanford, 1990.

[6] 沟通渠道(canalizatio)这个概念借自 Michel Foucault。他认为，建筑存在是为了"确保人们在空间上的一定安排，他们圈子内的沟通渠道……空间是任何形式公共生活的基础，空间是任何权力运行的基础"。见Foucaul L Michel., 'Des Espace Autres', Arehitectura, Mousement, Continuite, October 1984, pp. 4649.

[7] 见黄才贵，《黎平地区肇兴村侗寨鼓楼调研报告》，贵州民族调查，贵阳，1986，4，p225-236.

行为趣旨与意识残留

——关于空间和行为的建筑人类学分析

邵　陆

【摘要】建筑中的行为趣旨涉及文化人类学、环境行为学、考古学、民俗学。通过研习人类起居习惯、风土人情、奇思异想、神志鬼怪、身心体验、情感传动，从宗教、民俗、天象、舞音诗画等多方位，新角度摄取人类遗留、遗忘、臆想的建筑创作素材。我们可以对过去、现在、未来的人类文化做出恰当的原点捕捉、行为记载、群体释意。行为趣旨的思考方法、设计方法或可为建筑创作开辟出一条小小支径

【关键词】行为趣旨　原始意念　文化人类学　破译　转化

本文为国家自然科学基金资助项目"建筑人类学的理论与应用研究"课题之一（批准号59878035）

作者：邵陆，同济大学建筑系博士生

一、行为趣旨在建筑中的表达

每个人都曾有过这样的尝试：当一个人闭起双目朝一个目标走去时（比如按电鼻这种游戏活动），人的心情首先是疑虑，其次是一点点畏惧；疑惑自己闭起双目是否走得出一条直线，畏惧地面是否平坦便于行走或是走弯了撞到障碍物上。如果抱着这种小心翼翼的想法，行走出来的轨迹必定是一条弧线。这种现象说明人天生具有寻求依靠保护的心理，人的习惯可分解为这样两个过程：首先在其视域之内人会寻求安全和保护；其次在通过这个区域时人的行为应该是愉快的、有保障的，最好更富有乐趣。

当建筑中有圆的形态时，沿着圆弧线行走成为人性的欢愉。1987年10月在德国建筑师中发生了一场十分激烈的争论。争论的议题是关于斯图加特国立美术馆新楼的实验剧场的竟审。斯特林的方案是这场争论的焦点。慕尼黑奥运会建筑设计者——贝什尼教授把斯特林的设计和极权主义、坦诺堡法西斯纳粹纪念碑联系在一起。斯特林则辩解说："他对现在建筑的令人生厌的、毫无意义的、不负责任的、无所顾忌的灵活性和无节制的开放感到恶心和厌倦。"斯特林的支持者也强调其造型、平面空间已抛开现时城市规划的观念，用这些方式以造成一种与现有机制的美妙融汇和极为特殊的韵律。政府部门则认为斯特林对建筑做出了过去20年从未有过的推动。斯特林认为"简单地做成古典主义已不够了，最中心的神庙而不是建筑终点，是一个空的没有屋盖的房间，而不是穹窿——敞向天

空"[1]。换句话说，斯特林认为这个有着公共步道的圆形庭院是他真正为之心醉的得意之处。公共庭院告诉这里的每一个人：你在哪里——半圆形弧线的步道仿若每个人潜意识行为的欢跃领域——似曾相识，而又时过境迁。也有若走过一个舞台参加演出，上场而又退场，并再回到街市。行为满足了情感需求和角色替换意识。这个建筑有意识运用了过去的形制变体——古巴勒斯坦形制。刻意安排了一些步道，如果没有直线和半圆的步道，庭院中的意趣将会像水一样蒸发消散。行为的趣旨、建筑的品味随着人的渐渐走入，韵味愈加浓郁。斯特林适度运用了装饰构件——钢架和玻璃，并未刻意做出复杂的多种材料叠加，从而取得了朴素无华的效果，生命力因而长久，这是那些后现代低智作品所无法比拟的。

1926年在建筑史上有划时代意义。虽然它来临时，人们还未以满腔的热情观注它，也没有意识到在此之后的建筑领域会注入一种新的行为情感。这一年密斯的巴塞罗那德国馆诞生了，对其创造的流动空间，加上巴塞罗那德国馆的具体特点，笔者可否大胆给予它一个形象的名字——"抽象行为空间"。"抽象"二字表示抽取后的不确定性。巴馆的尺度、明暗、虚实、形态在观者行为介入下，显现出方（长方）形的整体一贯序列情节。使观者有若在仔细揣摩抽象派画家蒙得里安的色块绘画，有趣的是巴馆的平面与蒙得里安绘画《椭圆中的色方块》局部惊人的相似。而此画的创作时间是1912年，[2]比巴馆建成时间还早14年。巴塞罗那馆似是对《椭圆中的色方块》的建

筑化注解。人在欣赏该画后如能实实在在地走进建筑化的画境中，才会真真切切地感知抽象派艺术。在此，行为成为绘画和建筑的契合点，将观者带入感受至深的境界。1926年2月巴塞罗那展馆的成功使密斯的名字映射出无尽的光芒。

1930年提出"广亩城市"但终未实现的赖特把独立式住宅置于美国广阔的自然环境之中，从而使赖特在草原上赢得了不同凡响的声誉。但在城市中赖特的扬名则是因其设计的所罗门·R·古根海姆博物馆。古根海姆博物馆中庭和那环绕中庭的螺旋形展道，其壮美足以同圣·彼得大教堂和罗马万神庙相提并论。有趣的是就在古根海姆博物馆内，也存有一张与该馆有异曲同工之妙的康定斯基1926年的绘画《几个圆形，323号》。该画表达了各色圆形的进退在垂直于画面的纵深展开。[2]古根海姆博物馆构思于1943年（1959年建成），比康定斯基的画作《几个圆形，323号》晚了17年。这里并没有赖特仿模之嫌，只是说明走进该馆可加深对此画的理解。如果这种环绕行为被打破，只是每层都挖空一个从上至下贯通的圆形中庭，那么该馆根本不值得为世人瞩目。此后，白色派建筑师理查德·迈耶所设计的亚特兰大博物馆也借来1/4圆弧作为坡形展道，但其流转和连贯趣旨终究无法与古根海姆相比。第一次创意运用的赖特是无比伟大的，他敏锐地从人们的生活中提取建筑可用的行为素材，只是这种提取需要细致的观察、体会、揣摸，并赋予其建筑形式，而这是无意于此的一般设计者所无法做到的。

上述三个建筑均是其设计者一生中里程碑式的作品，都不约而同地引入了行为趣旨。这使得建筑不再是静态的，而是动态的；不再是无趣的，而是意趣盎然的；不再是强制的，而是自然的；不再是断续的，而是连贯的；不再是片刻的，而是永恒的；不再是模棱两可的，而是肯定确实的；不再是陈俗的，而是全新的；

二、释：行为趣旨与意识残留

（一）建筑之行为趣旨

具有行为意义的建筑，可诱发进入建筑中的人们产生有意趣的行为，这种行为的动作具有原发生，行为的内容具有文化人类学特性，行为的过程具有记忆诱导特性。建筑以文化的一种表达手段——行为——作为媒体来记载并增补着文化遗产。

建筑师可以用行为观察方式，即观察人们在生活中具有地域性、民俗性的行为习惯来抽取可"转译"的建筑素材，并用之于建筑的"内容"设计。

1、行为动作原发性

行为动作的原发性即人的原发性行为，是出自人本习惯意愿通过四肢表现出的动作和行为。这种行为在人的某一认知阶段具有极强的趣味性，当人反复这个动作时，人会处于忘我愉悦的境地。

原发性包含了无意识性和趣味性。

比如：①两个人迎面走来，双方或左躲或右闪为对方让路时的行为就是原发性行为，对对方让路时的动作是下意识的，有时两人撞到一起，令观者捧腹。②儿童两臂在空中交叉回旋画出一个八字形，并非刻意表达什么，只是运动的手臂向内心传递出一种愉快的心理体验。③人手的两个拇指、食指交替搭接。人对这种动作的掌握是随意的，但极有个性。④儿童模拟飞鸟的动作左右盘旋。

2、行为内容的文化人类学特性

文化人类学包括人类学、民俗学、民族学三个组成部分。具有行为趣旨的建筑从人类学、民俗学当中提炼有意义的行为动作场景到建筑中来，从而为建筑注入原生活性物质。人类学、民俗学当中又涉及到民间艺术和原始艺术，而原始艺术和民间艺术由于是集体表象的产物和综合文化的体现，因而是人类翱翔于美的空间的最完美的画卷，是建筑设计取之不尽的源泉。现代艺术大师亨利·摩尔认为对原始艺术的认识制约着对后来所谓伟大时期发展的更完整更实事求是的理解。马克思也认为古代艺术是人类童年的纯真表现，体现着人类的"固有的性格"，即人的"类本质"。儿童的天真是人类天性的纯真复活。儿童的行为暗示着原始艺术的生成过程。[3]从行为意义入手分析并展现人类学思维内模式到人类习俗生成过程是有益的尝试。

东方和中国的民间艺术，最完整最丰富地保留了人类群体文化演进的历史轨迹，成为研究人类文化史和美学中的最珍贵的艺术宝库，并成为理解原始艺术的"翻译"。它们将对行为"内容"的研究作出重大的贡献。

3、行为过程的记忆诱导特性

具有行为趣旨的建筑是记忆的容器

正因为建筑行为的内容源自文化人类学、民俗学及民间艺术，故而建筑中的行为过程必将是对观者生活经历的有力提示，引导观者在一种愉快轻松的情绪中回忆起那些曾经发生在他身边的有意义的人和事。

这种行为过程也将把这蕴含的文化程式传扬下去，让后来的人们了解先辈的生活场景。

（二）意识残留概念

意识残留指人类去除意识表层后的潜意识部分。它分为个人潜意识和集体潜意识。意识残留是指凝固于人脑中自身无法排除的认识。

个人潜意识是人脑中沉睡而深远的不可见部分，只有在引导下才被唤起。集体潜意识是人类祖先传承下来的知觉意象，不是来自个人的经验，而是一种存留于人类心灵中的先在意识。从个体诞生之日起，集体潜意识的内容便给客体的行为施加了一种供其遵循的事先形成的规范。[4]

三、建筑行为趣旨的功能及特性

（一）建筑行为趣旨的功能

建筑中具有原发性、民俗性、文化人类特质的行为有以下三种功能：记忆诱导功能、联想功能、自由无意识功能。

1. 记忆诱导功能

记忆诱导功能：借助诱导因素帮助人的大脑回忆起往昔的人和事的功能。

俗话说睹物思人，触景生情。借助景、物的诱导才能触发人的感情。在医治失去记忆的患者时，医生和家长常借助曾发生在患者身上以往的言语、行为来帮助患者恢复记忆。这说明诱导会使人感到自然。建筑设计师如果不注重自发的引导，那么设计出的建筑会给人唐突无所适从的感觉。建筑师借助有趣的、有意义的行为激发观者同建筑之间进行交流对话。人们喜爱建筑中的行为，自然会移情于含有这种行为的建筑。内容决定形式，现代主义建筑为之赞赏的格言再次说明建筑应以内容打动观者，而为了形式而形式，也可拓宽创作的方面，往往给人以流行一时的印象，其中也不乏生命力强的精品之作。但如果掌握不好形式与观者之间的关系，往往有故弄玄虚之嫌，招致形式主义的虚名。

2. 联想功能

联想功能是人脑思维波及过去、将来的未同自己发生直接联系的人和事的功能。联想是记忆的外环扩展，联想加强了认识的广度。行为趣旨的联想功能又使观者如入音诗画境？成为沟通建筑与其他门类艺

术、生活习俗的桥梁。

3. 自由无意识功能

自由无意识功能：人在焦躁不安的时候会出去走一走，漫无目的性。自由无意识使人的精神游离而松散，调节人的心理活动，无意识即人在意志游离时亦即大脑空白状态下，潜在思维的自发表现。行为趣旨使人的行为既有诱导循使的一面又有自由散漫的一面，使人免受建筑对人的压力，给人留有尊重自我、安全怡然的余地。自由无意识与诱导记忆是相反的作用。像任何一对矛盾一样，因对比而共生。缺少诱导，仅有自由无意识让人不知所措；仅有诱导又使人无处躲藏。要想表达建筑人性的一面，二者缺一不可。在建筑设计中，设计者总想把文章做尽的思想常常忽视了人的本性——散漫自由的一面。

（二）行为趣旨的视觉符号特性

符号学家认为，人是符号动物，人的本质也在于他能利用符号去创造文化。人类实践经验、情感以及文化的交流、发展、延续，都要靠符号——文字、语言、图像。而艺术就是人类创造的具有审美因素、情感因素和表现因素的特殊符号。它不是词语符号和推理符号，也不是作品中的单元符号，而是直觉符号或图像符号。[5]行为趣旨是人类文化的历史遗产，它是意识形态的外化符号，有意义的行为具有以下三个特性：

1. 地域符号共性

任何符号系统都是人的主体精神和客体社会或自然交互作用的特殊反映与表现。由此看来，具有行为意义的建筑——作为符号的创造与认知都需要一个共同的文化积累。一定民族文化圈的建筑家，在继承自己民族文化艺术传统的基础上，往往创造一系列的建筑符号形式。这些符号形式相互联系，相互补充，可以构造起属于这个文化圈的符号体系。不经过译释，很难为另一支文化圈的民族所理解。

江苏旧俗"画米囤"——每年除夕，以石灰粉在院内空地上画上粮囤、戟矢或元宝的形状祈求来年吉庆消灾。

朝鲜族"踏桥"——农历正月十一夜，

明月当空，男女老少穿着节日盛装，在桥上来回走，一边赏月，一边歌唱或吟诗，如此返往多次，甚至几十次。民间以为踏桥之后，当无腿病，康宁无祸。[6]

从这些习俗中可以提取地域性行为符号。行为化过程是对符号的动化操作，而这些符号一般来自生活中物态形象。在此谈谈地域符号共性。许多传统性符号都与一些地域的古文化传统有密切关系，蛙的符号多现于以炎黄部落集团为代表的中原文化区；再比如反"万"字符号在藏教区和汉族地区都有出现，表达特定的佛教指令。"万"字符是佛教建筑转经仪式的行为符号。就连在美国宾夕法尼亚州德裔人谷仓上也有这种符号出现，其起源是青铜时代"爱尔兰以西及贯穿欧洲大部分地方"所实行的环舞和太阳崇拜。太阳魔法符号，是前基督教的不朽符号，在波斯尼亚的墓碑上，它是一种支配地位的符号。四臂梅花形是变体，它极有可能也是太阳的符号，大约源于史前达罗毗荼人时代的印度，它从那里向东西两个方向传播，可能通过东北亚洲的道路，进入西半球。这不论原来出现在东方与西方的什么地方，都表示一种带来好运气、幸福、长寿的吉祥意义，以及禳除不吉的魔法力量。[7]同一种符号在不同地域中或精致、或浑朴、或粗犷、或粗细相映，但都脱不出符号的基本共同的特性。

2. 行为符号的超越性

（1）行为符号超越性

具有意义的建筑行为，其主题是对运动、生命的讴歌。劳动行为是人类社会得以产生的先决条件，运动着的生命是任何社会得以发展的基本动因，而人们对生活的理解和愿望，则是人类社会发展的动力。因此，行为所表达的"运动"、"生命"的主题是超越历史时空的人性主题。

行为视觉符号的超越性，还表现在对生活和自然形态的距离上。由于它完好地保持着原发性的行为方式，所以它以特殊视觉观念造成的"行象"和以意念造成的"意象"来概括夸张形象特征并超越客体对象。

（2）民族地域意识把握

由于人本归属感为人天生俱备，因而每个人，无论他有怎样的适应陌生环境的能力，最终他的内心将属于一个与他有同样语言、人种的环境，他才能感受到内心的平静和安宁。这种环境，在人刚出世时就赋予他这种归属意识，并贯通其一生，此即民族地域意识。

建筑同其他任何艺术一样注重其民族地域化。而我国自贝聿铭先生之香山饭店十多年来渐平渐静关于大屋顶与民族性的探讨，也是逢会必谈，谈久生厌，终未得出可行的方法。谈者总是把视线盯在建筑的梁、柱、顶，抑或老祖宗已经留下的廊、院等旧有建筑形制。此中必有民族的精华不假，但从中稍事修改，搬用之作居多，另辟新意之作尚少。感受建筑精神需要对建筑及其之外的其他艺术门类深刻体会，无识民族的文化传说、诗画、音乐舞蹈，也就无法领会各种不同的情绪。如果设计者只知建筑常规而缺少丰富的生活体验，那么他对民族地域建筑的表达必然是除了大屋顶还是大屋顶。常有人叹曰："大屋顶呀大屋顶，没有你吧，没有民族性，加上你吧，又有复古抄袭之嫌。无奈之余，要么完全抄袭，要么只有用'支离破坏'的方式去'探索民族精神'了。"

笔者认为，民族意识、地域精神反映到建筑上不仅表现在屋顶上，更重要的是游离于屋檐下的行为习俗，原本意念和周围地貌地态。

加拿大建筑的民族精神是什么？除当地印第安土著外，它既无历史建筑又无历史文化。比之中国的大屋顶、欧洲的穹顶拱券，加拿大似乎没有什么。但加拿大建筑师埃里克森在设计大阪世界博览会时表述道：展现加拿大特点的惟一途径来自它的广阔和自然形态。他以四个大而简的体型、45°墙面全镜面这种适合于加拿大国土的尺度感、空旷感和纯朴简洁的处理手法表现出①坚固的建筑因反射无限的天空而溶化、②生活的不稳定感、运动感从而使建筑富于生机。[8]与埃里克森相比，更巧妙地表达加拿大建筑特色的是建筑师道格拉斯·卡迪诺设计的赫尔市加拿大文明博物馆。他

之所以成功的原因是他运用了表现主义的手法做出了神话般的建筑。该建筑被认为是加拿大本世纪后半叶最受人欢迎的文化建筑。卡迪诺博物馆分成两翼，两翼的形式有具体的象征意义。贮存、研究部分是独特的加拿大地理风貌——冰川的象征；展馆部分象征盾牌。整体造型弯曲扭错，起伏波动，好似大地的隆起给人无限暇想。卡迪诺通过它将人描写成自知有非凡张力，而又懂得与自然平衡相处的大地改造者。博物馆内外的行为导引使人如至冰川莽原。他通过对古典主义复兴和高技术经验的反抗和对自然力量塑形和行为导引的摘取成功而又具体表现了一个国家、历史、文化和愿望。[9]

原本初动意识以无形跨越年代并在祖先子孙间传动。反映此意识的建筑，其生命必将超越时空，在未来文明发展到一定阶段超越地域国界。

(3) 行为符号的单纯性

这不仅由于有行为意义的象征寓意的内容是单纯的——无论是古文化涵义，还是民俗功能，都是很单纯明了的，又因为这种行为轨迹符号简练而显得单纯。符号的单纯性特点，使这类建筑明显地区别于通常的建筑。通常，建筑往往追求复杂丰富的意蕴，当然这不是坏事，但有时甚至用朦胧的色纱把清晰的物象符号笼罩，让人捉摸不透其真情实意何在。现代派建筑艺术倒是以"单纯"见长，却缺乏行为的文化内涵和象征意义。

四、行为趣旨的美学思想及文化意义

(一) 行为趣旨的美学思想

1. 美学思想——荣格原型心理学

行为趣旨的美学思想是原型美学流派之一——荣格的原型心理学派。原型美学的理论背景得从人类学讲起，19世纪末兴起、20世纪大盛的人类学一直含有这样的意图，即为西方文化寻找一个超越西方中心论的更广大的基础，通过对原始社会和原始神话的研究，达到一种对人类及其社会活动的更高的认识。荣格把无意识的核心从个体转入集体，从童年延伸到原始社

会，他在自己的视界中，放进了现代人的梦，原始人的神话和仪式，以及古今的文化史，他要寻出人心中普遍存在的原型，以了解其在人类历史中反复出现的各种变体。

荣格心理学在民俗和建筑中的应用即是有意义的建筑行为。人本行为和民俗行为以其集体表象、集体无意识创造、传承着丰富多彩的意象组合，成为一种从民族根源上传承下来的共同行为语言。现在许多民族虽然语言不通，但其民族意象符号、行为方式却是相通的。源于集体表象和集体意识、集体无意识的集体程式，是民族艺术、地方艺术这些特定文化传统的基本元素，也是行为习俗能够延伸，不断进入后世的传送带。所以，原始艺术和民间艺术作为这种"行象"思维的集体表象宝库，不仅保留了集体表象的丰富程式图像，而且还接通浑沌思维与逻辑思维、接通上古文化与当代文化的导线。这些都为把有意义行为提取到建筑中来积累了丰富的素材。

2. 美学内容

行为趣旨的美学内容：一是表现达观的信念、愿望和幻想；二是表达民族群体精神的凝聚。

(1) 达观的信念、愿望和幻想

有意义的行为趣旨在任何情况下都歌颂生命，表现生命。行为趣旨表达的正是人类童年的天真快乐。许愿，是人类信仰活动最广泛的行为，许愿之后，这种愿望的实现就在许愿者的心理上有了保障，也就可以摆脱焦躁不安的痛苦而安心等待了。有意义的行为，其过程就是表达一种愿望。使人的愿望和幻想得以实现。

在山西民间，姑娘给情郎的定情礼物，往往是一双鞋垫或一双鞋。鞋底中心往往绣上"正"字，意思是以正压邪，希望自己的真诚感情保佑情人度过各种艰难历程而胜利前进，同时绣上"回"纹，希望外出的情人早日归来。这种素材以行为方式用于建筑之中正可表达其地域风情，具有鲜明的时空色彩。

(2) 民族群体精神的凝聚

有意义的行为之所以有意义就在于这种行为触发了一定区域、阶段人们的内心

本愿。人类是社会性生物。我们的远古祖先就是靠着群体的力量和智慧，在艰苦的环境中闯开了一条生路。就像神话所描述的盘古氏经过几个"万八千岁"的漫长而又艰巨的奋斗历程，才从浑沌的世界开辟出了天和地。盘古就是一个群体的人类的象征。因而，人类历史形成了以集体为主导的思维方式，形成了集体思维所构成的意识形态及其文化艺术，形成了各个历史阶段、各个民族群体的文化模式。

人类表达愿望的方式的大体性质都是一样的，但是各民族各地区的形式都很不同，这形式就是艺术特色。在这种艺术形式、行为方式中，他们才能充分地显示自己民族的个性，而内容则是人类的共性。所以，各种共性的内容在各民族各地区生发了千姿百态、异彩纷呈的民族艺术。体现自己的特色，宣称自己民族性的存在，成为各民族之间区别的标志和本民族人互相之间认同的标志。如同乡音在千里之外的作用一样，一下子就认同了本族的亲人。

（二）行为方式——一种强有力文化意识的载体

人类学日益强调脉络，心理学也是如此。我们对任何事物上的评价，都部分地取决于事件出现的脉络。脉络是行为场面。在脉络存在时，推理和结论会增进和改善。因此失去的语调可借脉络在句中加以填补词语和语调，通常在具有意义的脉络中更能得到理解。在语言学中，也正日益强调脉络，说话者相信听者能用与之共有的这种脉络和普通的信息为言辞构成认知的背景。那种文化实用的脉络通常提供联系知觉与联想方面所需的文化知识。[10]有意义的行为正是建筑文化传承的脉络，下面以藏族行为作例释明。

我国藏民族在藏文化流传中就存留着这种脉络，反映在藏民族语言、宗教、生活习惯、手势、动作当中。

僧侣和香客——手中的转轮——匍匐和梵语——远处的雪山。这种藏域迹象如同一幅画面印记在人的心中，同时人们也会对那些不辞劳苦、风餐露宿、朝拜转经的喇嘛和香客脸上的神秘笑意而迷茫。在这高远空旷的世界里似有什么原始的意念支配着生活在这个地域的人的心灵。

现象一：高原上的道路可以修建得平坦而笔直，一直延伸到很远。在四川马尔康藏教区经常可见这种现象：在笔直的马路上加设了一个圆形车道，过路的司机经过时转一圈，并从路边捡一块石块放在圈中后继续赶路。路经此处步行的人们也绕行一圈，捡放石块于圈中后离去。时间一长，圈中便堆起一个石堆，像一个没有沙土的坟。这不像是汽车回车所用车道，高原的平坦已足够汽车回旋转向，而这里既不曾有死人的遗穴又非供奉神灵之地。原来这是藏教信徒祈祷求安的一种行为方式。

现象二：在四川松番县漳腊镇山巴村的山脚下，离村落一里多有一条河流在河床上分成大小支溪，在水力较大的支溪上搭建木构磨坊碾磨青稞等农作物，在小的支溪上也架设了不足 $1m^2$ 的小木房，房高不足 $1.5m$。小木房内有一木桶（似啤酒桶大小，内有经书），木桶下连水磨的木辐，溪水冲撞木辐带动木桶逆时针旋转。这个小木房藏语叫 "qīng kō"——水转转。常有孩子钻进去，用手把木桶转得飞快，小木房为那些在旷野戏耍或放牧的孩子带来了乐趣，而它本身则是一种借助水力念经的实例。

现象三：山巴村的藏族本波教庙子是三层歇山木构建筑，两侧和后面成三面围廊，底层庙子四周架满镀金小桶。每天有不少妇女逆时针绕房而行，并不断拨转金桶，口中不停念嘱，走累了便在廊内聊天。正面无廊是为了让人感受阳光，另三面设廊可躲避风雪，在庙子里行走已成为群益活动，并成为村寨，家庭动态的吉祥"念符"。

现象四：有这样一户藏胞住家。其房屋结构是木构架，底层为石墙，房屋东北角设经堂。有趣的是正门上贴了秦琼、尉迟恭年画像，正门上方墙面上是毛泽东像和邓小平视察大江南北立像。墙面上每间隔 $2\sim$ $3m$ 用白灰画有"万"字符。这个住宅的主人说这些年画和白灰符号能使这家人得到天上和人间的爱。

现象五：在藏区的公路上，每隔 $200m$ 左右在路旁有一小土堆，堆顶放着一张写满藏文的纸符，在纸上镇以小石块，原来这是用以祈求孩子们在公路上行走平安。

在藏区所见的物化形态中，笔者感受到一种无法道明的神秘意识。在对这种神秘意识的探求中往往会发现一些强化了的人本意念。上述的几种现象源于藏族人最初的防卫意识举动：手拿绳子一端，绳子另一端拴一石块，将绳子石块抡成圆圈，使敌对者无法近身以保护自己并伺机用出石块以攻击对方。通常用右手甩动绳子石块时往往是逆时针方向。因此逆时针向的甩动表达出防范意识。这也常见于藏族牧民在骑马追击时左手抚缰，右手晃动皮鞭打旋（或晃动套马绳），这种动作引发了乐趣并表达了防卫进攻、汇聚精神、静心等待的意念。当猎获成功或战争胜利时，用手晃动马鞭表达了胜利和平安。这种手势含义由原始的防卫意识——冥心静气的等待——平安的宁静、胜利的欢愉，以至于神秘的宗教祈求中——喇嘛手中的转经陀轮，顺时针转动表示为红教，逆时针转动表明为黄教，而聪明的藏族人民又赋予山川河流、风霜雨雪等物质形态以拟人化功能。经幡表示风吹动幡布念经，水转表示水在带动经桶讼经。在寨子外围的四个方向，每户人家围墙四周插上经幡，寨内或四周有流水处搭设水转转，会给这个寨子带来繁荣吉祥。山水风月被赋予了有灵的力量永远福佑那里的生命。

藏族的锅庄舞蹈和音乐节奏旋律也表现出旋转的形式。锅庄舞蹈常在室外场院或室内火塘厅堂中进行，一般在节日或招待客人，饮青稞酒起兴后起舞。人多时，围成一个圈，少时成一弧线，绕火堆按逆时针方向边唱边跳，到最后快节奏时，情绪激昂渐快成螺旋线状，使参与者有一种追逐包容的愉快感受。其音乐曲调也传递出追逐盘旋的意韵。

由此看来，藏民族原本初具的防卫意念有若脉络的博动，绵延不断，表现在行走、游骑、狩猎、磨房、宗教、村落布局、山水风月、甚至音乐、舞蹈这些经络结点之中，并以某些图案使得这种脉络意念符号化。如果摄取藏族行为中有意义的习惯动作，结合音乐的节奏和绘画等因素则能创造出鲜明有力的艺术作品，这样的建筑也一定能使人感受到浓郁的藏族情调和脉络意念。

五、行为趣旨的源流

习俗是以行为方式来表达的，行为在其发生时则表现在舞、音、诗、画方面。因为在原始艺术中，舞、音、诗是三位一体，即古人所谓"诗，言其志也；歌，咏其声也；舞，动其容也"。因此在行为意念的图形表达上将从下述几方面展开论述。

（一）圆行为

1.圆与生命

原始人最初或栖居于树上，或住在天然的洞穴中，钻木取火，围聚而安，这便是最初人对圆的认识。人受自然力胁迫，生老病死，部族兴衰，非人意所强为。因而在洞穴中原始人类围聚起来，举行神秘的祈祷仪式，并用火把照亮洞穴，原始人认为带来光明和黑暗的那个升起又落下的红彤彤的圆，其威力超乎人类、野兽和山林，因而膜拜它。他们把自己的洞穴也造成圆的，再用火把去照亮它。太阳的生命力仿佛从它落山后就来到他们居住的洞穴之中，直到第二天人们睁开眼又看见远方的红日。但不知道那个方向有着今天的称谓East——东。随着家族部落的繁盛，洞穴外的部落活动越来越多。部落人一时无法习惯于平岗和丛林的毫无遮挡的处境，使他们暴露于野兽和外族进攻面前。他们把草房围成一圈，中间空成一个圆形地带。这也就是原始人定居——村落的雏形。环形布局甚至出现在湖沼地区水面上。考古学家对史前艺术的起源问题持各种不同的看法，但艺术活动与人类自下而上斗争的功利性相联系是无可怀疑的。墨西哥南部恰帕斯高原的西纳坎特卡族巫医在为本族患者的治疗仪礼上边唱边诵咒文边用12支蜡烛来抚摩患者的头部，然后将蜡烛一支一支地成圆形竖立在患者的周围，目的就是以光明照亮患者的生命[11]。建筑作为满足原始人抵抗严酷的自然力的最好屏障，早就属于艺术的范畴了。对于原始人来说，建筑把自己与广阔的自然空间隔开，以避免不断遭到的潜在威胁。旧石器时代建屋除用树木、草、石外，以巨石做"石屋"也是一种建筑样式。英国索尔兹伯里的石环群，大大小小占地约11hm²，巨石是高大的，猛兽无法冲越。再配以木栏和防卫器具，使得石环成为一个举行各种仪式的安全场所。直径32m，石杆高5m余，当中有五座门状的石塔。据测石杆与石门的排列及间距同每年主要节令中太阳与月亮起落时的阴影有关。石环因为是巨石，能抵御自然力的侵食，得以存留，但这种圆形围护结构中部落原知心态行为习俗的损失又有谁人得知呢？

2.环舞与建筑

原始文化和大部分的初步得到发展的文化水平在空间概念上只要求圆形。这个值得注意的事实令人信服的是与另一个事实同样重要，即在舞蹈里圆形是最早的空间形式。在人类用体外的物质，树木、草丁和石头来客观地表达他们对空间的需求之前，他们必须用自己的身体、用四肢和躯干的运动来满足这种需求。圆形小屋的形成和发展与环舞的形成和发展有关。例如在北美：凡是环舞流行的地方，我们就可找到圆形茅舍和圆形舞屋。圆形小屋被当作火堆或中心位置看待。环形群舞于是围绕着一堆篝火，一个地坑或一个中心物移动，连黑猩猩的环舞也有一个中心物。

请比较下面两段文字。

圆屋结构（新喀里多尼亚）

在他们挖掘的地穴中间插上一棵树干，地穴外围竖起旗杆，再把棋杆的顶端折曲并把它们绑在树干的中段处。在各个旗杆之间塞进些树枝，然后树叶和青草覆盖整个结构。

环舞神话（巴西凯甘族）

有一天，卡尤鲁克利族的男人们去打猎，当他们来到一块森林的空阔地时，他们注意到在一棵高大的树干周围有一片极妙的空地。几枝长着树叶的树枝斜刺出来，其中有一枝从空中竟挺拔而出……隔不多久，这些小树枝开始从树干底部有节奏地向上端移动。

这两段文字说明自然界的树把环舞（神话中是人受树枝风动启发而产生）与圆屋（对树枝的人动而产生）联系在一起。

但丁在《极乐园》中对三圈舞这样写道：

群氓涌出绕圈而行，
圈中有圈环行无误。
行动配合默契，歌声此起彼落。
双圈绕转如出一辙，
此圈起步彼圈稍候。
瞧！吾侪周围闪耀着另一光圈，
世上万物似早已稳身其中，
越闪耀越光亮如同太阳露出地平线。
黄昏初临之际悬挂上空，
吾侪视觉所以似真非真，
暂新物体如是汇合，
在吾眼前似又出现，
另外两个光圈正融合成第三光轮。

1497年佛罗伦萨的萨伏那洛拉礼拜之后举行的三圈舞掀起了但丁的灵感，使他对太阳舞有着奇妙的联想，才写下上面这首诗。

在语言产生之前由劳动产生的肢体空间需求——舞蹈行为是人在建筑中行为方式表达的一个主要方面。人对舞蹈行为的偏好加强了建筑存在下去的理由和情绪。[12]

在各种音乐图形中，除了一些难以捕捉的意象之外，都可以通过一定的途径还原音乐声音。这是由于各种音乐图象都包含了音乐声音的物理特性。一个图象给人的感受，或多或少地会在转化之后的音乐声中体现出来。圆形，从它特有的几何特性和人们的习惯感觉上说，圆形给人以满足、完善、协调、优美的感觉。它能使人联想起一个丰满的音响，一个协和的和弦或一组循环的音型。[13]凡在环舞盛行的地方边舞边唱的民歌总是表达出一组循环的音，我国藏羌锅庄圈舞中的旋律就是这样。

3.圆形建筑走向神

圆形建筑由于其自身结构较复杂，不易被公众在生活中大量建造使用，故而其自一开始出现就被赋予为神专用的色彩。人们在不断追求大跨度饱满圆形空间的同时，也不停地膜拜自己心中的神明偶像，在欧洲建筑中从穹窿直径43.43m，高22m的古罗马万神庙到穹窿内径42m、高30余m的文艺复兴时期佛罗伦萨大教堂，再到穹窿内径42m、高近40m的圣彼得主教堂正说明了这种倾向。在中国的客家民居中，其圆形土楼除去其防卫功能之外，更是在追求汉民族天、地、人合一的理想。马里奥·波塔的圆形公寓也在追求神秘安宁的氛围。北京天坛有祈年殿和皇穹宇两个圆形建筑物，平面北墙呈圆形，南为方形，象征天圆地方，是皇帝合祭天地神明之处。

4. 环舞和太极图

羌藏地区的圈舞锅庄围绕火塘逆时针起舞。当节奏越来越快时，舞者开始在旋转中的追逐而成一螺旋线，围观者也加入其中，使这种螺旋线释放出人性的活力，队形变成太极形状。而此时舞者除感到激烈、兴奋外，还感到有一种连绵的劲势在其中，相互牵扯，彼此传动，这或许是太极初本意识中的一方面吧！而了解此初本意识无疑为我们打开圆形释放热情做了准备。神秘的东西往往蕴含于伟大的简单之中，只是不同的具体情况会给它抹上不同的色泽罢了。有趣的是羌族人信奉的又是道教。而这种在巫舞活动中凝聚的浑圆的劲势也表现在螺旋线延绵的唱谱之中。

（二）方行为

1. 方与防卫

人从围护结构中认识方形，方（长方）形一出现就显现出表达山形、角形的愿望。

原始人在白日或夜晚喜欢找一"∧"形的东西以增强自己的安全依仗感。因为日落、日升时天空与山脉的明暗剪影日复一日加强了大脑中的无意识印象——"∧"形，及动物的角和用以猎狩动物的尖石，割离兽肉的石刀，给他们以生存依靠，防卫安全的意念。法国拉斯科洞穴壁画（约公元前2万年）对野牛角的明确描绘说明了那时人们对"∧"攻击力的惊惧。"∧"形石器在受到来自外在力量凿击后，尖部遭到损坏，变成"⌒"状，加上周围自然力形成的""状的石块可供人们坐卧休息，原始人逐渐意识到"⌒"形可用于围护空间。而"⌒"形出现之后急于要表达的意念还是"∧"形的原本初导意识，因为那时的人们不仅膜

拜日、月，也膜拜山林。[12]方石表达方锥形建筑，如埃及玛斯塔巴（公元前28世纪）玛赛尔金字塔（公元前2778年），古西亚观象台、中代中美洲特奥帝瓦坎太阳金字塔（公元前1500年）。

方形的最初围护意识以方台的形态出现，但在不同地域、气候条件下有所变化。如埃及酷热沙漠导致阿蒙神庙的形制。亚平宁半岛是海洋性气候，方形建筑需加设用以排水的坡面和周边柱廊。方形建筑是人向自然力神（山、林、日、月）走近一步时的产物。人还臆造了四方神对人的住房加强保护。中国的四方神为青龙（东）、朱雀（南）、白虎（西）、玄武（北）。佛教有四大天王：持国天王、护法天王、增长天王、广目天王。道教《灵宝济度金书》有宇宙五方之说：玉宝皇上天尊主东方木世界，玄真万福天尊主南方火世界，太妙至极天尊主西方金世界，玄上玉宸天尊主北方水世界，混元一炁天尊主中央土世界。

2. 行列舞与长方形小屋

环舞虽然风行世界，但是行列舞蹈却局限于建造长方形小屋的文化阶段。在澳大利亚，我们可以在环形小屋，甚至在建有防风墙的疆土上找到这种行列舞蹈的例证。这是由于受到面具文化以及建筑长方形小屋的文化的强行介入，当然，我们绝不能从上面的行列舞蹈这个实例推断出环舞总是伴随着圆形小屋一起出现的。环舞的发展是和圆形小屋有关，但并不局限于圆形小屋现今的境界。因为作为原始文化的财富来说，它是从较早期阶段转入较晚期阶段的，它置特定的文化条件于不顾而保持着本色。然而正如我们已经知道的那样，行列式舞蹈不仅在根源方面，而主要在如今的传播方式方面是和它的孪生结构长方形小屋连在一起的。特别是在更为原始的地区里，长方形小屋和行列式舞蹈的关系在方位的意识上呈现得非常清晰。凡是在建有四面墙的地方，人们的方位感较面对单一光溜溜的圆形墙时敏锐。在《鹿舞》里，舞群在舞屋的北端和南端处排成两行平行的队列，几位领舞者在这两个队列之间前进后退，从西到东地来回移动。这是在舞蹈里

利用长方形空间的完美例证。

3. 方形建筑走向人

方形、长方形建筑，其自身结构较简单，易被公众在生活中大量使用建造，故而其最初的天命神授意韵，逐步演化为人世间的民众风范。从古埃及阿蒙神庙、古希腊帕提农神庙、古印度太阳寺，到罗马的公共浴场、交易场再到威尼斯的公爵府和中国、日本的宫室以及现代人的住宅，都说明方与长方形是最易被人掌握，与人最亲近的基本图形。

（三）十字行为

1. 十字与阳光

人走一个圆比走一个十字要容易得多，为什么十字形平面后来优于圆形呢？除了结构上十字形受力清晰之外，还有怎样的原因呢？

人原本并没有四方位的概念。只有东山日升、西山日落的印象。墨西哥的西纳坎特卡族对北和南在措词上没有区别，查穆拉族则称北方为"右手的天边"，称南方为"左手的天边"。这是因为拟人的太阳在升起的时候，其右手相当于北方，其左手相当于南方。[11]"南"和"北"是个啥概念，或许与冷暖有关。朝正午太阳的方向走以获得更多的辐射热，就像走近火堆取暖。这是那时原始人原知性心态的想象。每天正午这个方向的太阳就散发出一天中最多的热量。这个方向被人的意识接受为"南"。而朝"南"的反方向走，可以找到树荫和其他遮挡物的影子，感受到凉爽，也许朝这个有树荫的方向走得越远，离太阳也越远，也就越冷吧！这就是"北"。在一些儿童的想像之中便是如此，"两小儿辩日"就是例证。一天之中太阳升起光明来到的方向是"东"，太阳落山黑夜来临的方向叫"西"。这种自然力在正午时的涌动大大超过了除了早晚的其他时刻，它被神化了。在不同的国家地域表现为不同的具体形式。中国古代的青龙、白虎、朱雀、玄武四方位神。佛教的南海观音、西方如来，基督教十字形建筑平面。人自身臆造出的神逐步代替了自然力的神，在一些地方，自然力的神逐渐淡化了，而人造神流传下来。这是文明的偶然，

但自然力的意识一直在人心目中残留着。在很好地了解这些情绪因素之后，结合人文习惯，运用这些原本而有感召力的因素到建筑设计之中，将起到非凡的渲染效果。

2．十字形与拱形舞

十字形的动态表述为舞蹈中一种叫作"伦敦桥"的拱形舞游戏。拱形舞是前头的一对男女停步不前，其他各对从第一对的手臂形成的拱形下穿过，以便站在第一对原先所站的位置，并以同样方式让其他各对穿过。这种跳法就是儿童们玩的"伦敦桥"："伦敦桥正在倒塌，正在倒塌。"原始部落的民族，欧洲平民与儿童的拱形舞和中世纪的交织舞有联系，这种舞蹈最美丽的图案可见于展示在赛纳市政厅里的洛伦泽蒂所绘的题为"好军团"的壁画，它的最佳诗意铭刻在马里诺的《阿同史诗》中：

少女们低头穿过举臂构成的桥形，
当她们依次悄悄地穿过行间之际，
每人移动向前绞动的双手，

——《诗篇》[12]

3．宗教的记号——十字形平面建筑

十字形平面自中点出发向四个方位延伸，表达出一种控制性的力量和宗教意味，如12世纪古美洲的奇钦·伊查卡斯蒂略金字塔庙即表达特奥帝坎宗教建筑，还有西欧的基督教、天主教、巴西利卡教堂型制，以及耶路撒冷的奥马尔伊斯兰教礼拜寺，印度松纳特普尔的卡撒代佛寺和柬埔寨吴哥寺。至于意大利维琴察圆厅别墅十字形平面的严谨对称伤害了居住的功能，使人不得不怀疑这是一处居住的府第还是祭礼的神庙。

（四）迷宫行为

迷宫式建筑，与蛇形舞

"Z"形舞与蛇形舞的根源，其一是潜在于自有的或模仿别的事物的运动。比如处于极度兴奋状态的狗和小孩子，当他们感情冲动而有运动欲望时，他们更喜欢"Z"字形的来回跳跃的动作，而不是直线形的运动，出于任何目的所做的动作避免向某目标走直线形的路线。其二的一种根源的解释可能是"自觉的模仿"。中世纪教堂特别是法国和意大利教堂的通道上都建有单径

迷宫，这被称为"耶路撒冷之路"，暗示与朝圣之间的联系。那些不能亲自前去朝拜圣地的人，则跪在教学的地面上，沿着通道做一次象征性的精神旅行。[14]其三是表达性命攸关的路径。

迷宫源于带有神秘色彩的入场礼仪导引。有一种叫作查科舞的舞蹈者在森林里预备好一个圆场，开辟出一条不易辨别的曲径通向园场，这样就能使任何不速之客很快迷路。而忒修斯神话里提到了雅典人在被释放后登上提络斯岛，他们在这个地方跳环舞，跳时运用很多的扭曲旋转动作以表示克里特岛上性命攸关的小路结构。直到普卢塔克时代，岛上居民还跳这种舞。走出迷宫的动作比迷宫出现得更早。在马达加斯加岛梅里纳人的割包皮礼仪舞里：通向举行割包皮典礼场所的圣石途径用绳索分成五区。国王笔直地走在中区，一臣民在其他成曲折形的四区行走。别人只有曲折小径跳舞朝前移动。在阿拉干地方，信徒们边跳着舞穿越一座仿造的迷宫，边讼念巴纳经文，每当到了某一拐弯处，他们就向那里的雅克沙挑战，并把它赶跑，最后他们来到神区。这种表现手法表明罪恶的生命得到净化。

以上是用行为观察方式解释几个基本图形的意义，这对于设计建筑中的行为情节及寓意时多有裨益。

六、结语

永恒的建筑中凝聚着人类文化的精髓。原始意念是人类文化的本初来源，它萌发并存留于各种艺术表现形式及生活习俗当中。在此存在一个"破译"与"转化"的研究课题。对于建筑师，如何提取极具原本初动力的文化因素介入到建筑中来，这是涉及建筑艺术生命力的问题。对于公众，怎样从其生活经历中认知理解建筑，并被建筑中的文化内容所打动，这是有关建筑认同的问题。在两者之间需要一个纽带——文化人类学的行为纽带。文化人类学为双方提供了认同的本源，有意义的行为方式为双方提供了认同的方法和途径。

建筑中的行为趣旨涉及文化人类学、环境行为学、考古学、民俗学。通过研习人类起居习惯、风土人情、奇思异想、神志鬼怪、身心体验、情感传动，从宗教、民俗、天象、舞音诗画等多方位，新角度摄取人类遗留、遗忘、臆想的建筑创作素材。我们可以对过去、现在、未来的人类文化做出恰当的原点捕捉、行为记载、群体释意。行为趣旨的思考方法、设计方法或可为建筑创作开辟出一条小小支径。

（本文为硕士论文节选，由常青教授、陈金寿教授、沈福煦教授指导完成，在此一并致谢。） E

主要参考文献：

[1]《詹姆士·斯特林》窦以德编译，中国建筑工业出版社，1993年

[2]《西方现代艺术史》[美]H·H·P阿纳森著，邹德侬译，天津人民美术出版社，1994年

[3]《民间美术概论》杨学芹，安琪著，北京工艺美术出版社，1990年

[4]《西方心理学史》李汉松编著，北京师范大学出版社，1987年

[5]《人论》恩斯特·卡西尔，上海译文出版社，1985年

[6]《彩图风俗词典》上海辞书出版社，1990年

[7]《世界风俗史》

[8] 世界建筑8902，世界建筑杂志社

[9] 世界建筑9102，世界建筑杂志社

[10]《建成环境的意义——非语言表达方式》[美]拉普普特著，中国建筑工业出版社

[11]《宗教人类学》[日]吉田祯吾著，王子今，周苏平译，陕西人民教育出版社，1991年

[12]《世界舞蹈史》库尔特·萨克斯著，中国音乐出版社

[13]《世界音乐趣谈》石峰编著，人民音乐出版社，1993年

[14]《东西方图形艺术象征词典》詹姆斯·霍尔著，克里斯·普利斯顿绘画，韩巍等译，中国青年出版社，2000年5月

有人斯有乾坤理，各蕴心中会得无

——北海镜清斋的解释学创作意象探析

庄　岳　王其亨

【内容提要】语言（题名、楹联、诗文等）作为一种独特的创作手段，赋予"景"以象征隐喻性和深厚的文化内涵。清代皇家园林精品北海镜清斋（静心斋）中的抱素书屋、焙茶坞、韵琴斋、罨画轩、画峰室等五座建筑，形式简朴单一，却由于命名及相关意义群和位置经营的不同，最终呈现出截然不同的审美意境。事实上，这是中国古代建筑匠心独具的显著特点之一；即不仅仰赖建筑形象来传达建筑意匠，而且要在传统解释学基础上，巧妙会通并运用文化典故，通过语言方式竭力扩展象外之境。本文通过对乾隆相关文字阐释的追踪分析和与建筑处理的相互印证，揭示了乾隆关于镜清斋的设计思路与手段，有助于理解语言在凸现深化建筑意匠中起到的关键作用，对这一方法在当代园林设计中的应用也有所裨益

【关键词】语言（题名、楹联、诗文等）、点景题名、解释学创作

本文是国家自然科学基金资助项目（批准号：59778005，59978027）

作者：庄岳，天津大学建筑学院博士生；王其亨，天津大学建筑学院教授、博导

中国传统园林的命名以精雅富瞻的人文特色独步于世界文化之林。[1]以先秦的灵台、灵沼为滥觞，晋宋以来，撷取文史哲典故进行点景题名成为园林解释学创作的优秀传统。与题名相应，这一意象从环境选择营建，到外檐题额楹联，到内檐陈设，到抒发意境与审美境界的绘画、诗文，都凸显为中国传统园林的一大显著特色。

从孔子最早奠定了中国山水审美观的"仁山智水"，到南朝宗炳的"山水以形媚道而仁者乐"[2]，唐柳宗元的"君子必有游息之物，高明之具，使之清宁平夷，然后理达而百事成"，直至清代李果的"前辈谓文人未有不好山水，盖山水远俗之物也……俗远而后可以读书研理，可以见道"[3]，都充分表明，无论是景物天成的自然"山水"，还是巧夺天工的林泉园亭，其真正价值在于能够体现园居主人的人生观、价值观。正是基于这样的思想，白居易题句"天供闲日月，人借好园林。"[4]苏东坡强调"寓意于物"，而非"留意于物"，独孤及视园林作"性情筌蹄"[5]，祁彪佳径直以"寓园"为名，都明确将园林作为精神的寄寓与依托，突出的是园林的精神审美功能。作为设计者，古人赋予园林以自身的思想及深厚隽永的内涵；作为欣赏者，则在园林中理解、体会前者所传达的深层信息；实即是以园林为文本，作者与读者形成跨越时空的对话，在这一过程中，必然需要能够承载信息、沟通双方的语汇。在这一方面，文字语言显然比建筑语言更具优势，文字可被读解，引发人的思索，传统文化中的典故更是蕴含极大的历史文化信息，本身就是经典的文本；中国传统园林的设计者们充分利用这一点，成

功地运用中国文化中特殊的语言形式——楹联题额，创造出特定的意境，从而将园林予人的视觉印象升华为充满历史蕴含的象外之象。

清代，楹联题额充分发育，作为园林精神功能的载体，受到极高的重视，如《红楼梦》中的记述，"偌大景致，若干亭榭，无字标题，也觉寥落无趣，任有花柳山水，也断不能生色。"[6]可见，在时人眼中，离开文字的阐释，"景"就失去了意义。与此同时，建筑语汇的表意象征功能也得到发展，如叠石理水、植物配置、内外装修等手段，在文字主题的涵摄下，都是富有表现力与隐喻功能的载体。在这样一个以文字蕴含为核心意象的象征系统中，建筑形式便不是艺术表现的惟一手段；在特定情况下，文字标题的表现力可能更为突出。

素以清代皇家园中园精品著称的北海镜清斋，就是这样一个典型。园中建筑面貌风格简朴、形式相似：抱素书屋、韵琴斋、焙茶坞、罨画轩、画峰室均为硬山灰瓦、两或三开间。在北岸其他建筑精饰富丽的映衬之下，凸现出整体素朴的文人气象。其简朴的建筑形式恰恰进一步反衬出匾联题对的不同内涵，有助于欣赏者在脑海中形成综合不同时空的相关意象群，使人能畅游于象外之境。这种创作方式正是重"意"轻"言"、"得意而忘象"的中国传统美学思想的直接产物。下文就以镜清斋为个案进行剖析。

鉴照分明呈靓面，宝三何独漏文皇——镜清斋

镜清斋[7]始建于乾隆二十二年（1757

年），全园划分为前院、主院、东院和西院四组庭园。主要建筑包括处于主轴线上的镜清斋、沁泉廊；东院的抱素书屋、韵琴斋；镜清斋迤西的画峰室、枕峦亭以及主院东侧的焙茶坞和罨画轩。

由正门步入镜清斋内，便见第一进院落，院内清池一方，四周由抄手廊围合，隔池而望，即是全园的主体建筑镜清斋，高堂五楹，前廊后厦。通常园林讲究障景，然而镜清斋却开门见山，由院门而始，水池、镜清斋直截置于中轴线之上，昭示着迥异于文人园林的旨趣。由于院落进深较小，约为建筑面宽的1/2，从建筑心理学讲，缺乏亲切感而稍觉压抑，却正传达出政治空间的氛围；主院则恰恰相反，以自由形态的水面为中心，分散而有机地组织了建筑、山石、植物等等，予人以强烈的文人园意象，与前院形成鲜明的对比。这种处理并非偶然，而正如后文将要展开说明的那样，决定于镜清斋的宏观造园意匠——"内圣外王之道"[8]。

统计表明，乾隆关于镜清斋全园的诗共约一百五十篇，其中题咏主体建筑"镜清斋"的为五十六篇，有三十九篇围绕着"镜"、"照"、"鉴"的主题，点出了镜清斋的核心意象："水清——如镜——鉴照"。"镜"通"鉴"，古汉语有"镜鉴"一说，原意为照镜子，但同时又有丰富的引申义。汉代荀悦《申鉴·杂言上》记载有："君子有三鉴，世人镜鉴。前惟训，人惟贤，镜惟明……故君子惟鉴之务。若夫侧景之镜，亡镜异。"而唐太宗"三鉴"的典故更为人熟知，据《唐书·魏征传》载："太宗曰：'以铜为鉴，可正衣冠；以古为鉴，可知兴替；以人为鉴，可明得失。'"显然，在中国传统文化中，"鉴"即"镜"与修身治国之道有着密切的关系。正是基于这一意义，乾隆对唐太宗的"三鉴"进行品评与发挥，"三者固足称宝鉴；而水清亦可称镜，人无于水鉴，即其义也。"[9]又如"临池构屋如临镜，那藉旃摩亦谢模，不示物形妍丑露，每因凭切奉三无。"[10]"奉三无"语出《礼记》"天无私覆，地无私载，日月无私照"，意即，清澈的水池仿佛天然的明镜，在其旁建造房屋就像在镜子旁一样，不光是为了端详形态，重要的还是借此映照自己的心性和品格，

是否能达到天、地、日、月那大公无私、普照万物的境界，从而更加完善自身的道德理想，实理清明政治，这也正是乾隆借造园意境而表达的自身理想追求。

镜清斋无疑是以相对突出的体量在全园占据了重要地位，奠定了前庭的"王者"气象，而后院则以典型的江南园林构成方式凸显出文人风骨，这一意象更加典型地在点景题名中充分显露出来，而通过乾隆的创造性解释与运用，又无不与内圣外王理想环环相扣，紧密相关。

如将绘事相衡较，吾亦会心后素间——抱素书屋

古汉语中，"素"有着极为丰富的意义群。由于《老子》的"见素抱朴，少私寡欲"更为人熟悉，人们也就常常将抱素书屋的命名视为乾隆对道家哲学的体认。然而，结合乾隆的相关诗文加以研究，事实并非如此。乾隆曾明确指出[11]，"抱素"，拨引《汉书·礼乐志》："易乱除邪，革正异俗，兆民反本，抱素怀朴。"表现了百姓在国家安定兴盛时，保持纯朴的本质而安居乐业的景况，这也正是乾隆所憧憬的理想统治。[12]与此同时，更多的诗篇还反复地将"素"引申到"绘事后素"的典故。"绘事后素"出自《论语·八佾》：

> 子夏问曰："'巧笑倩兮，美目盼兮，'[13]素以为绚兮。何谓也？"
> 子曰："绘事后素。"曰："礼后乎？"子曰："起予者，商也！始可与言《诗》矣。"

在这里，子夏对原文的解读超越了体貌之美的表层含义，到达人之美不在形体，而在性情的层次，孔子默许这一理解并指出，这正如绘画事先有白地，而后加五彩；子夏的追问表明了他的体会，即"礼"如花朵，也需先有白绢即心理情感作底才能画出，比喻内心情感（仁）是外在体制（礼）的基础。[14]

抱素书屋的整体环境也在迎合"素"这一基调，三间朴屋，卷棚硬山，"栋不饰金碧，窗常纳秀奇"，"映带总清冷，顾盼绝尘滓"。而雪景中的抱素书屋无疑最能体现出"素"的神韵，乾隆题咏抱素书屋的诗篇也恰恰多见于此时[15]：

> 试问素何最，最应无过雪。书屋雪之中，素景越清绝。石态镂冰棱，竹韵霏琼屑。屡来讶始遇，欲去竟惜别。抱素抱于素，题额笑倒设。

而每逢冬去春至，梅萼初绽，柳叶新绿，在万物懵懂之际，这稍许颜色正活画出"绘事后素"的主题[16]：

> 风拂柳条弱无力，春来梅萼喜开颜。如将绘事相衡较，吾亦会心后素间。

通过抱素的命名和对"绘事后素"的引申，乾隆委婉道出他的创作意图：希望在园居生活中修养自己的心性，保持纯朴，然后在此基础上学"礼"，即治国之道，从而实现内圣外王的理想。

瑶琴设以相比拟，恰是春温理大弦——韵琴斋

韵琴斋，顾名思义，为听琴处，然而此处所听并非寻常琴声，而是设计者以泉声像琴声，进而实现对圣王之治的隐喻。琴，通"禁"[17]，用来禁止淫邪放纵的感情，存养古雅纯正的志向，引导人们通晓仁义、修身养性。相传黄帝在西山以古琴弹奏《清角》曲，能够感动鬼神聚会；舜奏琴而歌《南风》曲，利用琴音的感化使国家生机勃勃。琴有五弦，大弦，即粗弦，是琴中的君主，缓而幽隐；小弦，即细弦，是琴中的臣子，清廉方正而不错乱，由此，弹奏古琴也就和治国之道直接联系起来，相关论述在历代典籍中屡见不鲜。

> 治国者譬若张琴然，大弦急，则小弦绝矣。[18]
> 夫为政犹张琴瑟，大弦急则小弦绝。[19]
> 张琴者，小弦急而大弦缓；立事者，贱者劳而贵者逸。[20]
> 夫瑟以小弦为大声，大弦为小声，是大小易序，贵贱易位，儒者以为害义，故不鼓也。[21]

乾隆经营韵琴斋，主要着眼于这一层面的含义。[22]

> 石是琴之桐，泉是琴之丝。泉

石相遇间，琴鸣自所宜。非关七条
绝，不藉五指挥。大弦与小弦，间
作相熙怡。

由此可知，韵琴斋并不置琴，而是以石比
"桐"即琴身，以泉比"丝"即琴弦，在斋
前叠石理水，从泉石相遇激荡而出的乐章
中听取大弦小弦之间的共鸣，也即君臣间
的和谐相处。此外，还反复强化这一音律同
"春温"的意象[23]，这一原型来自《史记·田
敬仲完世家》中邹忌谏齐威王的故事：[24]

夫大弦浊以春温者，君也；小
弦廉折以清者，相也。

在这里，邹忌以琴理劝喻齐王，大弦声调沉
重，而能弹得像春风般温和，这是君王的气
度；小弦声调曲折而清脆，这弹得好似辅臣
的才能；手把弦很紧，而放开时却又十分轻
快，这象征政令的节奏，声音均匀和谐，高
低相辅相成，回环变化又不相干扰冲突，象
征四时有序；声音往复而不乱，象征政治的
昌明；左右相连，上下沟通，就能保证国家
昌盛不衰；所以说能将琴音调理好，天下就
能太平。治理国家、安定人民，也正像这五
音的规律。这番理论，正道出乾隆之于韵琴
斋的潜台词：

瑶琴设以相比拟，恰是春温
理大弦。[25]

凡此可知，泉水声是韵琴斋设计中的关捩
点，然而遗憾的是，当年的理水已不复鸣
奏，这一驭水声像琴音的精妙譬喻自也无
从体验。

还需指出，韵琴斋坐东朝西，南山墙临
北岸，前出卷棚抱厦，悬额"碧鲜"，山墙
上开有一窗，自韵琴斋内隔窗遥望，太液池
及琼岛上的白塔恰好被纳入视野，形成巧
妙的框景。就空间处理而言，韵琴斋内敛空
间通过轴线联系得以向外流动而扩张，就
建筑意匠而言，更不啻为一种明确的提示：

大弦今日听春和，墙外流成
太液波。[26]

无论是从听觉、视觉还是理水的经营，琴声
与泉声都融合一体，始于书斋而流成万顷
太液碧波。这正含蓄而贴切地表明，乾隆希
望能效仿舜歌《南风》造福于民，自身美德
能如太液碧波长流不止，泽被后世，从而使
得韵琴斋的主题进而得以升华。

防微犹恐开奇巧，采茶竭览民艰晓——焙茶坞

焙茶，即将新采的茶树叶子炒青，是制
作茶叶的一道工序。茶树多生长于南方，皇
城之内的焙茶坞果真名副其实地用作焙茶
吗？就此，乾隆曾坦言：[27]

虽曰焙茶岂焙茶（凡摘莼芽必焙之，而
后成茶。此南方事，亦为南人始能之。北方
无茶树，安得有焙茶事；亡过取其名高耳。）

实际上，焙茶坞被乾隆用作品茗休憩
的茶室，而"焙茶坞"的命名，则如乾隆在
诗文中反复指出，焙茶"此南方事"，焙茶
坞，就是以其与"南方事"直接相关的命名
而成为乾隆巡幸江南经历的象征。[28]

拥有"天下第二泉"——惠泉的惠山人
文荟萃，有唐以来，陆羽、李德裕、苏东坡、
文徵明等历代文人在此留下无数煮泉品茗
的逸事佳话。乾隆钟爱惠山，南巡途中每至
于此，总是逸兴横飞，汲惠泉、烹竹炉、煎
顾渚、题诗文……乐在其中，不能忘怀，以
致返京后先有玉泉山竹炉山房的建置，后
有北海镜清斋焙茶坞的营造，通读他的诗
文，这一浓浓的惠山情结便跃然纸上：

石上泉依松下风，竹炉制与
惠山同。[29]

竹窗入籁吹梅朵，仿佛龙山
引兴赊。[30]

亦看竹鼎烹顾渚，早是南方
精制来。[31]

在这皇家宫苑之中，以惠山竹炉煮泉烹莼，
是对锡惠人文风情的再现，而与焙茶坞临
溪构屋、斜引竹径、虬松凤竹的生态营造相
结合，共同概括出惠山胜景的精神特质。

然而，对乾隆而言，在"焙茶坞"内品
茶并不单纯是为休憩娱养，匾额上"焙茶"
二字更是对江南茶农辛苦劳作的潜在提示。
乾隆于十六年（1715年）首次南巡途中在
杭州灵隐寺参观了焙制龙井茶的工艺，并
深为这繁重的劳动而感慨：[32]

…………

地炉文火徐徐添，乾釜柔风旋旋炒。
慢炒细焙有次第，辛苦功夫殊不少。

…………

乾隆喜好饮茶，龙井茶也因受到他的
赞赏而成为贡品。历史上，宋代丞相蔡襄曾

监造小龙团茶呈贡皇帝，小龙团制作精细
繁琐，虽品质优异，流行一时，但也开了媚
上邀宠，追求奢华的不良风气。[33]为防微杜
渐，乾隆特地申明自己对贡茶不求奇巧，希
望不致为百姓平添负担，表现出对百姓劳
作的体恤。

…………

我虽贡茶未求佳，防微犹恐
开奇巧。

防微犹恐开奇巧，采茶竭览
民艰晓。

几年后的第二次南巡，乾隆再次在杭
州云栖茶区观看茶农采茶，仍反复强调"近
日采茶我爱观"，"关民生计勤自然"，"敝
衣粝食曾不敖，龙团凤饼真无味"[34]，包括日后
在焙茶坞消闲品茗之时，仍然有过"蔡襄
不止工其法，因事还思善纳忠"[35]的批评，明
确表明自己对为一己享受而劳民伤财的否
定态度。一言以蔽之，乾隆观看茶农采茶、
焙茶，实际是体验民情的手段，而当他返回
内廷宫苑，设上一间名义上的"焙茶坞"，在
"安名缀景聊烹茗"[36]之外，也出于类似的
用心，即有助于"依媚民情永念间。"[37]

山容与水态，罨画一窗间——罨画轩

由焙茶坞循爬山廊而北，便至罨画轩。
其坐落于假山石上，南面正对读画廊。地势
的一高一低，轩与廊的形式差异，形成鲜明
的对比，而"罨画"与"读画"的命名又正
点出二者"看"与"被看"的对景关系。处
于读画廊的视野，罨画轩构成了画面的主
景；而位于罨画轩前，由于地势较高，全园
景色一览无余，恰如楹联所写："山容与水
态，罨画一窗间"；无独有偶，几乎同时建
成的避暑山庄"青枫绿屿"中也有一处"室
据山高"的罨画窗，虽仅"十笏山房、几楹
纱幞"，却映来满窗佳山如画，与罨画轩的
场所精神极为相似。对乾隆而言，不拘大内
御苑，或是塞外离宫，凭借题名与艺术修养
储备的互相发明，所诱发的审美情绪浑然
一体，更无滞碍：无论王蒙的晚秋残荷，赵
翰的老树寒林，米氏的杏花烟雨，还是黄公
望《富春大岭》的气象万千，马和《荷亭纳
爽》的红霞绿云，都随不同的季节气象纷至
沓来，竞相呈现。[38]另外，在内圣外王理想

的涵摄下，秋实与冬雪也是"罨画"窗景中不可或缺的景致："今日凭窗真是喜，一川多稼报秋成"[39]，"腊底年初望雪滋，今来积素映心怡"[40]，便再次描画出乾隆的这一心态。

此室号画峰，名象两弗坏——画峰室

画峰室位于镜清斋西侧，北窗外便是枕峦亭下的叠石，"下垂瀑入听，上峙亭供眺"，呈现出一幅"峰列北窗"的秀丽景致，画峰室便因此而命名。置身于中国园林，犹如生活于三度空间的山水画里，而将园林景致表现于平面上，亦可得一绝妙山水画。究竟是画美如真峰，还是山峰美如画？杨慎曾说过："会心山水真如画，巧手丹青画似真"。白居易也有诗："今日园林主，多为将相官，终身不曾到，只当图画看"，都阐述了这一特殊的审美现象，这也正是画峰室的审美重点。乾隆就曾题咏画峰室道："称峰奇者曰活画，谓画美者云真峰。至竟峰画佳孰是，无过幻境相形容。"[41]然而，乾隆更为画峰室的命名而得意，在他看来，"画峰"将画、峰均包含其间，"此室号画峰，名象两弗坏。"[42]在审美当中难以澄清的情结，也惟有以同样难分主宾的命名来观照，才能最大程度地保留欣赏者的能动空间，使人体味到丰富的韵外之致、味外之旨。

耐人寻味的是，在卷轴窗的舒卷之间，又能见出"放卷用不同"[43]的儒家宗旨——"而况藉装潢，凭人舒与卷"。[44]卷，借喻园居生活；放，指代勤政治国，二者体用相依，园居是一种蓄养、充实与完善，能从天地的滋养中获得基本价值的保存与弘扬，更好地把握囊括湖光山色、吏治民依的天人体系，从而更广地"行义达道"，将内圣外王之理想付诸实践。

结语：

内涵隽永的命名、精妙的山水叠置、素朴的建筑形式，镜清斋的表层充溢着书、画、琴、茶的文人气象，而在解读与游赏之间，又总能窥见内圣外王的理想蕴含其间；这也恰恰是乾隆作为君王与文人双重身份的真实写照。抱素书屋、韵琴斋、焙茶坞、罨画轩、画峰室等五座建筑，尽管形式相

似，却在匾联诗文点染之下，蕴含了各具特色、别开生面的历史人文信息，更在花木配置、叠石理水、内檐装修等形成的有机环境设计而各具特色，诗性地传达着创作意匠。离开这些原型意象，园林的丰富内涵固然要大打折扣，对意匠或意境的体会和阐发更是无从谈起，直接减损了园林的艺术价值。正所谓：皮之不存，毛将焉附？

在当代创作中，直接沿用传统建筑形式语言显然已不合时宜，然而，如文中所见，中国传统建筑及园林往往不需依赖建筑形式语汇，而是充分利用如典故及其所包含的原型意象等，便能向后代传达综合了深厚历史底蕴的信息，这不能不说是一种极具智慧的设计方法。当代设计如能充分吸收运用这方面的经验，便可不囿于单纯运用形式、空间来进行意义表达，而能真正做到融会贯通，创造出兼具时代特征与传统精神的优秀作品，这应是传统园林解释学创作给予今天的一种启示。**E**

注释：

[1] 事实上，中国传统建筑也同样有着命名的传统。限于篇幅，本文仅讨论园林中点景题名的现象。

[2] （南朝宋）宗炳《画山水序》

[3] （清）李果《墨庄记》

[4] （唐）白居易《寻春题诸家园林》

[5] （唐）独孤及《卢郎中浔阳竹亭记》

[6] 《红楼梦》第十七回，大观园试才题对额，荣国府归省庆元宵，贾政语。

[7] 镜清斋现名静心斋，据《三海见闻志》记载："静心斋，清代原名镜清斋，门内旧额犹存，中华民国二年（1913年）始改为静心斋。"

[8] 这种对比式的构图在清代皇家园林，尤其是乾隆造园中并不少见，略如北海画舫斋、清漪园（颐和园）画中游、静宜园见心斋等等。

[9] 弘历《镜清斋小憩即景得句》载：清高宗（乾隆）御制诗文全集，诗三集，卷五十四，156.北京：中国人民大学出版社（影印），1993。

[10] 《镜清斋》，诗三集，卷七十一，405页。

[11] 《抱素书屋》，诗四集，卷九，361页，"抱素怀朴出《汉书》。"

[12] 在24首咏"抱素书屋"的诗中，有12首集中表达了"绘事后素"的主题。一首与《老子》相关，四首与《庄子》相关，一首与《汉书》（即原典）相关。

[13] 《诗经·国风·硕人》

[14] 李泽厚，论语今读，合肥：安徽文艺出版社，1998，462页。

[15] 《抱素书屋》，诗三集，卷九十四，783页。

[16] 《抱素书屋》，诗三集，卷六十二，277页。

[17] 《说文解字》：琴者，禁也。

[18] 《韩诗外传》卷一

[19] 《后汉书·陈宠传》

[20] 《史记·田敬仲完世家》司马贞索隐引蔡邕曰："凡弦以缓急为清浊，琴，紧其弦则清，缦其弦则浊。"宋苏轼《听贤师琴》诗："大弦春温且平，小弦廉折亮以清。"春温，春天的温暖，廉折，乐声高亢，节奏明快。《淮南子·泰族训》

[21] 《韩非子·外储说左下》

[22] 紫禁城内琴德簃，其名与此意匠相近。避暑山庄玉琴轩本名"图史自娱"，也因众多泉水流经其旁，琤琮如琴而更名。"玉自无言如桃李，水因不竞中宫商，五言政是薰风节，治慕虞庭化日长。"

[23] 在关于韵琴斋的15首诗中有6首描写"春温"。

[24] 《史记·田敬仲完世家》司马贞索隐引蔡邕曰："凡弦以缓急为清浊，琴，紧其弦则清，缦其弦则浊。"宋苏轼《听贤师琴》诗："大弦春温且平，小弦廉折亮以清。"春温，春天的温暖，廉折，乐声高亢，节奏明快。

[25] 《韵琴斋》，诗四集，卷九十四，783页。

[26] 《韵琴斋》，诗四集，卷三十四，824页。

[27] 《焙茶坞》，诗三集，卷八十二，585页。

[28] 对仅占总人口百分之二的少数统治多数的满族人而言，学习汉文化，适应汉族习俗有着非常重要的意义。此外，满清入关后，在江南曾遭到极为顽强的抵抗，为巩固自身统治，需要安抚民心；而江南人杰地灵，物质与精神文化均十分发达，清代统治者籍南巡的机会，体察民情，笼络文人，拉动商业发展，对社会的安定与经济的繁荣都起到了积极的作用。

[29] 以竹炉为主题，玉泉山静明园上有竹炉山房，建于乾隆十五年至乾隆十八年（1750-1753年）。

[30] 《焙茶坞》，诗三集，卷五十四，157页。龙山，即九龙山，惠山别称。

[31] 《焙茶坞》，诗三集，卷八十五，626页。

[32] 乾隆十六年（1751年）乾隆《观采茶作歌》

[33] 因此一些文人在喜爱小龙团的同时，又对蔡襄多少有所指责。如苏轼的《荔枝叹》："武夷溪边粟粒芽，前丁后蔡相笼加。争新买宠各出意，今年斗品充官茶。"

[34] 乾隆二十二年，《观采茶作歌》。

[35] 《焙茶坞》，诗二集，卷七十六，598页。

[36] 《焙茶坞》，诗五集，卷六十二，309页。

[37] 《焙茶坞》，诗五集，卷六十二，309页。

[38] 《罨画窗》，诗二集，卷八十一，654页。"试问罨何画，大癡富春岭。"《审画轩》，诗四集，卷二十四，824页。"命笔问谁氏，依稀赵翰描（北宋赵翰雪景为《石渠》上等）。"《罨画轩》，诗三集，卷七十七，509页。"宿雨初收晓烟肿，米家画法正如斯。"《罨画轩》，诗三集，卷八十二，585页。"罨画今朝又觉殊，红霞影衬绿云铺。分明倩马和之笔，写得《荷亭纳爽》图。"《罨画轩》，诗三集，卷六，324页。

[39] 《罨画窗》，诗三集，卷五十一，118页。

[40] 《罨画窗》，诗三集，卷九十四，783页。

[41] 《画峰室作歌》，诗五集，卷九十三，810页。

[42] 《画峰室》，诗四集，卷三十四，824页。

[43] 朱熹《四书集注》，"放之则弥于六合，卷之则退藏于密。"

[44] 《画峰室》，诗四集，卷九，362页。

山林凤阙

——清代离宫御苑朝寝空间构成及其场所特性

贾　珺

【摘要】论文选择清代离宫中的朝寝空间为研究对象，在大量原始资料考证的基础上，结合现代的视角和空间分析手法，将其中仪典、理政、生活起居三类主要空间的属性与帝王的人格属性相联系，对其空间构成图式进行分析，并进一步探寻离宫朝寝空间所具有的场所特性

【关键词】清代·离宫 朝寝 空间图式 场所特性

一

宫殿是帝王进行朝寝活动（"朝"指举行朝会、处理政务，"寝"指日常居住）的建筑，在封建君主专制的社会中，君主是国家至尊无上的主宰，宫殿建筑成为最重要的建筑类型，也是封建社会意识形态和政治制度具体的物化形式。在中国漫长的历史中，几乎历朝历代都将宫殿作为最重要的皇家建筑加以修建，而有些朝代除了修建都城中的正宫之外，还常常在都城之外兴建离宫御苑，这些离宫的性质集宫殿与园林于一体，既是帝王的游豫之地，也是其驻跸期间的主要朝寝活动场所，是一种特殊的宫殿。历史上汉、唐、清等王朝对离宫建设的重视往往并不低于正宫，离宫在帝后的政治活动和生活起居方面起着极为重要的作用，特别是其中主要用作朝寝活动的建筑，既具有与正宫类似的宫禁性质，同时又具有自身特殊的功能需求和空间构成。

本篇论文将对中国最后一个封建王朝——清代的离宫御苑中的朝寝空间进行探讨。清代入主中原之后，继承了明代原有的都城、紫禁城皇宫和坛庙，并进行了一定程度的重修、复建和改建、新建，实际上其建设的重点在于皇家园林。清代统治者投入了大量的人力、物力兴建了许多离宫和行宫，专供帝王园居、游赏和行猎的大型苑囿即有十余座之多，其中康熙朝的畅春园，雍正、乾隆、嘉庆、道光、咸丰五朝的圆明园，康熙晚期至乾隆、嘉庆各朝的避暑山庄，光绪朝的颐和园等四座御苑均具有完备的"宫"与"苑"的双重功能，在其相应的历史时期内成为正宫紫禁城之外最重要的国家统治中心和帝后生活场所，长期在离宫中"园居理政"也由此成为清代帝王政治活动和宫廷生活的一个重要特色。

任何有实际意义的空间的概念都不仅仅局限于纯粹的物质形态，而是与空间的使用者及其行为模式有着不可分割的密切关系。清代的宫殿是最高统治者——帝王占据绝对主宰的场所，无论在正宫还是离宫，绝大多数重要的殿宇中均设有皇帝的宝座，例如圆明园中设有宝座或宝座床的殿宇就至少有几十处之多，又如乾隆五十七年（1792年）来华的英国使者斯当东对避暑山庄的一个突出印象是："山庄内所有建筑都是配合周围环境的天然景色而造的，建筑结构和内部陈设各不相同。共同之处是每个建筑之内都有一个大厅，当中设有皇帝宝座。"[1]清帝入关后，盛京旧宫中的留守大臣依然按入关前的旧制在大政殿坐班或行朝贺之礼，向虚设的皇帝宝座三拜九叩；同样，乾隆五十七年皇帝万寿期间，乾隆帝虽身在避暑山庄，但远在京师的紫禁城和圆明园中也举行了同样的叩祝典礼。对此斯当东的理解颇为深刻："对皇帝所行的这样繁重的敬礼并不只是表面上的形式，它的目的在向人民灌输敬畏皇帝的观念……皇帝虽然不在，似乎仍然认为他能来享受。"[2]仪典充分证明了皇帝对宫殿空间所具有的精神统治力量。皇帝可以以肉体形式或精神形式坐在殿宇中的宝座上，宝座成为皇帝的直接化身，以此来强调这些殿宇空间的根本属性。

因此，宫殿殿宇的空间属性与帝王的身份有着本质的联系，我们要探讨离宫朝

作者：贾珺，清华大学建筑学院讲师、博士

寝空间的特点,同样需要充分考虑宫殿中不同类型空间与帝王人格属性的关系。

笔者认为,对于封建帝王而言,根据他在不同场合所充当的角色,其身上主要包含着三种属性。首先,皇帝是"受命于天"的天子,在若干朝仪大典中皇帝是王朝神圣的象征;其次,在国事政务活动中,皇帝是政府的首脑,每日处理大量国事政务,接见各级臣僚,需要扮演一个"宵衣旰食"的勤政君主的形象;其三,无论多么英明神武的皇帝也是人,也有各种生活需要。皇帝贵为一国之主,具有最大的享乐条件和权力,集天下的美色、饮食、服饰、器皿和宫室、园囿为己所用。同时,帝王与太后、后妃、皇子组成家庭,需要和普通家庭一样享有天伦之乐。此刻的皇帝需要最大限度地成为生活中的主宰,满足自身的各种生活需求。

帝王宫殿最重要的功能为朝典、理政和起居,这三类空间是朝寝活动的主要场所,与《周礼》中所云的外朝、治朝、燕朝三朝的含意有一定相似之处。在此先将清代主要宫殿的这三类核心空间列表如下:

皇帝的三重属性与宫殿中这三类空间的性质是息息相关的(图1)。

在若干仪典性的空间中,比如紫禁城三大殿、畅春园九经三事殿、圆明园的正大光明殿和避暑山庄的澹泊敬诚殿,以举行大型朝典、赐宴为主,这些活动有严格的程序规定和特殊的排场(如设大驾、卤簿等),主要体现帝王作为天子的象征涵义,帝王在此类空间中的身体表现更近于一种供臣民膜拜的偶像。这种神圣属性还同样体现在另外一些与国家祭祀大典有关的空间中,比如太庙、天坛、寿皇殿、坤宁宫和相关的斋宫等。这类空间的实际使用频率是很低的。

宫殿的理政空间则与皇帝作为政府首脑的属性相联系,包括盛京皇宫的崇政殿,紫禁城的乾清宫、养心殿,畅春园的澹宁居,圆明园的勤政殿等。通常这类空间是实际政治活动的中心所在,使用频率很高,需要满足皇帝召开御前会议、接见大臣、披阅奏章等等政务活动的需要。在此帝王必须有能力直接听取各方意见,了解下情,同时又能掌握决策大权,迅速处理各种国家大事。因此宫殿中的理政空间没有很高的仪典性需求,其功能性需求是最主要的。

帝王的生活起居空间是其第三种属性的反映。所有宫殿的内寝区均属于这类空间。这类空间以寝宫为中心,且与戏楼,园林联系紧密,以满足帝王日常寝兴、用膳、读书、看戏、游乐以及孝亲、育子等等生活需要。帝王的起居空间中往往也包括皇帝作为个人

的私密的祭祀和宗教空间,在此皇帝的身份与在坛庙等国家性祭祀场所扮演的类似"大祭司"的角色完全不同——这里需要满足的是一个凡人的精神归属和心理依托,与普通人拜佛求道并无区别。

这三类空间与帝王的三重人格身份基本可一一对应,也进一步反映了封建帝王作为宫殿最高主宰的实质。

比较特殊的例子是光绪时期的宫殿,当时慈禧太后为实际的统治者,而皇帝本身已经降为傀儡,戊戌变法之后更是彻底丧失了政治权力和生活自由,其政府首脑和生活主宰这两种属性已被剥夺,慈禧太后取代皇帝成为宫殿理政和生活空间的最高统治者。但在元旦朝贺、坛庙祭祀等一切国家大典中,皇帝的象征地位仍然存在。慈禧太后除非正式篡位,否则不可能出现在太和殿、坛庙等最具神圣性的空间之中。离宫中朝仪大殿的神性色彩相对较弱,康熙、乾隆朝均有太后在九经三事殿和正大光明殿偶尔陛座的例子,但这种情况极其少见,对这些大殿的空间性质并无影响。颐和园是清代离宫中的一个特例,其仪典空间仁寿殿兼朝会与理政双重功能,排云殿则专为太后贺寿而建,两座大殿均成为属于太后控制的空间,皇帝反

表1 清代宫殿主要仪典、理政、居住空间一览

宫　殿		主要仪典空间	核心理政空间	皇帝主寝宫
盛京旧宫		大政殿、十王亭 大清门－崇德殿	崇德殿	清宁宫
紫禁城	顺治朝	午门－太和、中和、 保和三大殿	太和殿	乾清宫
	康熙朝		乾清门、乾清宫	乾清宫
	雍正以后		乾清门、乾清宫、 养心殿	养性殿
畅春园		大宫门－九经三事殿	澹宁居	清溪书屋
避暑山庄		丽正门－澹泊敬诚殿 万树园大蒙古包	依清旷殿	烟波致爽殿
圆明园		大宫门－正大光明 山高水长大蒙古包	勤政亲贤	九州清宴
颐和园		东宫门－仁寿殿 排云门－排云殿	仁寿殿、玉澜堂、 乐寿堂	玉澜堂

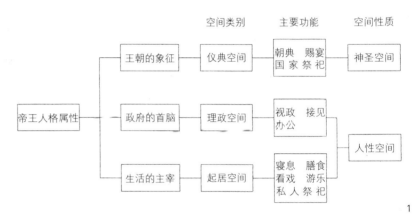

1

1　清代帝王人格属性与宫殿朝寝空间对应关系示意图

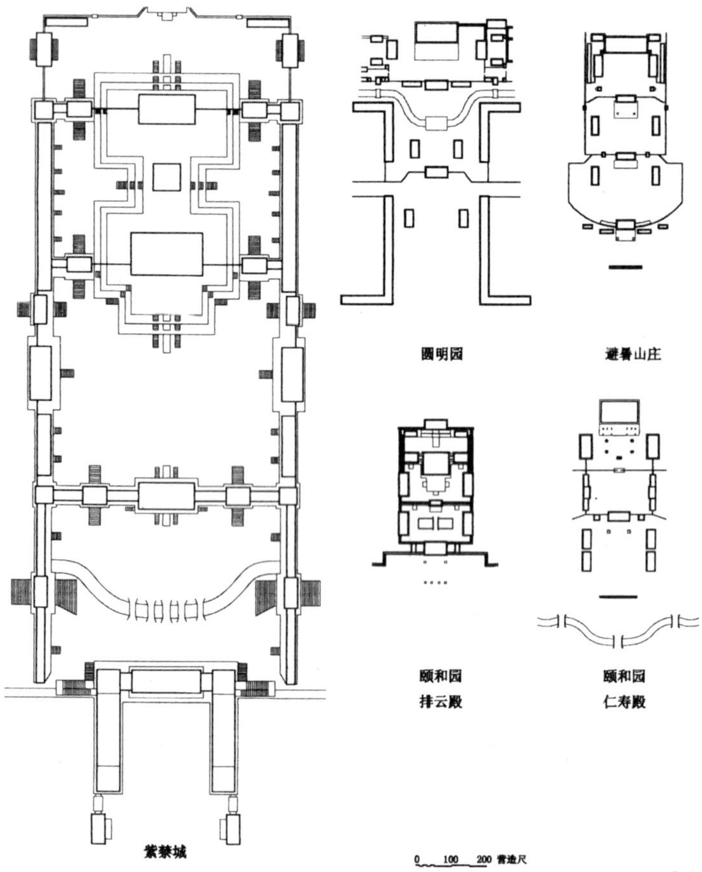

圆明园

避暑山庄

颐和园
排云殿

颐和园
仁寿殿

紫禁城

0 100 200 营造尺

2

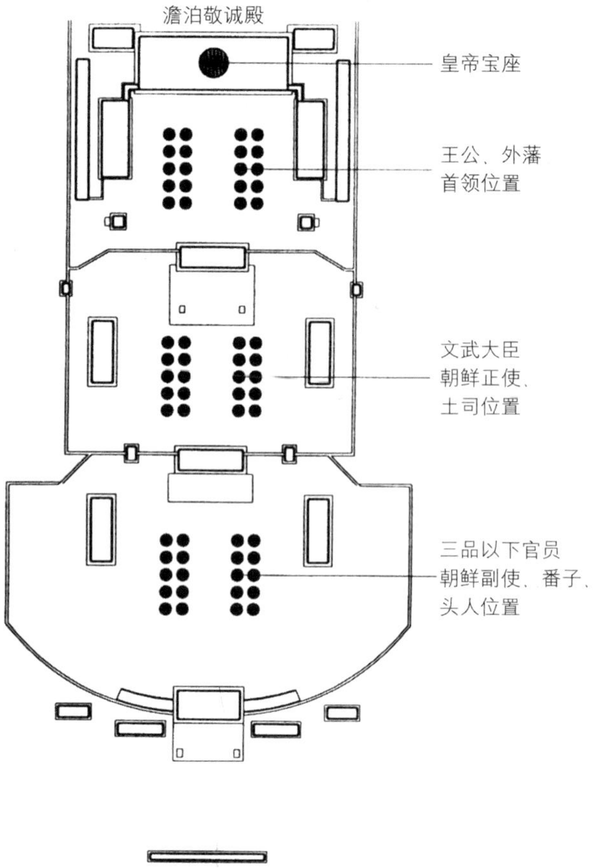

澹泊敬诚殿

皇帝宝座

王公、外藩
首领位置

文武大臣
朝鲜正使、
土司位置

三品以下官员
朝鲜副使、番子、
头人位置

3

2 清代紫禁城与离宫中的
仪典空间比较图

3 乾隆四十五年避暑山庄
万寿朝贺位次示意图

成附属，与其他离宫的仪典空间有所区别。

正是基于与帝王人格属性的关系，清代离宫中的朝寝空间具有仪典空间符号化、理政空间实用化和起居空间自由化三个重要特点，表现出区别于紫禁城的独特的场所特性，下面将分别加以讨论。

二

无论紫禁城还是离宫，其外朝部分均为最主要的仪典空间(颐和园的仪典空间则包括外朝和排云殿两个组群)，其平面模式也最为相近，几乎均采用两重宫门——中央大殿，左右设朝房和配殿的形式，呈现出符号化的特点（图2）。

清代宫廷仪典空间符号化特点的形成源自朝贺、筵宴等大型仪典本身的程式化。

以清代最重要的元旦、冬至、万寿三大节朝贺为例，《清会典·礼部》规定："凡元旦、万寿圣节、冬日至，则大朝。皇帝御太和殿而受焉。常朝亦如之。皆备其陈设，正其班位。传胪御太和殿，朝仪亦如之。驻跸圆明园则御正大光明殿，驻跸山庄则御澹泊敬诚殿，……其朝仪亦如之。"

"圆明园、避暑山庄、盛京朝贺，皆陈法驾、卤簿、中和韶乐、丹陛大乐。

圆明园：皇帝御龙袍衮服，皇子、王以下、文三品、武二品以上官，按翼在正大光明殿阶下左右；文四品、武三品以下各官，在出入贤良门外，皆蟒袍补服行礼。外国贡使附西班之末。

避暑山庄：皇子、王以下、三品官以上及蒙古王公以下、三等台吉以上，在澹泊敬诚殿阶下左右；四品以下官，蒙古四等台吉以下在二宫门外，各按品级排立行礼，皆不宣表。"[3]

由此可见，离宫与紫禁城中的朝贺仪典过程基本相同，皇帝均在大殿陛座，宗室、王公和外藩、大臣均根据各自身份的高低，在殿前至二宫门外不同的位置上"各按品级排立行礼"，同时"皆陈法驾、卤簿、中和韶乐、丹陛大乐"，场面极为隆重。朝鲜使臣朴趾源《热河日记》中对乾隆四十五年（1770年）八月十三日在避暑山庄举行的皇帝七旬万寿朝典曾有详细描述[4]：当日庆典主要在澹泊敬诚殿举行，皇帝在此接受外藩、大臣行礼。另在烟波致爽殿（内殿）接受后妃、子孙行礼，属于内廷礼，比较简单，仪式的正规性和复杂性与前者难以相提并论。大臣和外藩行礼时根据各自身份高低站在不同的位置（图3），亲王以下至八入分公以上及蒙古王公地位最高，可以在二宫门内澹泊敬诚殿之前"按翼排立"；文武大臣和朝鲜正使、土司在二宫门外"各照其品级按翼排立";而三品以下各官、朝鲜副使、番子、头人等只能在大宫门之外"各照品级按翼排立",整个朝典空间格局完全是封建等级的直接诠释。庆典举行时伴有礼官赞礼、鸣鞭、奏乐,官员的进退、叩拜行礼具有很强的表演性质。

同样,离宫与紫禁城中的筵宴之礼的程序也大致相同。《清会典·内务府》对于"外藩之燕"的规定为:"岁除日,赐外藩蒙古王公等燕于保和殿……届日,乐部和声署陈中和韶乐于殿檐下左右,陈丹陛大乐于中和殿北檐下左右。笳吹队舞、杂技百戏,俟于殿外东隅。张黄幕、设反坫于殿南正中。尚膳正于宝座前设御筵,殿内左右布蒙古王公及文武大臣席,宝座左右陛布后扈大臣席,前布前引大臣席,后布领侍卫内大臣暨记注官席。丹陛上左右布台吉侍卫席。按翼按品为序。理藩院堂官设席于殿东檐下西南,礼部带庆隆舞大臣及总管大臣设席于黄幕左右。

皇帝御殿行燕礼仪与太和殿筵燕同……

上元节筵燕于正大光明殿,仪与保和殿同……

驻跸避暑山庄,筵燕外藩蒙古及各省贡使澹泊敬诚殿,设中和韶乐于殿檐下左右,设中和清乐于东,设丹陛大乐于二宫门下左右后檐。张黄幕、设反坫于二宫门中门内。宗室、蒙古王公及文武满汉大臣并外藩贡使等,俱按次列坐,仪与正大光明殿同。"[5]

在此,我们同样不难发现在正大光明殿和澹泊敬诚殿筵宴大典的程序也均规定与太和殿、保和殿相同,从《钦定大清光绪会典图》的图样来看,太和殿、保和殿、澹泊敬诚殿、正大光明殿的筵宴陈设、座次也的确非常相似(图4),具有高度程式化的特点。宗室、外藩、大臣们"按翼按品为序","俱按次列坐"。整个筵宴过程纯为繁复苛严的仪典,用酒用膳仅仅是象征行为,每一阶段王公大臣均须向皇帝叩首行礼,其实质是为了强化皇帝的至尊地位。

因此笔者认为,离宫仪典空间符号化特征的形成,直接出于仪典本身程式化的需要。在仪典过程中,不同身份的王公大臣根据与皇帝的身体距离来显示等级差异,宫门成为区分不同身份等级的界限。显然这种带有符号特征的空间与仪典程序最为契合,具有强烈的封建礼制意义,从而形成了固定的类型特征。符号化的空间序列正是封建礼仪的直接物化形式。在这类空间中,仪典本身仅仅是一场以皇帝为主角、王公大臣们为配角的表演,皇帝始终只是一尊身穿龙袍衮服、高高在上的偶像,像神一样接受藩属臣僚三拜九叩的礼拜,其空间的神性色彩也由此达到高

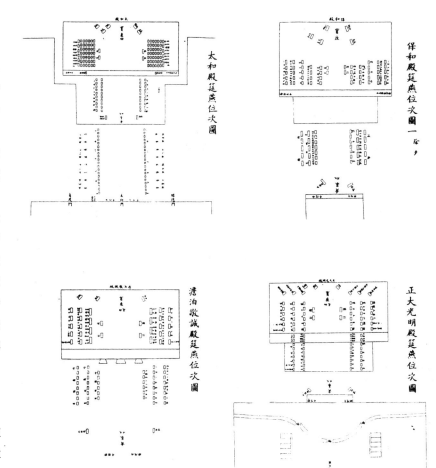

潮。

慈禧太后在颐和园排云殿举行的万寿朝贺与清代历朝皇帝在离宫外朝接受朝贺的程序也基本类似,只是太后取代了皇帝端坐在宝座上。按《翁同龢日记》[6]所载,光绪二十三年(1897年)十月初十在颐和园举行太后万寿庆典,大臣朝贺的行进路线为东宫门—长廊—排云门—二宫门外,皇帝则穿过东配殿跪于二宫门中门槛,大臣均在跪在二宫门之外,而仪式的最高潮为皇帝走到太后座前进表。(图5)

以上强调了离宫仪典空间与紫禁城外朝相似的一面,但应当辨明的是,同样作为仪典空间,离宫的大殿与紫禁城的大殿在神圣性的高低上依然存在着非常

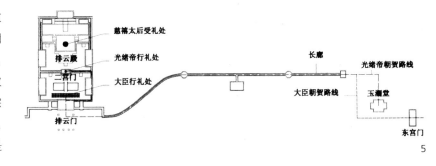

4 清代宫苑主要大殿筵宴位次图——引自《钦定大清光绪会典图》

5 颐和园中慈禧太后万寿庆典流线示意图

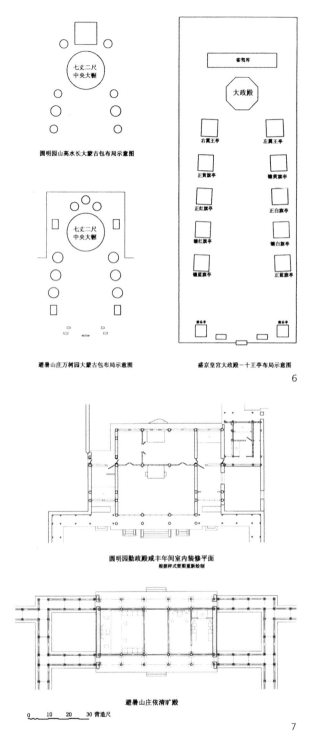

圆明园山高水长大蒙古包布局示意图

七丈二尺
中央大幄

避暑山庄万树园大蒙古包布局示意图

盛京皇宫大政殿－十王亭布局示意图

6

圆明园勤政殿咸丰年间室内装修平面
根据样式雷图重新绘制

避暑山庄依清旷殿

0　10　20　30 营造尺

7

6 清代离宫大蒙古包与盛
京皇宫大政殿－十王亭
空间模式比较图

7 清代离宫中理事殿平面

显著的差别。紫禁城的三大殿是最为典型的神圣空间，有清一代，除了顺治、康熙两帝早年在整个内廷尚为完全修复的情况下曾一度以保和殿作为寝宫[7]，顺治帝曾以太和殿为理政之所而外，其余时候三大殿一直只作最重大的朝典之用，太和殿则是整个皇朝朝寝建筑中等级最高的神圣空间，主要举行登基大典、大朝、传胪和元旦、冬至、万寿贺礼等最高仪典，其平面采用九开间周围廊，尺度极大，加上三层台基和殿前庞大的广场，体现了无与伦比的庄严效果。据于

绰云先生考证，太和殿东西两端山墙之内，即尽间部位另筑了一道与山墙平行的砖墙，形成两个夹室，应是古代宗庙建筑的遗制[8]。此外，每逢重要的坛庙祭祀，皇帝均需在太和殿或中和殿阅视祝版，使得三大殿直接与皇朝的祭祀大典联系在一起，进一步增加了其神圣的特性。因此无论从功能还是形制上看，紫禁城三大殿，尤其是太和殿，继承了某些类似古代明堂的性质，其神圣性具有不可替代的作用，从这一点来说，离宫中的九经三事殿、澹泊敬诚殿、正大光明殿或仁寿殿均无法与之相提并伦。

皇帝的登基大典和三大节中的冬至大典从未在离宫中举行过，元旦朝贺也一向只在紫禁城中举行，仅咸丰十一年（1861年）咸丰帝在热河避难时曾在避暑山庄举行，成为惟一的特例。同样，传胪之典也基本都在宫中举办，惟有咸丰十年（1860年）在正大光明殿举行过一次。此外，离宫的仪典空间也没有阅视祝版的功能。经常在离宫举行的重要朝典实际上只有万寿庆典和赐宴外藩两种，仪典的庄严性大大降低，其空间的神性色彩也明显要弱于紫禁城。因此从这个意义上说，离宫仪典空间的符号化在实际含义之外，更多的是代表了一种礼制的象征意味。

正因为离宫仪典空间的神性色彩要弱于紫禁城，故其空间不及紫禁城外朝那样极端强调规整严谨的庄严氛围，典型的如圆明园正大光明殿西侧故意不设廊庑，不追求严格对称；而颐和园外朝区仍保持原先东向的格局，不强调"面南背北"的严格方位。慈禧万寿庆典中大臣和皇帝赴排云殿向太后拜贺时需穿过曲折的长廊，更是表现出具有园林特色的路径特征。

无论在紫禁城还是离宫中，大殿前的院落都是举行仪典的重要场所，紫禁城太和殿的尺度和殿前院落的面积均远在离宫正殿和殿前院落之上，显然在紫禁城外朝中皇帝与朝拜者的视觉距离更远，其神圣的空间效果远非离宫仪典空间所能比拟。

同时离宫的仪典空间除颐和园排云殿外均覆以灰瓦，在门殿、大殿、配殿的开间数、屋顶、台基等各个方面等级均低于紫禁城外朝。另外重要的一点是紫禁城外朝空间没有任何花木，肃穆之极，而离宫仪典空间中却多植以松柏等植物，或陈设山石，使得空间增加了不少自然生气。这些均说明离宫仪典空间在符号化的同时所具有的一定的变通性。

离宫中另有一类辅助性的仪典空间以避暑山庄和圆明园的大蒙古包为代表，采用中央设置御幄，两侧以八字形对称布置圆幄的形式，与盛京皇宫朝会空间大政殿——十王亭的模式趋同，同样具有符号化的特

征（图6）。大蒙古包和大政殿所代表的符号形式源自入关前满蒙贵族举行朝典和议政时所用的毡帐和天幕[9]，保留了一定的游牧遗风，等级观念相对削弱，但仅用于赐宴外藩，比较次要。

三

清袭明旧，不设宰相，以内阁大学士"掌天下之政"和"统领百寮"，实际上掌握了宰相的部分职权。同时，清初的文书制度也沿取明代，公事用题本，私事用奏本，二者均需经过内阁转送处理。但从康熙时期起，奏折逐渐成为不经内阁直送皇帝本人、完全由皇帝个人处理的机密文书，又称"密折"。至雍正时期大大扩大了奏折的使用范围，使之从少数人使用的机密文书变为高级官员普遍使用的国家正式官文书。乾隆十三年（1748年）更谕令奏折可取代奏本，与题本并重。从此奏折的地位日益重要，成为清代政治制度的一个重要特色。奏折的普遍应用，显然便于削弱内阁的权限，从而使皇帝能够最大限度地了解情况，控制臣僚，并能快速机密地处理重要的政务，加强了君主的个人专制。雍正年间军机处的设立更进一步架空和限制了内阁的权力，确保皇帝可以做到政由己出，掌握政府首脑的实权。至此，清代作为我国最后一个封建王朝，君主专制也达到了最高峰。

奏折制度和军机处的设立对清帝宫殿中的理政空间具有直接的影响。从《起居注》和《实录》的记载来看，康熙帝早期每月几乎逐日御乾清门听政，召集内阁，批示章奏。康熙朝中期以后，尤其是开始驻跸畅春园以后，以"御门听政"这样比较正式的形式御乾清门或畅春园澹宁居听政的次数渐少，多代之以较简便的召见和小型御前会议。雍正以后，公开御门次数更少，一年中往往仅有数次。皇帝处理政务的形式主要为披阅奏章、接见臣工和召开军机处会议，而一般的内阁奏议和题本逐渐变成例行公事。这种转变标志着清帝的实际理政方式由较为正式、公开的上朝的形式演化为较私密的御前会议，由此对理政空间也不再追求庄严肃穆的仪典效果，而改为强

调其功能性，空间尺度也更为近人。具体地说，就是一方面试图缩短皇帝与臣下的距离，从一定程度上加强君臣之间的亲近感；另一方面是注意理政空间使用上的便利。

密折制度的推行追求一种迅速、直接和保密的效果，因此从康熙朝的畅春园时期开始，就有不少机密大事决策于离宫之中，皇帝在离宫可以更为顺畅及时地处理密折，甚至不受时间的限制。雍正帝把密折的应用大大推广，其在位的十三年间所批的密折数量十分惊人，其中超过一半是在圆明园中披阅的。

雍正间设立军机处，成为直接受皇帝控制的最高权力机构，缩减了朝廷的核心统治集团的规模，对于加强理政的效率和对朝政的控制有很大作用。军机处除了在紫禁城隆宗门外设有入直之所外，雍正一咸丰五朝时期的圆明园和光绪朝的颐和园均设有军机房，皇帝北巡避暑山庄，军机大臣一般也均随行。此外朝廷另一重要的咨询机构南书房在畅春园、圆明园、颐和园等离宫也设有值庐，这些值房的设置视实际需要而定，对于方便理政有很大的辅助作用。

清代很可能是中国历史上皇帝最勤政的王朝，离宫中理政空间的使用频次是极高的。嘉庆帝曾经说过："我朝家法，无一日不听政临轩。中外臣工内殿进见，君臣无间隔暌违，上下交泰，民隐周知。视前明之君，深居大内，隔绝臣工，竟有不识宰相之面者，相去奚啻霄壤。"[10]所言大致是实情，君主对理政空间的需求由此也可见一斑。

清代雍正以后紫禁城中主要以乾清宫和养心殿为理政空间，偶尔也在乾清门御门听政，同时懋勤殿等殿宇也兼有一定的理政功能，其中以养心殿的使用率最高。但紫禁城中的理政殿宇均分散于内廷之中，大臣进出并不方便；同时其空间虽不及外朝空间庄严肃穆，但其形制仍然恢宏而规整，仪式性大于实用性，宜于朝典而不尽宜于小规模的御前会议，且囿于紫禁城的整体规制，难以根据实际需要做太多的调整。

在日常政务活动中，帝王需要与臣下加强直接交流，对各种事务作出恰当处理，

因此对理政空间而言，相对宽松的环境和便利的空间流线是最重要的，并根据实际情况强调一定的私密性。紫禁城中使用频率最高的理政空间养心殿也是大内殿宇中室内布置较为灵活的实例，但养心殿集理事殿和皇帝寝殿于一体，功能分区并不尽合理。离宫中的理事殿，如畅春园澹宁居、圆明园勤政殿、避暑山庄依清旷殿、颐和园仁寿殿等殿宇位置多靠近宫门，且除了仁寿殿外均独立于外朝大殿和内寝区，拥有灵活可变的室内空间，很好地满足了这一功能需求，比紫禁城的乾清宫、养心殿更适于日常视政之用。

雍正以后，皇帝在离宫理政时多与军机大臣商议，御前会议规模也比清初正式的御门听政小许多，而对空间的实用性和私密性的要求增加，这都是促使离宫理政空间实用化的原因。雍正帝《圆明园记》称："构殿于（圆明）园之南，御以听政。晨曦初丽，夏暑方长，召对咨询，频移画漏，与诸臣相接见之时为多。"[11]显然他认为在圆明园中听政比在深宫中更为方便，与大臣的直接交流也比较多。

圆明园的勤政殿是离宫中最具代表性的理政空间。道光间大臣姚元之《竹叶亭杂记》对当时的勤政殿和东书房的格局有详细描述："圆明园召见，向在勤政殿。三楹，槅扇洞开，殿中有横槅分前后焉。殿东有套间曰东书房，无前廊。夏日召见在殿中，春秋则在书房。书房门向东，前加牌权。臣工由东首台阶上进殿，过横槅，转牌权，向南稍东即南向跪，则面圣矣。此地不大，盖截书房北段为小间。北墙有槅扇门，驾由此出入，是以上面北坐也。丁酉冬，将书房添前廊，南向开门，北安窗，炕倚窗，设御座炕之西头。东南向窗间设大玻璃，以防范外人窃听。圣人防闲之严如此。"[12]勤政殿分隔出东书房作为套间，供不同的季节使用；殿宇空间尺度较小，甚而皇帝在东书房中可以北向而坐；东南向设置大玻璃，防人窃听，其私密性的要求亦可见一斑。避暑山庄理事殿依清旷殿的主要召见场所设在殿宇的西二间，皇帝的宝座床倚西墙面东，空间氛围也比较亲切（图7）。

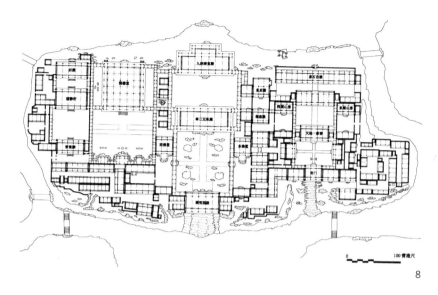

8

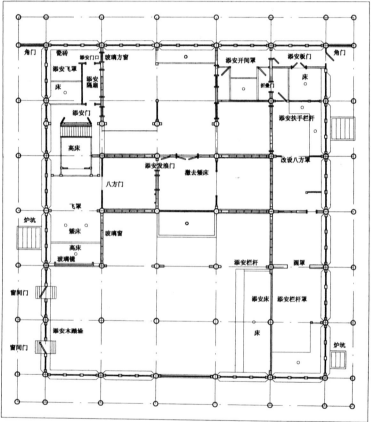

9

8 道光十六年圆明园九州
清晏平面图——根据样
式雷图重新绘制

9 咸丰年间圆明园慎德堂
室内装修图——根据样
式雷图重新绘制

的这种要求。每日理政之余暇，可随时游山玩水，或射箭打猎，或吟诗赏月，其生活乐趣远比紫禁城要浓厚得多。同时，太后、后妃、皇子往往随同皇帝园居，亦可享有一定的天伦之乐。基于这一原因，离宫中的生活起居空间相对紫禁城更具有自由化的特点。

离宫起居空间的功能非常复杂，除了日常寝兴、膳食之外，也是重大节日举行内廷礼的地方[13]，且常兼有一些筵宴、办公、祭祀、娱乐功能。起居空间功能复杂化也给起居空间带来很多辅助用房。辅助用房的设置多不拘朝向和格局，灵活安插，使得生活起居区域规模庞大，格局繁复。离宫的内寝空间中还经常设有佛堂等宗教活动场所，但这类空间多为附属的私人宗教场所，皇帝在其中的活动近于常人，与其在太庙、天坛及大内奉先殿、景山寿皇殿等处的神圣象征的角色有着本质的区别。

离宫起居空间自由化的另一特征为建筑和环境更加趋向园林化。各寝宫区庭院中的花木往往极为繁盛，种类亦多，不同于仪典空间以松柏为主的比较庄严的植物配置方式。

同时，起居空间与山水的结合也更加紧密。寝宫院落多叠以山石，与花木相得益彰。各寝宫多靠近水面，有良好的景观条件，一个值得注意的巧合是四座离宫中皇帝寝殿的名称均与水有关：畅春园—清溪书屋，避暑山庄—烟波致爽，圆明园—九州清晏（"州"亦作"洲"），颐和园—玉澜堂。其名称均在描绘寝殿附近的水景，反映出清帝对水景环境的向往。这一理想在紫禁城中难以实现的，却成为离宫的重要特色。此外，寝宫区多建有楼阁，如避暑山庄云山胜地楼和畅远楼，圆明园清晖阁和颐和园夕佳楼等，最宜于观赏园林风光。

正因为存在园林化的趋向，就整体而言，最具有私密性的离宫内寝生活区域相对仪典空间和理政空间而言反而更具有一定开敞性，较少仪典空间和理政空间的政治色彩（图8）。这也是离宫起居空间与紫禁城养心殿、东西六宫等寝宫最大的区别所在。

由于离宫起居空间与皇帝及皇室成员的生活密切相关，因此在使用过程中往往根据需要对相关殿宇和院落不断作出局部的改建、添建，至于室内装修的更改更是多不胜数。

以圆明园为例，在国家图书馆现存的道光、咸丰两朝及同治重修的1700多份"样式雷"图中，寝宫区九州清晏的相关图纸数量最多，几乎占了三分之一，而且不同的历史时期差异很大，从一个侧面说明离宫寝宫区更改、修整之频繁。这种变化在形制严格

因此，在离宫中的理政空间更好地突显了皇帝作为政府首脑的身份特征，一切以实用为目的。同时离宫的理政空间多不设宫门和配殿，其院落格局也最为单纯。

四

清帝有长期园居的传统，多数皇帝在离宫中的居住天数远高于紫禁城，离宫也因此成为皇室最主要的生活场所。在可能的情况下，帝王总是要追求最理想的生活环境，而清代离宫正是从各个方面满足了帝王

的紫禁城内廷难以实现，而在离宫中则可以根据具体的需要对建筑的格局、位置、形制乃至室内陈设作出灵活的变更。尤其离宫中的寝殿多出有抱厦，清代晚期更向前后三卷、四卷勾连搭的形式发展，室内空间变大，与日常起居更为相宜。典型如道光、咸丰两帝在圆明园中常住的寝宫慎德堂，采用五间前后三卷的形式，进深的尺寸超过面阔。室内以各种飞罩、栏杆罩、八方罩、圆罩及博古架分隔出极为灵活的空间效果，在不同的位置布置了暖炕和凉床，可供不同季节使用。同时设有仙楼和戏台，功能非常复杂，并可根据需要不断作出调整，几与现代建筑中大开间自由分隔的设计理念相契合。(图9) 刘敦桢先生《同治重修圆明园史料》亦称："……如慎德堂等，为帝、后寝宫，内部以门罩、碧纱橱、屏风间壁，自由分划，不拘常套。大内建筑，仅养心殿重户曲室，略似之耳。"[14]

在同治重修圆明园相关图档中可以发现同治帝和慈禧太后也对寝宫区的设计最为关注，经常发表各种意见，例如同治十二年 (1873年) 十一月同治帝曾有谕旨"慎德堂三卷殿：朕最爱赫亮，假柱均撤去不要，前卷俱安松鹤延年各样罩，中卷俱安喜鹊梅花各样罩，后卷俱安竹式各样罩，二进间拟安寝宫。"[15]同月《旨意档》还有这样的记录："万春园中一路各座烫样奏准，奉旨依议，交下存内务府堂上。皇太后自画，再听旨意。"[16]可见慈禧太后曾经自己亲自画出图样，直接参与寝宫工程的设计。因此起居空间的建设往往直接代表了统治者的个人喜好和具体要求，因而相对仪典和理政空间而言也具有更多的个性色彩。

由于整个离宫均为皇帝园居时期的生活区域，而游赏园景也是皇室生活的一项重要内容，起居空间与离宫园林区的关系最为密切，难以截然区分。离宫中除了皇帝、太后寝殿和后妃、皇子的居所外，往往还有多处殿宇也是按寝宫来布置的。例如从乾隆三十六年至乾隆四十六年 (1771-1781年) 的《圆明园等处帐幔褥子档》[17]中可以发现当时整个圆明园三园中设有帐、幔、褥子，可以用作寝宫的殿宇至少有22

处，这些寝宫陈设除了九州清晏、长春仙馆、勤政亲贤等处以外大多仅作皇帝临时休息之用，并非真正意义上的寝宫。但同时也说明离宫中许多景区可兼作临时起居空间之用，反映了起居空间对全园的辐射，是其自由化特点的另一表现。

五

综上所述，离宫朝寝空间的场所特性决定于其使用者的具体行为模式。总的来说，仪典性空间的主要目的是为了渲染和强调皇帝的神圣性，而理政空间和生活起居空间则更多从实际需要出发，体现了皇帝人性的一面。

通过比较，我们可以发现紫禁城中的空间从整体到细部均体现了强烈的仪典性，即便是理政和生活的空间也笼罩在庄严肃穆的神性氛围之下，鲜有变通。相比之下，离宫中的空间更宜于办公和居住，其人性的成分远远大于紫禁城。例如刚正严肃的雍正帝一向"驭下甚严"，但在圆明园时也常常"每假以辞色，以联上下之情"，显得比在大内中更有人情味。皇帝在紫禁城中的人格身份被极大地神化，而在离宫中则又更多地还原为凡人的属性。因此，从本质上讲，紫禁城的空间主要追求强烈的礼仪象征效果，作为神圣象征的皇帝在一切重大典礼场合中必须在紫禁城出现；而离宫则更近于世俗生活中真正的天堂，作为凡人的皇帝更喜欢在此办公和生活。或许这正是离宫朝寝空间独特性质形成的根本原因所在。**E**

主要参考文献

1. 中华书局编辑部编.《清会典》.中华书局.1991
2. 中国第一历史档案馆藏清代《起居注册》
3. (清) 于敏中等编撰.《日下旧闻考》.北京古籍出版社.1981
4. (清) 奕䜣等编.《清六朝御制诗文集》.光绪二年铅印本
5. (清) 姚元之.《竹叶亭杂记》.北京古籍出版社.1982
6. (清) 翁同龢.《翁同龢日记》.中华书局.1997
7. (朝鲜) 朴趾源.《热河日记 (外一种)》.北京图书馆出版社.1996
8. (英) 斯当东著.叶笃义译.《英使谒见乾隆纪实》.上海书店.1997
9. 刘敦桢.《同治重修圆明园史料》.见:《中国营造学社汇刊》第四卷.第三、四期
10. 中国第一历史档案馆编.《清代档案史料—圆明园》.上海古籍出版社.1991
11. 国家图书馆藏"样式雷"图档

注释：

[1] (英) 斯当东著.叶笃义译.《英使谒见乾隆纪实》.上海书店.1997.371页

[2] (英) 斯当东著.叶笃义译.《英使谒见乾隆纪实》.上海书店.1997.397页

[3] 中华书局编辑部编.《清会典》.中华书局.1991.卷二七.219~220页

[4] (朝鲜) 朴趾源.《热河日记 (外一种)》.北京图书馆出版社.1996.392页

[5] 中华书局编辑部编.《清会典》.中华书局.1991.卷九三.841页

[6] (清) 翁同龢.《翁同龢日记》.中华书局.1997.3053页

[7] 顺治、康熙二帝并曾在短期分别将保和殿更名为位育宫和清宁宫，详参周苏琴.《清代顺治康熙两帝最初的寝宫》.见:《故宫博物院院刊》.1995年.第3期.45页

[8] 卞坤云.《故宫二大殿形制探源》.见:《故宫博物院院刊》.1993年.第3期.3页

[9]《满文老档》记载：在建造盛京皇宫之前，太祖努尔哈赤凡遇大事或设宴，均在"殿之两侧张天幕八，八旗之诸王、大臣于八处坐。"转引自铁玉钦、王佩环.《关于沈阳清故宫早期建筑的考察》.见:《建筑历史与理论》(第二辑).55页

[10]《仁宗御制文余集》.光绪二年刊本.卷九.《勤政论》

[11]《世宗御制文集》.光绪二年刊本.卷五.圆明园记

[12] (清) 姚元之.《竹叶亭杂记》.中华书局.1982.4页

[13] 清宫最重要的典礼均在外朝等仪典空间中举行，但举行内廷礼的场所则扩展到起居空间中，只是规模、排场和空间氛围与正式的仪典空间有着本质的差异。

[14] 刘敦桢.《同治重修圆明园史料》.见:《中国营造学社汇刊》第四卷.第三、四期

[15].[16] 国家图书馆藏样房雷氏《旨意档》(同治十二年十月日吉立)

[17] 中国第一历史档案馆编.《清代档案史料—圆明园》.上海古籍出版社.1991.912~915页

阿尔瓦罗·西扎的学习历程

蔡凯臻　王建国

【摘要】阿尔瓦罗·西扎成长于欧洲边缘地区，是一位具有广泛国际声望的葡萄牙建筑师。解读西扎建筑学习的历程并探究其建筑思想和建筑表达在各个时期的转变和发展，我们可以深入了解他的建筑观念形成和演进的基本脉络，认识其在建筑实践中通过不断借鉴和创新、从而形成自身独特风格的过程。西扎的成长历程，对于探寻中国建筑本土文化和世界建筑发展主流相契合的我国建筑师具有重要启示

【关键词】阿尔瓦罗·西扎，葡萄牙建筑师　学习历程　借鉴与创新

作者：蔡凯臻，东南大学建筑系博士生；王建国，东南大学建筑系教授、博导

1992年，"建筑界的最高荣誉"——普利茨凯奖授予了一位来自于葡萄牙的建筑师——阿尔瓦罗·西扎。这标志着西扎的建筑成就获得了广泛的承认和关注，也一举奠定了他在世界建筑界的主流地位，象征着西扎建筑事业的新的高峰。

当时，普立茨凯奖评审委员会是这样评价西扎建筑的：

"阿尔瓦罗·西扎（Alvaro Siza）的建筑直接从20世纪20年代到20世纪70年代占统治地位的现代主义中发展而来。但是西扎拒绝这种归类，作为现代主义原则和美学意义的延续，西扎的建筑囊括了对各种要素的尊重：对于其祖国葡萄牙（一个时代的进步使建筑材料和形式日益古旧的国家）传统的尊重；对于文脉的尊重，（不论诸如里斯本的老建筑和街区，还是波尔图游泳俱乐部的沿岸布满礁石的海洋）；对于时代的尊重，在这个时代，建筑师在所有的制约和挑战中进行实践。西扎的建筑是对他和他的建筑正在经历的变革状态的回应。

西扎40年来创造了独特而可信的建筑表达，同时以其特有的清新使建筑界惊讶不已。西扎的建筑是对精神的感知和升华。同早期的现代主义建筑大师一样，他所创造的形式为光所渲染，自身的外表具有一种简洁性，而这些形式是诚实的。它们直接解决设计问题。如果需要阴影，一个悬挂的面板就会被设置。如果需要景观，就设置一扇窗户。楼梯、坡道和墙壁似乎都被预先设置于西扎的建筑之中。然而，从更深入的观察中可以发现，这种简洁性被一种深层的

复杂性所揭示。在创造性的背后存在着一种对建筑的精心把握和控制。"[1]

1933年6月25日，阿尔瓦罗·西扎出生于葡萄牙多山北部的一个海岸小城镇——玛托西诺斯（Matosinhos）。1949-1955年，西扎在波尔图大学建筑学院学习。1954年实施了其最早的设计作品。1955-1958年进入费尔南多·塔欧拉(Fernando Távora)事务所工作。1958年开设自己的事务所，开始独立的建筑实践。从20世纪50年代至今在长达40多年的建筑实践中，从早期的博阿·诺瓦餐厅和莱达卡·帕梅里亚(Ledaca palmeria)海洋游泳池到20世纪70年代完成的马拉古埃拉居住区规划设计、平托·索托银行和博格斯&伊尔玛奥银行；从20世纪80年代的德国柏林克罗伊策堡的公寓和荷兰海牙的凡·德·温尼公园住宅到20世纪90年代的波尔图建筑学院、福诺斯教区中心、加利西亚现代艺术中心、1998年世界博览会葡萄牙展馆等大型公共建筑项目，西扎的设计足迹从玛托西诺斯步入波尔图，又从葡萄牙走向了德国、荷兰、西班牙、意大利及巴西等许多国家，一共设计并完成了140余项建筑作品。这些项目的成功使西扎赢得了很高的国际声誉，也先后获得了葡萄牙建筑师学会奖、密斯·凡·德罗基金欧洲经济共同体建筑奖、哈佛大学城市设计威尔士王子奖、阿尔瓦·阿尔托基金会金奖、贝尔拉格奖、日本奈良世界建筑展金奖等国际、国内建筑协会及各类竞赛的多项奖项。此外，西扎不仅在母校担任建筑构造和施工学教授，还先后被聘为美国宾州大学建筑系、哈佛大学GSD等知

名院系的客座教授。

西扎是在欧洲边缘地区成长,逐步获得成功并在国际上获得广泛知名度的建筑师,探究其学习历程以及建筑思想和建筑表达在各个时期的转变,可以使我们对这样一位建筑师的成长,建筑观念的形成和演进过程具有深层次的了解。

1. 最初的学习之路

1.1 在波尔图大学建筑系的学习

1949-1955年西扎在波尔图大学建筑学院学习。

西扎曾经这样描述他的最初的学习之路:我小时候就有一个梦想,想做一个雕塑家,而不是建筑师。可是在当时的葡萄牙,雕塑家和艺术家是收入较少的职业,无法使家里的生活得到经济上的保障,因此父亲不让我当雕塑家。而我早就向往的波尔图美术学院(现为波尔图大学建筑系)是巴黎美术学院系统的学校。该校有雕塑、绘画、建筑三个系,在同一年级中三个专业合班上课。当时,我考入的是雕塑专业。当我学到二年级时,为了避免和父亲发生争吵,我便打算转入建筑专业。实际上通过三年的学习,我已经非常喜欢建筑了。从西扎自己的表述中不难发现,他的建筑中洋溢着雕塑的氛围决非偶然。也许正如俗话所言:秉性难移。西扎幼年时候的心愿,在后来的建筑设计实践中得以实现。[2]

西扎的建筑作品一贯展现出宁静的、雕塑造型的形态美学,散发着一种令人无法抗拒的吸引力。曾有评论家表示,从照片即能感受到西扎所设计的建筑物的立体感。确实,西扎的不少建筑随着地形起伏,并与特定基地或自然特征的融合,流露出其特有的静谧感和雕塑感。

而且,西扎的大多数建筑往往呈现出复杂的雕塑有机形态。由于复杂的地形环境和城市肌理的影响,他的建筑在平面上往往不是简单的几何形,诸如矩形、圆形、三角形等,而是这些简单的几何形和连续的折线、有机曲线的综合(有点类似阿尔托的建筑),而在三维尺度上,其变化就更为丰富。基本几何体量的切削和增减,在简单的基本几何性基础上加以某些有机形态的变形、白色几何体面的相互连续和嵌套、可塑性不规则的大体积和大块体的结构组合方式……使西扎的建筑在纯粹中蕴含着变化,在静谧中彰显着动感,呈现出拓扑的后立体主义几何学和含蓄的表现主义特征。(图1)

1.2 1910-1954年间的葡萄牙建筑及社会背景

波尔图美术学院的巴黎美术学院教学体系为西扎

1 博格斯 & 伊尔玛奥银行外景, EL GROQUIS 68/69+95 ALVARO SIZA 1958-2000, EL GROQUIS, S.L. 2000. P83

打下了深厚的专业基础。而建筑思想的形成和演进,建筑道路的选择和明确,则不可避免地受到当时葡萄牙社会及建筑发展的大环境和大气候的影响。

在1910年的葡萄牙,国王的自我放逐直接导致了第二共和国的成立。1926年,旨在改善农民及工人阶级状况的共和党政权彻底失败,第二共和国被推翻,造成了国家权力的真空。在1926年的政治危机中,自由主义政府依赖军队来维护对社会的控制,形成了军事专政。两年之后,安东尼奥·德·奥利维拉·萨拉查(Antinio de Oliveira Salazar)地位在逐渐上升。1932年,萨拉查出任政府总理,成为国家的绝对统治者。在其后的一年内,萨拉查的统治地位和法西斯主义政权日益巩固。与另一些欧洲国家一样,法西斯主义政权在当时同样也致力于使葡萄牙这个不发达国家尽快实现现代(工业)化。

萨拉查政权在其统治的前几年,从风格和主题上都接受了现代主义,支持葡萄牙现代建筑的发展。在这一时期出现了卡洛斯·拉莫斯(Carlos Ramos)和克里斯蒂诺·达·西尔瓦(Cristino da Silva)等人的作品,还有波尔图郊区所建造的一些现代住宅,都是这种政策的反映。

然而,1935年之后,人们逐渐认识到萨拉查政权文化政策的反动性质。由于对当时第三帝国的崇拜,在这一时期相继出现了一系列折衷主义的模仿性作品和许多极为低能、滞后的设计。这种状况引起了一些建筑师的强烈不满。在1947年，爆发了关于葡萄牙建筑形式问题的辩论，对于在多样性中寻求对葡萄牙本土特殊性的重要阐释成为了当时的急迫需求。首先，弗朗西斯科·杜·阿马拉 (Francisco do Amaral) 在建筑学 (《Arquitectura》) 杂志中提议，应该在葡萄牙组织一次对本土不同建筑表现形式的系统研究；随后塔欧拉在他年仅二十三岁时出版的评论《葡萄牙的建筑问题》中表示：应该对葡萄牙的本土建筑进行全面深入的研究，并使建筑师在设计中能够对之加以利用。

1955年，以塔欧拉为代表的许多建筑师从各个方面对当时葡萄牙本土性、民族性的建筑进行探讨，试图寻找随着时间的流逝却仍具活力、由特定的地形、气候和建造程序所决定的"永恒的"建筑模式。塔欧拉和他的同事通过对玛托西诺斯地区的调查和研究，深入了解了葡萄牙当地的乡土建筑，在葡萄牙现代建筑地方性的发展过程中起到了至关重要的作用。塔欧拉坚信，现代葡萄牙建筑的发展存在"第三条道路"的可能性，这一道路既不盲目排外也不绝对国际化，而是将现代性与地方性相结合。不论是在本国还是在国外，这段时期是塔欧拉活动的高峰期。

尽管卡洛斯·拉莫斯和塔欧拉是不同的两代人，他们都积极尝试在当时混沌茫然和压抑的文化环境中寻找出路，培养更富于活力的当代葡萄牙的建筑文化。1950年，应当时波尔图美术学院建筑系主任卡洛斯·拉莫斯 (Carlos Ramos) 教授的邀请，塔欧拉开始执教该校，并在1956年成为新的建筑系主任。同时，塔欧拉在自己的早期作品中，就已经开始反抗学院派折衷主义和激进的现代主义表现形式。致力于新乡土主义及粗野主义的表现途径，这一时期与西扎在塔欧拉事务所工作的时间部分吻合。[3]

2. 在费尔南多·塔欧拉事务所的学习和工作

作为合作者，1955-1958年西扎在塔欧拉 (Fernando Távora) 事务所工作，期间受到了费尔南多·塔欧拉教授的教诲和指导。

费尔南多·塔欧拉(Fernando Távora)，1923年8月25日出生于葡萄牙波尔图，1952年毕业于波尔图美术学院，经建筑学教授的资格论文考核成为该学院的教授，后来任波尔图大学建筑系主任。塔欧拉是葡萄牙建筑师协会和奥特罗的 CIAM 成员，波尔图市议会的特聘建筑师及许多地方政府的规划及建筑顾问。同时还是欧洲经济共同体建筑学培训顾问委员会成员和国家美术学会的特邀通讯员。他于1949年开始设计活动，其作品先后在波尔图、华盛顿、威尼斯展出，获得很高的声誉和广泛的承认。[4]

塔欧拉的建筑思想源于他对现代主义的质疑。在经历了一段短暂的激进时期后，他逐渐对现代建筑千篇一律的建筑形象产生了疑问，于是转向葡萄牙的本土建筑，试图整合地方性的和传统建筑的价值，寻找现代葡萄牙建筑发展的"第三条道路"。

塔欧拉在他仅仅23岁时出版的评论——《葡萄牙的建筑问题》中表明了自己的这一观点：对于葡萄牙建筑的研究到目前为止仍未进行。许多考古学家已经研究了我们的建筑并且撰写了一些著作，但是他们并未揭示这项研究的当代意义。当研究历史上的大众化建筑时，促使其产生并发展的环境条件及其与土地和人的关系必须被明确，而且还应研究材料的使用方式和对特定的时间需要的满足方式。对于大众化建筑恰当的研究将会提供我们大量有益的经验。现在为了参加国内和国外的展览，人们将我们的建筑风格化，这种态度将使我们一无所获，这将导向一条绝对错误的死胡同。

他还坚持认为："建筑是人类为自身建造的。"(Architecture is made by man for man)[5]，建筑并非"不同的事物"，更不是特殊的、高不可攀和不可谈论的，而仅仅是人类为自身建造的工程。

当西扎真正开始建筑学专业的学习时 (1952年)，塔欧拉恰好是西扎的老师，正是通过以非正式的讨论为基础的学习，西扎对于建筑产生了初步的认识，也逐渐了

解并接受了塔欧拉的地方性传统与现代主义相结合的建筑道路和"建筑为人服务"的人本主义思想，从而奠定了自己一生建筑设计实践的基点。因此，可以说，塔欧拉是西扎建筑设计及建筑观念的启蒙老师，对西扎具有直接的根本性的影响。1955-1958年西扎在塔欧拉事务所工作，在塔欧拉的指导和引领下，他深入研究了葡萄牙当地的乡土建筑，系统了解了传统建筑的建筑形式、建构方式、材料运用及环境处理方式。事实上，正是从这里，西扎开始了自己的建筑实践活动。而在事业的初期，他与塔欧拉一样，也一直致力于以新粗野主义美学对玛托西诺斯地区地方性的重新诠释。

3. 在建筑实践和建筑游历中不断学习

3.1 葡萄牙乡土建筑的启示

在塔欧拉事务所的学习和实践，为西扎的建筑实践指明了方向。

西扎的早期作品努力以现代的条件重塑葡萄牙的传统。从一开始，西扎的建筑就致力于处理葡萄牙本土特定的环境和文化内涵、景观及光线，西扎早期的业务大都集中于他的家乡玛托西诺斯地区，这使他对当地的乡土建筑及环境特征非常敏感。通过对玛托西诺斯本土建筑的外观视觉形态要素，如：颜色、材料、类型、尺寸和韵律等的深入探究，西扎从中提取了典型而有价值的形式要素并以现代建筑的理念加以运用；而玛托西诺斯位于大西洋沿岸，当地地形起伏、植被茂盛、阳光充足、温度适宜，居民多室外活动，这也成为西扎一直力图表现与之相适应的环境气候特征。葡萄牙乡土建筑的固有传统中的实际经验——矮墙、伸展的平台、坡道之于地形的广泛适应性对西扎巧妙处理特定地形的方式具有决定性的影响。西扎的建筑作品洋溢着地方性建筑所特有的真实感及朴素感 (图2)。而且，他还努力将现代建筑技术与传统手工艺相结合，注重于传统的建筑材料 (白色石灰抹灰、木材、铁等) 的价值的再利用，从而从建筑的形式语言、建筑与环境的关系、建造技术等各方面走出了一条地方主义与现代主义相结合的建筑设计道路，而这也

2

4

正是西扎建筑生涯及建筑观念的基点。

在西扎最初16年的实践作品中，坡顶、瓦屋面、白色粉刷墙面、多院落、多起伏、边界多变的乡土建筑的原型成为主要源泉；瓦屋面、木门窗及木屋檐结合承重花岗岩和混凝土板材也扮演了极富表现力的角色。同时，西扎将这些元素不断提炼并加以适度的变化。例如，暗示着地方性的单坡屋面在其作品中频繁出现，但在屋顶的形式、材料及建构方式上却并不雷同。而在康西卡奥游泳池，花岗岩承重墙用灰泥抹灰并以白色石灰粉刷，使其转变为轻质、抽象的平面化元素。（图3，图4）

另外，这一时期西扎经常面对的设计课题往往是在玛托西诺斯地区的某些自然风景或乡村环境中插入新的建筑。因此，地形、地貌、场所的特质以及如何使新旧场所要素得以平衡，也成为西扎一直关注的焦点。西扎经常根据场地特有的地形特征，变换那些限定内院或是联系两种秩序的墙体和体量的对位关系，使其建筑注入新的形态表现方式。（图5）

3.2 建筑大师对西扎建筑观念的影响

对建筑师而言，旅行是最好的课堂，这是西扎从其主持的海外设计实践经验和多次的建筑游历中总结的格言。西扎先后参观了阿尔瓦·阿尔托、勒·柯布西耶、阿道夫·路斯的许多经典作品，并为其天才般的创造力所震撼。事实上，西扎把建筑大师的作品和思想当作自己的营养源泉，选择性地从中吸取各种要素和特质，并加以个性化的发挥，从而形成了自身独特的建筑风格。

3.2.1 阿尔瓦·阿尔托的有机性

芬兰建筑大师阿尔瓦·阿尔托（1898-1976）代表了与经典现代主义不同的方向，在强调功能、民主化的同时，更加注重人们心理需求，探索出一条更具人文色彩的设计道路，奠定了现代斯堪的纳维亚设计风格的理论基础。他强调有机形态与功能主义、现代

材料与传统材料、经典现代主义建筑美学与地方特色相结合的原则，使他的现代建筑具有与众不同的亲和力和人情味，也使其成为举足轻重的现代建筑大师。

1968年，萨拉查的统治地位被卡埃塔诺替代。此时，葡萄牙及整个欧洲政治气氛逐渐变得宽松，西扎这一代葡萄牙人终于被允许比较自由的出国旅行。西扎和他波尔图的同事首先去了"自由主义的"荷兰和瑞典。而在芬兰，西扎度过了第一次学习旅行中最美好的时光。他参观了阿尔托的许多建筑作品，阿尔托作品合集的出版使西扎更为系统地了解了阿尔托的建筑思想。

西扎曾经多次表示他的建筑与阿尔瓦·阿尔托的建筑具有天然的联系，不论在建筑观念还是在具体的建筑处理手法上，阿尔托的建筑对西扎一生的建筑实

3

2 西扎1954年设计的四座住宅之一，Kenneth Frampton. alvaro siza Complete Works. Phaidon Press Limited. 2000. P74

3 莱萨—帕尔梅拉海洋游泳池，EL GROQUIS 68/69/95 ALVARO SIZA 1958-2000. EL GROQUIS,S.L. 2000. P60

4 康西卡奥游泳池，Kenneth Frampton. alvaro siza Complete Works. Phaidon Press Limited.2000. P90

5 阿尔西诺·卡多索住宅外景，Kenneth Frampton. alvaro siza Complete Works. Phaidon Press Limited. 2000. P129

5

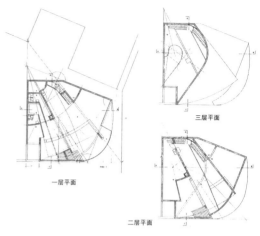

6 贝莱斯住宅外景, EL GROQUIS 68/69+95 ALVARO SIZA 1958-2000. EL GROQUIS,S.L. 2000. P15

7 平托·索托银行平面, EL GROQUIS 68/69+95 ALVARO SIZA 1958-2000. EL GROQUIS,S.L. 2000. P67

8 阿尔托设计的三十字教堂室内, Alvar Aalto, Richard Weston,1995 Phaidon Press Limited, P209

践和建筑作品具有决定性和持续性的影响。他还曾亲笔撰文论述阿尔托的建筑思想对于他及当时葡萄牙建筑实践发展的启示作用。

3.2.2.1 建筑思想的启示

阿尔托在1967年表示："我不认为我有民俗学的任何倾向",我自己对于传统的理解主要关联于气候、物质资料的情况和那些触动我们的悲剧和喜剧的本性。我不建造表面上的"芬兰建筑",而且我也没有看见在芬兰本土的和国际的建筑元素之间的任何对立与矛盾。

西扎认为,阿尔托的作品并不背叛现代建筑的基本主张和他曾受过的训练中的构成主义因素。他的作品既不是新古典主义,也不是浪漫主义的。对阿尔托而言,这些分界并不存在。阿尔托认为,他的设计中要包含一切的因素,将任何事物都看作刺激性的要素。而且在战后,阿尔托做的工作强烈地受到材料、生产方式和运输方式的制约,混凝土和钢铁的缺乏导致了地方材料的广泛运用(砖、木、铜)及手工技艺的继续存在。[6]

战后的葡萄牙与芬兰存在着惊人的相似,建筑物质资源、现代生产运输方式严重匮乏,对于以前的建筑风格广泛质疑,本土的当代建筑的发展道路也存在

着迷惘和困惑。阿尔托的建筑作品无疑为此时的西扎及其他葡萄牙建筑师提供了一个可资借鉴的范例,指出了一条实际可行的道路——地方性传统与现代主义相结合的道路。

正如西扎在其文中所述:阿尔托的建筑在20世纪50年代后期才在葡萄牙具有影响力……这种影响并非偶然,它不仅仅是保留了形式,而是意义重大的……他的影响力首先在我们建筑学院的改革中得到体现,帮助他们对现今实际问题的思考采取开放的态度。学习阿尔托,使我们能够找到一条前进道路,无须将我们的信念建立在战后的现代主义之上,而在葡萄牙,我们从未拥有过现代主义。[7]

3.2.2.2 设计方法的启示

阿尔托在1947年写道:"大量的要求和边缘问题阻碍了基本建筑思想的明确表达。""在这种情况下,我经常以一种完全本能的方式进行设计。在将作品特征和广泛的需求进行理解并吸收到我的潜意识中后,我会努力在一段时间内忘却所有的问题,并且开始以一种非常接近于抽象艺术的方式来绘制设计草图。这个过程仅仅为本能控制,我画出简略的建筑概况,有时以看上去像孩童的作品的草图作为结束。以这种方式,以高度的抽象为基础的主要构思逐渐成型,这是一种普遍性的主旨,它能使各种各样的问题和矛盾互相协调。"

西扎在文中写道:"阅读并理解这些文字,如果听到有人说"阿尔托,建筑师,芬兰人,没有提出理论,没有谈到方法",是令人无法接受的。他提出了理论和方法,而且是卓越的。而且我知道没有比这个片断和阿尔托的其他著述中更为精确和敏锐的关于设计思想过程的分析,它是简短而富于启发性的。这篇论述所阐明的不是阿尔托的设计方法,而是在我们这个时代完成设计所应当采取的方法。"[8]

在自己的创作过程中,西扎强调直觉的重要性。

最初的构思往往源自于现场的特质所激发的直觉，而构思的逐渐明晰、发展、成熟则需要时间。对于西扎而言，并不存在通向成功的创作捷径，而是在形象、空间秩序的直觉及结构、功能及环境等更为具体的因素之间存在着一个来回往复运动的过程。而在这一过程中，人的思维方式并不是线性的，而以曲线或"之"字形迂回的方式，这是一种更为综合的方式。这种非线性的思维对任何可能的情况都是开放的。时间成为一项工程建造过程中的基本要素，建筑成为建造全过程的记录和结果，建筑师的任务就是在这一过程中调解各种矛盾，使设计达到最终的平衡。此外，除了强烈的自信和决断能力之外，建筑师应承认方案及其发展过程的自主性，与方案保持适当的距离感，"在一段时间内忘却所有的问题"，让方案自主的发展。

3.2.2.3 建筑表现手法的借鉴

在具体的建筑表现方式和手法上，西扎也从阿尔托的建筑作品中吸取了大量有益的要素，创造了极富个性的建筑形象。

地方化、人情化的表现

阿尔托在以现代的建筑方法、建筑材料来塑造建筑形象的同时，也遵循地方性、民族性的观点，广泛采用传统自然材料及工艺，结合当地的政治、经济及气候环境，积极挖掘传统建筑形式的价值和意义，形成了地方化、人情化的独特风格。阿尔托的建筑为西扎一直所进行的建筑实践指明了方向、坚定了信念，在近50年的建筑生涯中，从最初的玛托西诺斯到波尔图，从葡萄牙到西班牙，甚至德国、荷兰，这种尊重当地的环境特征、文化传统的建筑观念一直为西扎所遵循。

部分的有机形态

阿尔托的建筑设计语汇并非拘泥于简单而刻板的几何形式，往往呈现出部分的有机形态的特征。同样，在西扎的作品中，在基本几何体基础上构成有机形态是非常普遍的处理手法，直线、折线、曲线的精心组织丰富了建筑的表情。在贝莱斯住宅（Beires House）中，平面入口处连续折线型的大面积木框玻璃窗打破了单一的矩形空间，带有明显的阿尔托式的建筑特征。（图6）而在平托·索托银行中（Pinto & Sotto Maior Bank），尽管采用扭转变形的几何形的根本原因在于使阳光能够进入银行与相邻的一座18世纪的保留建筑之间的内院，但西扎坦言，这的确是受益于阿尔托的有机几何形的处理方式。（图7）

外部形象与内部空间的感知差异

9

由于斯堪的纳维亚的环境特点，阿尔托的建筑设计是内外有别的。其外部形象常常朴实无华，甚至有单调之感，但是内部却异常明亮、开阔，在冰天雪地之中创造出舒适的人工环境。在西扎的建筑中也具有这一特征，在简单的外表之下往往包含着极其丰富的室内空间，而以白墙、天窗和由顶部倾斜而下的阳光所形成的明亮的空间气氛，是对葡萄牙南部特有的地中海气候的回应。（图8、图9）

外部空间的组织方式

阿尔托对于如何处理建筑与环境、建筑外部空间与内部空间的关系具有独到的理解。西扎从中获益匪浅。他曾经这样说道：他对阿尔托的某些建筑中的内院组织方式极感兴趣。这些内院在一端使视线收缩，以此方式捕捉到湖面及周围环境的景观。[9]西扎将这种斯堪的纳维亚的成功类型加以转换，对地中海建筑风格进行了重新思考并赋予其新的活力，使地中海建筑风格能够为该地区的建筑师重新加以利用。

9 平托·索托银行室内. EL GROQUIS 68/69+95 ALVARO SIZA 1958-2000. EL GROQUIS, S.L. 2000. P71

10

11

10 卡洛斯·拉莫斯住宅内院，EL GROQUIS 68/69+95 ALVARO SIZA 1958-2000. EL GROQUIS, S.L. 2000. P147

11 西扎设计的塞图巴尔教师培训学校，EL GROQUIS 68/69+95 ALVARO SIZA 1958-2000. EL GROQUIS, S.L. 2000. P153

（图 10）

3.2.3 勒·柯布西耶的粗野主义和形式要素

3.2.3.1 粗野主义美学

柯布西耶所创造的，以粗糙混凝土为代表的粗野主义的廉价性与审美性的双重特征，使其在二次大战前后的葡萄牙具有特殊的意义。实际上，西扎在从事建筑事业的初期，也曾尝试过粗糙主义美学与玛托西诺斯地区地方性的结合。像在西扎设计的莱达卡-帕梅里亚 (Ledaca palmeria) 海洋游泳池，不加修整的粗糙混凝土墙面被侵蚀而呈沙子般的灰色，它与当地传统材料黑色的木材、铁件的组合营造了一种特殊感觉——建筑就像是被临时遮蔽的遗迹，比较准确地表现了场所的特殊氛围。

"多米诺"骨架

柯布西耶是最重要的现代建筑大师之一。他所提出的"多米诺"混凝土板柱体系使承重与分割相互分离，因此平面布局完全自由，现代建筑的表达方式也得以彻底解放，这对西扎具有本质的持续影响。1986-1993 年间西扎在波尔图完成的塞图巴尔教师培训学校 (Setubal Teachers' Training College) 就是"多米诺"骨架与平台、走廊及其之间的中介空间的混合。（图 11）

3.2.3.2 萨伏伊住宅的形式语言

柯布西耶 1929-1930 年间在巴黎郊外设计的萨伏伊住宅 (the Savoye House) 是现代主义建筑的一座里程碑式的建筑。西扎在文章中这样表述他看到萨伏伊住宅的欣喜之情：

"它可能是从另外一个世界来的物体——这就是第一眼看到它所留下的印象。强有力的形式蕴藏于柱子之上的平行六面体的体量之中，通过一个连续的水平开启在楼板或露台等处显现。它可能是用铁和铝建造的，石膏赋予了分段的形式以连续性。（图 12）

这一简洁的秩序被连续而频繁的拆解：一座雕塑性的楼梯，在内院上方的三角形的开启，暗示不稳定性的动态的坡道，在墙体之间盘旋的光线。二层的空间环绕内院布置，并通过内院提供照明。另一方面，轴向的坡道抑制了不稳定的空间感，这些坡道在外部再次出现且通向露台；墙体华丽的弧线保持了流线的顺畅，暗示着围合感。

不可思议的是，这里存在着一种宁静，这源自于空间张力的饱和状态。客厅的长向伸展统帅了多重的斜线，这在入口门厅的镶嵌图案得到了反映；通过主卧室的道路——另一个 U 形，提供了空间的深度感；并且再一次展示了内院和开敞空间的景致。

建筑的每一个元素都有自己的生命力，它使焦点不再汇聚，漫步于建筑空间中的感受就像你每天在一个城镇中行走时所发生的一样。"[10]

萨伏伊住宅不仅标志着现代建筑的发展方向，而且正像西扎所说的那样"暗藏着不知疲倦和永无止境的追求"，为以后的建筑设计提供了大量的形式要素，其中水平窗和坡道就被西扎反复运用，并被赋予更新的意义。在西扎的建筑中，对连续水平窗的尺寸及位置都加以精心控制，使室内外空间得到视觉上的联系；而坡道不仅是联系不同水平面的媒介，而且成为西扎处理地形、组织流线的重要元素。

3.2.4 阿道夫·路斯的纯粹性

阿道夫·路斯的设计思想促进了现代建筑运动的形成，对于欧洲建筑的贡献具有决定性的影响。在其最重要的著作《装饰或罪恶》(Decoration or Crime) 中，路斯坦诚地提出了自己反装饰的原则立场，认为简单几何形式的、功能主义的、造价低廉的建筑符合20世纪广大群众的需求，而不应该主张繁琐的装饰，

12

13

建筑的精神应该是民主的，为普通大众的，而不再是为少数权贵的。他于1910年完成的维也纳的斯坦纳住宅，简单朴素，被不少建筑评论家认为是世界上第一座真正的、完全的现代建筑。[11]

路斯认为建筑"不是依靠装饰，而是以形体自身之美为美"，这种对于建筑的几何纯粹性的强调深深影响了西扎的建筑（显见于从20世纪70年代后期开始到80年代中期的作品中）。与路斯一样，西扎的建筑没有任何装饰性的要素，却总是以简洁、明确的基本几何形体作为其设计的根本，并获得同样丰富的多样性。路斯的端正的纯粹性在西扎于1980-1984年完成的杜阿尔特住宅(Avelino Duarte House)的外观上表现得尤为显著：与斯坦纳住宅相比，其纯净的立方体体量、矩形开窗、白色外墙所表现的纯粹性，甚至有过之而无不及。（图13、图14）

4. 海外的设计实践和旅行

4.1 建筑观念的扩展

在20世纪70年代，西扎接受SAAL[12]机构的委托，完成了一系列住宅及居住区的规划设计。由于1977年开始的马拉古埃拉居住区规划设计的成功，1982年西扎受到柏林国际住宅展的邀请，从此开始了本土以外的建筑实践，在柏林和海牙设计了居住区规划以及柏林克罗伊策堡的公寓和海牙的凡·德·温尼公园住宅等项目。这些在海外的游历，使西扎在建筑文化的表达和现代建筑技术、建造过程等方面，形成了更为深刻的理解。

从德国的柏林到荷兰的海牙，再从奥地利的萨尔茨堡到西班牙的圣地亚哥·德·孔波斯拉，不同城市的工作经历，使西扎接触了各种异邦建筑文化和多元的城市片断记忆。由此，西扎萌发出更多的设计构

14

思，发现了新的建筑可能性。同时，这一经历还为西扎提供了大量新的信息和知识，促成了其建筑观念的进一步发展和形成，为其建筑艺术注入新的活力。

海外的新的设计和施工模式也引起了西扎的关注，并引发了他对建筑创作过程的更深层次的思考。"造成当代建筑普遍质量低劣的原因很大程度上在于工作的分离"[13]，西扎对于这种建筑创作过程的肢解和严重后果深恶痛绝。在他的观念中，即使是在方案的实施阶段，原方案也并非是不可推翻的，而是在建造阶段仍在发展，建造的过程是不可以进行分割的。他曾经抱怨过："当我在柏林工作的时候，我不允许和工人交谈。一天，我用一会儿时间和一个工人讨论了楼板的安置。第二天，我就收到了建筑公司给我的一封信，禁止我和任何工人直接交谈，在交出实施方案之后你通常什么都不可以改变。"[14]因而，西扎在其整个创作过程中（设计和施工），除了采取开放的态度，使建筑、场所、设计者之间能够不断的进行信息

12 萨伏伊住宅，THE STORY OF ARCHITECTURE，Second edition 1997，Patrick Nuttgens, 1997 Phaidon Press Limited，P267

13 斯坦纳住宅 Architecture of the 20th Century, Mary Hollingsworth, Crescent Books, P32

14 杜阿尔特住宅，EL GROQUIS 68/69+95 ALVARO SIZA 1958-2000. EL GROQUIS,S. L. 2000. P91

15

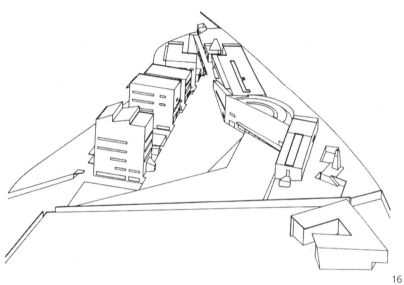

16

15 阿尔托的赫尔辛基技术
学校，EL GROQUIS 68/
69+95 ALVARO SIZA
1958-2000. EL
GROQUIS,S.L. 2000. P39

16 波尔图建筑学院，EL
GROQUIS 68/69+95
ALVARO SIZA 1958-
2000. EL GROQUIS,S.L.
2000. P39

的交流以外，还尽可能避免人为造成的设计阶段和建造阶段的分离，强调保持创作过程的连贯性与紧密性。

4.2 典型范例的利用

丰富的海外建筑游历，使西扎领悟到各种文化背景和历史时期的建筑精华。在方案构思时，这些历史上各个时期的优秀建筑作品，尤其是现代建筑的经典作品，也被西扎有意识地加以学习和借鉴。在西扎的许多作品中，均可发现与诸如赖特、柯布西耶、阿尔托等建筑大师的作品的关联。例如，波尔图建筑学院中设置的与阿尔托的赫尔辛基技术学校类似的露天剧场；莱达卡·帕梅利亚海洋游泳池与赖特的塔里埃森中呈45度角融合于自然环境的斜墙等。(图15、图16)

对于西扎而言，创作过程的一部分是致力于在承袭的观念中找到联系。形象就好像飘浮于其心中，同时建立起与新问题相关的联系。当提出新的构思时，他往往漫游于历史上的范例之中，并从中找寻可资借鉴的元素。人们可以在塞图堡教师培训学院中找到这种将历史上的建筑原型重新加以利用的方式。这一作品的基本理念就是可居住立面的构思：在柱子上伸展的平板之间的灰空间、柯布西耶的"多米诺"骨架和平台、走廊的混合。塞图巴尔教师培训学院的内院周围的柱廊，其自身就隐含着对于格拉西 (Giorgio Grassi)[15]的新古典主义代表作——意大利的基耶蒂 (Chieti)的学生公寓的模仿和变形 (图17、图11)。很明显，在创作的过程中，西扎确实吸收了他早期发现的元素，并结合特定场所所引发的直觉将其合成为一个构思。

西扎承认历史上的原型是其创作基础的来源之一，但他对其进行了发展和变革。在其一系列的作品中，以一些不同的方式表明过去是可以利用的。和多数建筑师一样，西扎在其作品的创作中，存在着某些在空间秩序、比例和尺度层面上保持连续性的观念和看待现实的一贯方式，并且致力于以自己的语言来重塑现实。但西扎一直坚持认为他是以一种新的眼光来看待每一个新的问题，在不同时期、不同类型建筑的结合方面，也具有相当的独创性。例如，20世纪70年代中期他设计的埃沃拉 (Evora) 郊区的马拉古埃拉住宅区，就是以传统城市肌理的抽象提炼为基础，以当地市中心的院墙加天井的模式为原型，利用了立交桥、街道来建立一种结构严谨的层次，这种层次避免了无个性的住宅区和郊区不规则伸展的弊病。作为一个整体，他的设计还包括了对于古代建筑的回应，一些源自本土建筑风格和一些现代建筑运动中令人敬仰的要素，如1919年的J. J. P.奥德在海牙的海滨别墅。总的来说，其形式上的秩序，在对于早期现代主义的追忆，本土乡村的落后现实和一个不断变化的葡萄牙社会中日益增强的复杂性之中，宁静而安详的存在着。(图18)

5. 结语

西扎的学习历程是耐人寻味的，是他自己的故事：幼年时成为雕塑家的心愿令他进入了波尔图美术学院，而系统的学习为其打下了深厚的建筑学专业基础。从进入塔欧拉事务所开始，西扎的建筑就深植于本土建筑的根源，致力于处理葡萄牙特定的景观、光线及文化；并且，他以开放的态度，从柯布西耶、阿尔托、赖特、路斯等建筑大师的现代建筑作品以及历史上的经典建筑中吸取无穷无尽的灵感，在持续的建筑实践和建筑游历中不断完善和丰富自己的建筑观念，以自己的方式创造出清新、真实的独特形象，面对正在经历的时代变革和各种挑战，做出自己的回应。

西扎的成长历程，表明了对于地域场所性的不懈探索可以成就一位建筑师并使其特色独具，西扎及其他的前辈葡萄牙建筑师所走出的实验性的"第三条道路"，无疑对于正在致力于探寻中国建筑本土文化和世界建筑发展主流契合的我国建筑师具有重要启示。 **E**

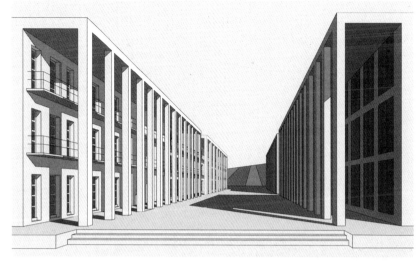

17

18

注释：

[1] http//:www.pritzkerprize.com/siza.html

[2] [日]渊上正幸 编著，现代建筑的交叉流——世界建筑师的思想和作品，P126～127

[3] Kenneth Frampton. alvaro siza Complete Works.Phaidon Press Limited.2000 P11～12

[4] http://www.cidadevirtual.pt/blau/tavora.html

[5] http://www.cidadevirtual.pt/blau/tavora.html

[6] Alvaro Siza, Alvar Aalto. Kenneth Frampton. alvaro siza Complete Works. Phaidon Press Limited.2000 P572

[7] Alvaro Siza, Alvar Aalto. Kenneth Frampton. alvaro siza Complete Works. Phaidon Press Limited. 2000 P573

[8] Alvaro Siza, Alvar Aalto. Kenneth Frampton. alvaro siza Complete Works. Phaidon Press Limited.2000 P573

[9] EL GROQUIS 68/69+95 ALVARO SIZA 1958-2000. EL GROQUIS,S.L. 2000 P247

[10] Alvaro Siza,Villa Savoye. Kenneth Frampton.alvaro siza Complete Works. Phaidon Press Limited. 2000 P527

[11] 王受之 著，世界现代建筑史，北京：中国建筑工业出版社，1999 P133

[12] SAAL机构(Serviço Ambulatório de Apoio Local)，是由当时的革命住房部部长建立的一个机构，委托建筑师为经济困难的居民设计住宅。该机构推行的项目和计划被认为对当时的建筑师及技术人员的成长具有直接的影响。

[13] El GROQUIS 68/69+95 ALVARO SIZA 1958-2000. El GROQUIS,S.L. 2000 P18

[14] El GROQUIS 68/69+95 ALVARO SIZA 1958-2000. El GROQUIS,S.L. 2000 P18

[15] 格拉西(Giorgio Grassi)，意大利新理性主义最重要的成员之一。

参考文献及网页：

1. Kenneth Frampton. alvaro siza Complete Works.Phaidon Press Limited.2000

2. EL GROQUIS 68/69+95 ALVARO SIZA 1958-2000. EL GROQUIS,S.L. 2000

3. A+U,00:04（335）: 2. Alvaro Siza's Recent Works

4. [日]渊上正幸编著，现代建筑的交叉流——世界建筑师的思想和作品

5. 王建国 张彤编著，安藤忠雄，北京：中国建筑工业出版社，1999

6. 王受之著，世界现代建筑史，北京：中国建筑工业出版社，1999

7. 刘先觉主编，现代建筑理论，北京：中国建筑工业出版社，1999

8. 万书元著，当代西方建筑美学，南京：东南大学出版社，2001

9. 张路峰著，阅读西扎，建筑师，1998：10

10. 周凌著，融合与平衡——阿尔瓦罗·西扎,和他的七个作品，华中建筑 03/2000

11. 蔡凯臻著，建筑的场所精神——西扎建筑的诠释 时代建筑 04/2002

12. http://:www.pritzkerprize.com/siza.html

13. http://www.cidadevirtual.pt/blau/tavora.html

14. http://www.cidadevirtual.pt/blau/siza.htm

15. http://www.epdlp.com/siza.html

17 意大利基耶蒂学生公寓，刘先觉 主编，现代建筑理论，北京：中国建筑工业出版社，1999，P316
18 马拉古埃拉住宅区模型，EL GROQUIS 68/69+95 ALVARO SIZA 1958-2000. EL GROQUIS,S.L. 2000. P9

勘误：本刊101期P87页"作者：王晖，日本照本大学博士生"应为"作者：王晖，日本熊本大学博士生"，特此更正并向作者致歉。

西方学院派建筑教育述评

单 踊

【摘要】西方学院派是世界范围内最早的正规建筑教育体系，也是中国早期建筑教育的最主要的源泉之一。"学院派"始于17世纪法国皇家建筑研究会附设的建筑学校。19世纪初，该校后归入刚成立的巴黎美术学院，"学院派"建筑教育才逐渐成熟并开始了世界范围的辐射。在受其影响最早的国家中，美国很快在继承的基础上为学院派体系的发展做出了巨大的贡献，宾夕法尼亚大学又是全美建筑院系中的领头羊。本文将法国的皇家建筑研究会附设的建筑学校暨巴黎美术学院，与美国宾夕法尼亚大学建筑系视为学院派建筑教育体系发展过程中紧密相关的不同阶段进行研究，在理清史实的基础上对学院派的基本特征做了对比性分析与评价

【关键词】学院派 鲍扎 巴黎美术学院 宾夕法尼亚大学建筑系

作者：单踊，东南大学建筑系教授

"学院派"建筑教育体系是西方现代意义上建筑教育的基点，也是中国建筑教育的主要源泉。它曾对中国早期建筑教育体系的建立与成型起过极为重要的决定性作用：中国最早8大建筑院系的始创者绝大多数都有直接受教于"学院派"体系的背景。因此，对其史实进行较全面、客观的研究，是中国的建筑教育界非常必要的基础性工作。本文将最具代表性的法国"巴黎美术学院"（建筑部）和美国"宾夕法尼亚大学"（建筑系），视为紧密相关的"学院派"建筑教育体系的两个发展阶段进行整体论述，这是与国内外建筑学界有关专著和论文的最大不同之处。此外，本文还在相关的机构、人物、时间、学术思想等重要史实的查证与特征分析方面做了一些尝试。

一、释义

所谓"学院派"是国内学界常用的一类特有名词，但其（包括与之相关的其他词）真正的涵义还是有必要做一些澄清的。

1. 学院与研究会

在西方文化的定义中，人们常说的"学院"是个有着"研究"和"教学"双重可能性职能的团体或机构。无论英语的"Academy"、法语的"Académie"还是意大利语的"Accademia"等，其解释都确有二层含义："研究院（所、会）"和"（专科）院校"。在公认的"学院（College）"和"大学（University）"之原型——公元前4世纪柏拉图的"学园（希腊语Akademiea）"里，正因为有了学者间对话方式的学问研讨，知识的传授才得以形成。这一方式传至意大利

后，最早在15世纪出现的"Accademia"开始也更像是个"学会"；后来，自由交流、辩论式的"研讨"才逐渐成为有一定规模和规则的"教学"。在法国，17世纪起建立了众多皇家的"Académie"，"研究"亦然是其首要功能。正如其中法国的"Académie Royale d'Architecture"首席会员 F·布隆代尔（François Blondel, 1671-1686）所言："（它的）首要任务是规范一种学说，其次是教这一学说。"[1]

2. 学院派与学院派建筑教育

在普通辞书相关词条的狭义解释中，"学院派"是指形成于17或18世纪欧洲官办美术学院的流派，有"保守"、"陈腐"、"死板"、"墨守陈规或传统"、"形式主义"等含意。在建筑学科，人们所熟知的"巴黎美术学院"理所当然地居于上述"官办美术学院"之首，而建筑学又是其绘画、雕塑、建筑三个专业的重中之重，因此"学院派"建筑学说也就自然而然地与"巴黎美术学院"联在了一道。如《中国土木建筑百科词典》中"学院派"一词的定义就是："一般指文学、艺术中的保守主义者。18世纪时，学院派在欧洲有很大影响。建筑领域的学院派指受过巴黎艺术学院的教育或遵循该院所确认的创作原则的建筑师。学院派把古希腊、罗马与文艺复兴的柱式及其美学原则奉为典范。故建筑中的学院派与古典主义或新古典主义是同义语。"[2]

就笔者的理解，在更广义和更本质的意义上，"学院派"应该是以"学究式"的唯美意识（或价值标准）与治学风范为特征的一类学术倾向的统称，是"学院

(Academy)"及"学院人(Academician)"的学术思想的代表。它本该不含褒贬意向,甚至也可无时代、地域的定位,学科领域也并非仅限艺术。由于"学院派"最早出现是在欧洲文艺复兴后期,其学术成果一定程度上是古典文化遗产的结晶,但与当时整个社会倡导人文主义精神与古典传统美德的潮流相合,因此"学院派"有着极高的学术价值,并对世界的文明进程有过不容忽视的积极意义。

事实上,建筑领域的"学院派"始于17世纪中叶以后成立的法国"皇家建筑研究会"(Académie Royale d'Architecture)及其学校,而"巴黎美术学院"(Ecole Royale des Beaux-Arts,1819年-1968年)是其发展的后续阶段。它由一种建筑学说演绎出一套建筑教学体系,无可争辩地促成了当时建筑学说的系统化整合,完成了早期的正规建筑教育体系的成型。19世纪中叶以后,由于"巴黎美术学院"毕业生介入建筑实践与教学,"学院派"在美国立足、推广并得到了进一步的发展,美国成了全球"学院派"的新的中心。20世纪初起,随着在美留学的各国学生回国,"学院派"的全球性传播终于形成了……应该说,"学院派"对整个建筑学说及其教育发展的贡献是前所未有的,其影响也几乎是永久性的。尽管在"学院派"建筑教育体系自17世纪中叶于法国形成、发展并远传美洲再转至亚洲等地的3个多世纪历程里,其运作机制、学术理念都发生了不可逆转的变化,但其本质上的一致性与连续性是无疑的。

国内建筑学界通常以"学院派"或"鲍扎(或布杂)"混称"巴黎美术学院"及其学术思想。但据笔者查证,西方建筑学界所说的"Ecloe(法语:学校,相当于英语的School)"是其作为"教学机构"的简称;而"Beaux-Arts(即:美术,相当于英语的Fine Art,音译'鲍扎')"是其"学术思想"的代名词。

二、基本史实

西方"学院派"建筑教育发展的历史主要有法国和美国两大阶段。前者包括17世纪70年代开始的"皇家建筑(研究会)学校"与19世纪初正式命名的"(巴黎)美术学院"建筑部二个部分;后者则以麻省理工学院建筑系为开端,宾夕法尼亚大学建筑系的辉煌为结束。

1. 皇家建筑研究会及其学校

1671年成立的"皇家建筑研究会(Académie Royale d'Architecture)"是继1635年"法兰西研究院(Académie Française 习惯上译为法兰西学院)"后成立的众多皇家研究会中最后的一个。由国王亲自任命的研究会员们在首任主席F·布隆代尔(François Blondel,1617-1686)的组织下每周一聚。他们在理论方面,交流学识,阐明从古代的大师学说和建筑佳作中汲取出的艺术原则,以期演化出更为普遍的建筑学规范;在实践方面,研讨、解决建筑现实中的问题。

由于研习成果事实上可使得年轻的建筑师们获益,因此"皇家建筑研究会"成立伊始,就同时还指导了一所学校。该校由研究会主席F·布隆代尔兼任教授,每周二次(天)公开讲座,向年轻建筑师们讲授建筑理论和相关的知识。此外,该学校还负责组织建筑设计竞赛,其中有1702年创立的"罗马大奖赛"(Grand Prix de Rome,是最高级别的竞赛)等。

大革命时,所有的皇家研究会被"国家科学与艺术研究院(Institute National des Sciences et des Arts)"所取代,其中有科学研究会、法兰西研究会、文学研究会与美术研究会。画家、雕塑家、建筑师、版画家与作曲家第一次被组织在以"美术(Beaux–Arts)"命名的同一个研究会里。与此同时,皇家各研究会的学校亦被查封,建筑学校由J.-D.勒鲁瓦(Julien-David Le Roy,1724-1803)执掌,真正成为一所有着独立意义的"学校"。1795年10月25日,"国民公会"颁令成立10所"专门致力于学习的"学校,其中第9所专攻"绘画、雕塑、建筑"。至此,该学校才成为法国惟一重要的建筑学校,正式被授以名称——"建筑专门学校(L'Ecole Spéciale de l'Architecture)",并在名义上与绘画及雕塑专门学校(Ecole Spécale la Peintur et de la Sculptrue)合为一个艺术类学校的联合体。

2. 巴黎美术学院

君主制恢复之后,建筑、绘画、雕塑这几个专门学校在名称上合为一体,并首次冠以"美术(Beaux-Arts)"之名。1819年8月4日的皇家令才正式将三者组合进一个名为"皇家美术学院(Ecole Royale des Beaux-Arts)"的学校。18世纪中叶后,由于法国将各地的美术学院在体制上合为一所大学院,各地的学院均为分院。位于巴黎的这所美术学院就自然成了后来人们所说的"巴黎美术学院"了。学界一般将1819年认作该院正式成立的时间。

"巴黎美术学院"分为二个部(Section):一是建筑学部,二是绘画与雕塑部。其中建筑教授数量扩为4名,分别讲授理论、艺术史、营造和数学。建筑学生的培养在结构上实似一个四层的金字塔。最下层是入门准备,往上是第二级、第一级和顶部的"罗马大奖赛"。在实际的运作上,"巴黎美术学院"的教学是个三方联动的系统——"皇家建筑研究会(Academie,后来变为国家科学与艺术研究院的'美术研究会')"代表官方做总体控制,"学院(Ecole)"实施理论教学和日常管理,私人性质的"画室(Atlier)"负责建筑设计这一专业主课的教学,而三方协同的焦点则是为众多学生所瞩目的"罗马大奖赛(Grand Prix de Rome)"。

"鲍扎"的学术思想大致经历了"古典主义"与"新古典主义"两个大的阶段,对古希腊、古罗马、文艺复兴等古代建筑典迹和法国理性主义建筑传统做了缜密的考据、验证和严肃的思考,将建筑遗产的挖掘继承和创造性的运用推向了极至。"折中主义"是其学术上集大成的最终表现。

在1870年法兰西第三共和国成立至第一次世界大战爆发的近半个世纪期间,国家处于和平发展年代,"巴黎美术学院"也因此而盛况空前:在理论上完成了以J.-A.加代的《建筑要素与理论》为标志的建筑理论系统化;方法上以行之有效的"构图法"结束了长期以来设计教学的混乱;技术上建立了新的法则,并进行了城市规划方面的有益探索……建筑部学生数逐年增加，至1910年已达近千人。另外，学院还吸引了全球众多国家来的学子，其中仅美国就有超过500名学生先后正式至此就读。此期间，出自学院建筑师的设计作品遍布全球……

20世纪20年代晚期起，由于"巴黎美术学院"的规模过于庞大，经济上不堪重负，"美术研究会"与"巴黎美术学院"的领头建筑师们在学术上也渐趋守势。第二次世界大战时期纳粹长达5年的占领，更使得"巴黎美术学院"的建筑师们与法国以外的建筑思想失去了联系。私人画室一个个成了新的官方画室，19世纪建筑教育的多样与灵活的景象已成为了过去，形成了相当刻板的中心化状态。1868年12月6日，总统戴高乐与文化部长马乐劳克斯(Malraux)签发了政令，正式停止了"美术学院"的建筑学教学，中心化的"巴黎美术学院"建筑部被多个称为"教学单位"(Unités pédagogiques)的自主教学部门所取代。

从"巴黎美术学院"1819年设名起算，该校的历史整恰150年；若从1671年其建筑学科出现起算，该校的历史应是298年。

3. 美国学院派建筑教育的兴起

自20世纪60年代至20世纪90年代后期的30余年，是美国建筑教育史上的第一阶段。学子们涉洋赴欧留学归国后开业、教书；欧洲学生毕业后也前来介入美国的建筑设计实践或教学……在此期间，美国以发展最早的东北部为起点，先后在9所大学（学院）中建成了建筑系（院），并初步尝试着建立起了各自的教育机制。它们无一例外地多少带有欧洲某一或几种建筑教育体系的痕迹，更无一例外地带有对本土国情的思考。来自欧洲的影响中，英、德各得其宜，惟法国独占鳌头，本土的制约因素里则一是大学机制，二是职业需求。

1783年独立后，美国的国土急剧扩张，给了建筑业巨大的推动。为消除建筑市场的混乱，美国政府出台了各种政策、法规以加强控制；刚刚从营造商角色中摆脱出来的建筑师们也积极组织起来，于1857年成立了建筑业最重要的职业学会——美国建筑师学会(American Institute of Architects，即 A.I.A.)。

1856年，美国第一个留学"巴黎美术学院"的建筑学生R·M·亨特(Richard Morris Hunt)学成回到了美国。他在开业的同时还开设了一间法国式的建筑画室，将其在欧洲所学的知识传授给年轻的学子们。这就是美国历史上最早的建筑教育。

5年后，亨特画室的弟子W·R·威尔(William Robert Ware)也步其导师的后尘，办起了建筑事务所和画室。1865年，最早创办建筑系的麻省理工学院(M.I.T.)出面聘请W·R·威尔出任主任，负责该系的筹办。1898年秋，该系正式开课招生，完成了美国高校建筑系零的突破。由于W·R·威尔曾赴欧洲各国（尤其是巴黎美院）考察，并聘请了美术学院的毕业生E·莱唐(Eugene létang)主持建筑设计课程，因此该系的教学计划特别是建筑设计的教学很大程度上效仿的是"巴黎美术学院"。

M.I.T.之后在1895年，美国又有康乃尔大学、伊利诺大学、锡拉丘斯大学、哥伦比亚大学等8所高等院校先后成立了建筑系或建筑学院。这些院校大多是综合性大学(University)，其课程的教学受到大学管理体系的制约较大。但由于早期的这些院校绝大多数都有"巴黎美术学院"毕业生主持设计教学，又有麻省理工大学的先导作用，因此在总体上一开始就保持了"巴黎美术学院"色彩。

20世纪开始后，美国又有数个建筑院系先后成立。直至1925年时，全美的建筑院系已达40个。这时，欧洲的"折中主义"在美国获得了极大的成功。在美国的"巴黎美术学院"毕业生越来越多，旨在弘扬"鲍扎"学术精神的"鲍扎建筑师协会"宣告成立，"学院派"建筑教育法在美国受到了各院系的青睐，美国式的"学院派"建筑教育体系终于形成了。

4. 宾夕法尼亚大学(University of Pennsylvania)建筑系

宾夕法尼亚大学始设建筑课程是在仅次于M.I.T.的1869年。1890年，AIA宾州分会的主席T·P·钦德勒应聘兼任建筑系主任，负责教案调整和扩充师资。设计被作为主课，建筑的艺术性被强调，一套富有职业化与艺术性双重特征的教学体系逐步建立了起来，被专业界认为是当时"最兴盛的教学计划"[3]。因此，人们公认该系正式成立的时间是1890年。

1890年冬，毕业于康乃尔大学建筑系后曾赴欧旅游，并在"巴黎美术学院"学习过的W·P·赖尔德(Warren Powers Lairds)受聘任系主任。他是个"理想主义但又务实的优秀组织者。"W·P·赖尔德精心挑选了各领域的杰出学者，出台了诸如将原普通理学士学位(B.S.)改为建筑理学士学位(B.S.in Arch.)、设旅游奖学金、将设计课作为首要课程等一系列政策。

在美国的高等建筑教育进程中，宾夕法尼亚大学作为全国这一时期的领头羊，其学术背景、办学思想及教学方式等方面均极有典型意义。其教学计划所表现出的"美国背景"与"鲍扎理想"也就是"美国式（或版本）的鲍扎体系"或称"美国学院派体系"的根本特征。其中的"美国背景"是指美国职业方面的需求、职业团体对建筑教学的影响以及美国大学体制对专业教育的制约；"鲍扎理想"则是对巴黎美术学院的"学院派"经典学术思想及其教学传统的继承。其课程设置上的具体表现就是，在重点考虑图艺、建筑史和设计三类课程内容的同时，也给予了技术类与人文类课程内容一定的关注。这无疑是对"巴黎美术学院"传统的弘扬与推进之举。

20世纪初至20世纪20年代末，是宾夕法尼亚大学建筑系达到顶峰的黄金时期。它的规模迅速扩大，声誉迅速上升，一跃成为了全美众多建筑院系中的佼佼者。对于宾夕法尼亚大学的成功，费城的建筑师及其职业协会锲而不舍的协作，是其有力的后盾；系主任W·P·赖尔德睿智果敢，是其当然的核心；教授们的精英组合是其坚强的砥柱；而才华横溢的P·克瑞(Paul Philippe Cret)则是当之无愧的栋梁。

三、"学院派"建筑教育的特征

作为一种全球性的学术与实践系统，

"学院派"建筑教育体系自成型发展至完善，经历了300年的风风雨雨，跨越了欧、美两大洲域。笔者之所以将其视为同脉相承且有所发展的整体，是由于它在认识论和方法论上自始至终都既有着体系化的共性特征，又有着随不同时代与社会文化而呈现出的明显差异。而这些"同"与"异"，恰恰是其作为史无前例的学术流派的生命力之表现。如能历史地、公正地对其做一个整体的评析，我们便不难看出其意义与局限所在了。笔者以为，"学院派"建筑教育体系在法、美两国的运作结果总地来讲是后者更为优异些。这抑或是因为年轻的美国更是富于活力，更可能是由学派发展规律所决定的必然现象。

1. 学校与学会协同的办学方式

从建筑学专业教育的角度，"学院派"建筑教育体系首要的特征，就是建筑的行业学会（包括各种研究会、协会）的始终参与。尽管这种参与并非全部都是直接的，但的确是紧密而积极的。学会的建筑师们有的直接介入设计教学和建筑竞赛的发起、评审等教学环节，参与了教学的计划制定、课程设置与系务管理；有的还直接促成了某些建筑院系（如宾夕法尼亚大学建筑系）的建立。他们无私地出钱、出力，不遗余力地扶持后学。笔者认为，从中世纪的学徒制传统来看，学会及其建筑师们这种近乎义举的做法，显然蕴涵了某种属于"行会"的情结。尤其是大量的建筑师以类似师徒制的方式直接参与（建筑）"画室"的建筑设计的课程教学，这完全可以视为中世纪行会的遗风。行业学会的协力参与，带来了职业市场需求和实践界最前沿的信息，为学校建筑教育的办学目标制定和课程设置等项工作的进行提供了极为可贵的参照系。应该说，这种参与是既不同于中世纪作坊的"实践教学一体化"，也不同于现代的创作或实验室"实验性探索"的中间状态，是与当时建筑业实情最适宜的一种选择。因此，来自行业内的有力支持，是"学院派"建筑教育体系经久未衰的最重要因素之一。

2. 大学体系与画室制结合的教学模式

大学（或学校、学院）之所以成其为高等学府，教学上有着相对严格的管理要求是必然的，任一系科的开设与运行都无疑要受其制约，建筑学当然不会例外。但是，公允地讲，作为兼有文（艺）、理（工）性质的特殊一族，大学的建筑学教育在受到制约的同时，也得到了院校的公共及工程类系科的支持（尤其是在艺术类院校），因为这些课程都是开办建筑系所必备的。此外，在与专业直接相关的两类课程中，由建筑系科开设的"理论类"课程相对而言也带有学院特有的严谨；"设计类"课程由于画室教学所采用的师生面对面研讨方式，而具明显的师徒制色彩。这就造成了"理性、科学的"学院式与"经验型"传统师徒制结合的矛盾结构。结果是建筑理论与设计实践、工程技术与设计艺术等各类截然差异的课程因此而各得其所、相得益彰，但一体化的教学进程则难以形成了。这种矛盾的结构体传至美国后，画室制的形式虽然因大学班级制的实行而不复存在，但其实质性的教学方式却被完整地在建筑教学中保留了下来。以笔者之见，这种"校"、"室"结合的矛盾结构，在当时的学科状况之下，有其不可否认的合理性与必然性。

3. 尚古、折衷的学术倾向

"学院派"建筑教育体系在学术上始终遵循的主要是那些得到学界公认的、相对成熟的理论与实践体系。用"巴黎美术学院"晚期的学术带头人J·加代的话讲就是："只讲授那些无可争辩的内容"[4]；美国宾夕法尼亚大学建筑系的设计课主帅P·克瑞更是明确地表白了对"'草率实验'会使'担任了实验品角色的学生们'受到伤害"的担忧[5]……的确，学校的教学不同于实践创作：如有闪失，损失的不只是一栋建筑，而是一代代建筑人！取此审慎的态度，实可谓用心良苦，无可厚非。但笔者认为，问题在于由此而导致的一系列后果：首先，所有的学说只有臻于完善之后才能在学院里登堂入室。以法国为例，"学院派"早期只讲授业已成熟的古罗马、文艺复兴建筑，而古希腊、哥特建筑被纳入建筑史教程也是在其价值为人们大体接受之后。虽然，历史典范的实用性也曾在学院内遭到过个别人的

质疑，但对其自身的正确性，"学院派"教育家们绝大多数还是坚信不疑的。不过份地讲，"学院派"建筑教育体系在价值取向上是向后而不是向前看。这不仅造成建筑教学滞后于时世这样的局面，还因为只要为人们接受的就可上堂讲授而有媚俗之嫌……接下来，既然其尊崇的典范已趋完美，那除"照单全收"之外别无他法了；"集仿"古代典范精华的"折中主义"盛行，就是很顺理成章的事了；设计上以"模仿"为基本手段也就在所难免了……人们对"学院派"所持的"保守"、"墨守陈规"、"古典主义"等客观印象显然源出于此。虽然，在此体现的有对真理的笃信与追求，有海纳百川式的包容与大度，但于建筑这一设计类专业所必须的"创造性"特质而言，如果因此而畏首不前、放弃探索则不能不说是一致命性缺憾；对整个建筑学科进程的良性推进无疑也是极为不利的。

4. 唯美、严谨的治学风范

众所周知，欧洲文艺复兴运动的思想基础是"人文主义"。它在建筑上的表现就是将古典建筑元素及其组织与人文精神相对应，提出符合人体美的柱式原理和一系列学说，并以此作为其建筑学说的美学基础。"学院派"建筑学说从出现之时起，便以文艺复兴理论的捍卫与发扬者的姿态，对蕴涵于古代建筑（包括文艺复兴建筑）典范柱式中的美学原理，抱有极大兴趣。"学院派"建筑学者们更是投入了大量的精力潜心研究、乐此不疲；与此同时，他们还将其研究成果直接作为其教育体系的核心内容。至鲍扎的成熟期，"学院派"建筑教育体系已发展、演绎出较为完整的系统理论和与之相应的"构图"法则，其中以体味柱式的美学原则为目的各理论类课程的讲授，和以描绘柱式构图为基本内容的绘画类课程训练占据了鲍扎教学相当大的比重。美国的"学院派"建筑教育体系亦然：以柱式为内容的构图题、设计题是其建筑设计的重要组成；图艺类课程则作为设计课的先导，将绘画的艺术性训练作为首要任务。"画法几何"、"透视"、"阴影"、"徒手画"、"建筑要素"等以"绘图（Drawing）"为目

的的课程之所以被视做基础性的训练，是因为"绘图"被认为是"建筑、雕塑和绘画这三门艺术之父"。此外，"学院派"建筑教育体系的这种唯美式的追求，是以典型"学究式"的认真态度进行的。不管是在法国还是在美国，将这一体系下的学生习作中所体现的严谨，冠以"登峰造极"一点也不过分。

5. 适应国情的发展意识

总地讲，"学院派"建筑教育体系的基本原则与方法是相对固定的，但在法国和美国两个社会与文化背景有很大差异的国度里，实施过程中作出适应性调整是很自然的。联系"学院派"建筑教育体系的包容性特点看，我们不妨将这视为一种主动的迎取姿态，是由"学院派"建筑教育体系对办学环境的适应性意识所致的一种发展现象。也就是说，"学院派"建筑教育体系的运作也并非是教条的，正如"巴黎美术学院"的 J.L.帕斯卡"允许（学生的）方案作出古典语言的合理变体"一样。从法国方面看，"学院派"建筑教育体系经过"皇家建筑（研究会）学校"早期的"古典主义"过渡后，很快在其理念与实际运作中融入了法国思想传统的精华——理性主义。这既和法国人的思维定势相契合，也为"学院派"建筑教育学说增添了有力的思想武器。在美国，除了于管理严格的各大学中设立建筑系，将建筑设计也纳入学校的教学轨道以外，还有根据美国职业市场对人才量与质的需求规定学程、缩短周期、增加工程类课程比重等一系列重大变革……这又为"学院派"建筑教育体系适应社会开拓了途径，也为鲍扎思想的宏扬与发展作出了不可磨灭的贡献。正如 J.P.卡尔汉所言："……虽然发明和实施鲍扎教学方法的是法国人，但是成功地证明了该方法之效用的是美国人……"[6]

四、法、美两国间的差异

1. 教学运作中的自主程度

在法国，由于"美术学院"（包括巴黎及各地的分院）均是由国家开办。而"皇家建筑研究会"及后来的"美术研究会"也既属建筑的行业学会，又代表官方（皇家或国家）直接参与办学。因此，行业学会对学院的建筑教学的干预已远远超出了专业上协同的范畴，是学院教学事实上的主宰者。这使得学院一方面无须为办学的物质条件操心，而只需潜心教学；另一方面，因学院的课程设置、教学管理、成果评判甚至规章的制定、教师的任免等均不由自己决定，所以在教学的运作上受到相当的制约。而在美国，大学的开办者中私人占的比重极大，早期 9 个建筑院系所在的学校中就有 8 所为私立。同时，行业学会的参与又完全属协助与支持性质，学会所推出的各种有关教学的举措（如举办竞赛、提出标准等）均非强制性的。因此，美国的"学院派"建筑教育体系推行的基础是自主办学，所受到的制约则是来自市场方面的。这无疑就一方面使得其运作有一定的风险成分；另一方面也为其发展提供了充裕的空间，并使全美即便在普遍实行鲍扎教学计划的 20 世纪 20 年代，也未完全丢失诸院系各自原有的特色。P·克瑞就曾不无庆幸地说过："在法国，数世纪的集权制已使得其臣民习惯于一种近乎中国满清政府的管理；而美国的政府部门迄今还无意就美学问题参与意见，在我们考虑就自己珍爱的信念作出选择时，我们应该为此而感恩戴德才是……"[7]

2. "学院派"体系的延续时间

从实行"学院派"建筑教育法的时间延续来看，法、美两国间的差异也是巨大的。由于法国几乎自"皇家建筑（研究会）学校"成立之日起，便一如既往的奉行学院式的建筑教育方法直至"巴黎美术学院"结束。因此，可以说"学院派"建筑教育体系在法国是"全程性"的，其时间延续了近 300 年之久。虽然，其间也曾有过 19 世纪 60 年代反叛性质的"教育改革"等插曲出现。但就其学术体系而言，这在消极意义上讲并未对"学院派"建筑教育体系产生根本性动摇；在积极意义上讲为"学院派"建筑教育体系增加了宝贵的养分。当然，所有这些并未能使其逃脱最终消亡的结局，并且其退出历史舞台的方式是被动而痛苦无奈的。在美国，从 19 世纪 90 年代后期起至 20 世纪 20 年代末的"折中主义"，即是全美范围正式实行"学院派"建筑教育体系的时期，为时不过 30 年左右，即便以 19 世纪 50 年代美国第一个鲍扎式画室建立之日起算，也不过 60-70 年。美国以其特有的快速、高效方式迅速将"学院派"建筑教育体系推向全国，并演绎出符合大学体制和美国国情的"学院派"建筑教育体系之"美国版本"，取得了令包括法国人在内的全世界同行们所瞩目的辉煌业绩。最为可贵的是，在 20 世纪 20 年代后期"现代主义"初露端倪之时，美国的各大高校便纷纷开始了新的探索，仅几年之内就"弃旧从新"，进入了新的"现代主义"时期……应该讲，在美国的建筑教育史上，"学院派"建筑教育体系的实行仅是极为有限的一个中间阶段，且其介入和退出虽较为快速但又都是渐变式的，即所谓"淡入淡出"，而不像"巴黎美术学院"终结时的"嘎然而止"。二者相比，法国的执著很是感人，而其最后的结局却有些悲壮；但美国的姿态则显得更为主动、积极，对该国家整个建筑教育进程的良性推进更为有利。

3. 教学管理的严整度

从教学管理的角度考察，尽管"学院派"建筑教育体系的运作事实上依附于高等学校是个前提，法、美两国均不例外。但由于法国"巴黎美术学院"的运作所因循的是较纯粹的艺术院校模式。以现今的标准衡量，其学科配置很不完备，教学管理也不甚严密。具体表现首先是：缺少建筑学类课程以外的相关"人文"类和足够的"科技"类课程作为补充，知识结构显然不够完整，这不能不说是严重的"艺术偏向"之根源；其次，学生的各课程的选修自由度太大，年限上的限制也近乎虚设，管理上的松散明显无疑；此外，无法回避的"学院"、"画室"并置结构在为设计教学提供了"百花齐放"可能性的同时，又给鲍扎的教学管理埋下了难以驾御的"隐患"，尽管"私人画室"后来被陆续收为"官办"，但此时"学院派"建筑教育体系由于种种原因而渐渐式微已成了定局。相对而言，美国建筑教学之严密、

（下转第103页）

First Night: 论"美国"的时空结构

Mary Ann O'Donnell

【摘要】在人类学者 Victor Turner 的笔下，时间和空间不存在，反而存在的是不同仪式所体现的"时间"和"空间"，并且人生的象征和寓意恰好来自时空仪式的结构。该文以美国北卡罗莱纳州南松镇的"首夜仪式"为例，分析美国人所创造的时空结构，尤其是"人美国"和"小美国"起到的意识形态作用。

【关键词】Main Street、house、仪式、时空结构、社区、国家体制

Mary Ann O'Donnell 1999 年获得 Rice University 文化人类学博士。2002-2003 学年在深圳大学建筑与土木工程学院任访问副教授，2003 年在 Rhode Island School of Design 人文学院任人类学副教授

作者：Mary Ann O'Donnell，中国广东省深圳市南山区深圳大学建筑与土木工程学院

Main Street, Southern Pines, North Carolina（美国北卡罗莱纳州南松镇的主要马路）是一个又热闹又可爱的地方，尤其是元旦前夕。那天晚上，在 Main Street 的中心，也就是火车站对面的一个小广场，该镇的业余话剧团、业余舞蹈俱乐部和老年人的爵士欣赏会一起主办 First Night（首夜）。他们把公共的商业中心当成自己的舞台，逐个上台演小品、跳舞、唱歌、朗诵，他们用这一年新获得的艺术爱好来欢迎新年。居民的男女老少都微笑着看十位 80 岁以上的太太们穿着性感的圣诞矮人的红裙跳"康康"舞，还欣赏洗礼教堂合唱队的精彩演出。Main Street 的小店也积极地参与首夜活动，咖啡厅打折甩卖各种热烫烫的饮料暖和居民身心，我弟弟的酒吧不惜亏本提供北卡有名的烧烤，还有画廊和小店给顾客苹果汁和奶酪。也许那天晚上儿童是最幸福的，镇政府提供了几万美金的小玩意儿，包括闪闪亮亮的铝制新年帽子、发出磷光的宝宝珠项链、威尼斯的面具和各种口哨，越吵越好。三个巨大小丑木偶边向小孩儿开玩笑边发放这些玩意儿，有的孩子很贪婪，脖子上挂着几十条宝宝珠项链，一只小手里紧握着冰淇淋，另一只小手向木偶叔叔伸开，表示他还没拿到蓝色的面具。有的孩子较害羞，他们手里最多攥着一个口哨等待钟声敲响的时刻就开开心心地吹进 2003 年。

首夜仪式所引起的抽象联想和具体实践会帮我们理解一些美国人在全球化过程中的焦虑，还有时空在这个过程中的重要性，尤其是 Main Street 作为美国文化的一种时空理想。总言而之，Main Street 体现了美国人的一种怀旧感，即：虽然他们懂得在全球化过程中一切既小又独立的社区最终将会被国际体制耗尽的道理，但是每年到了这个时候，他们还要确认自己的身份：我们就是这样的"传统"美国人。这个断言有趣的原因是南松是一个距离南松 27 英里的 Fayetteville 的吃饭的小镇，Fayetteville 是美国四个大"军队城市"之一，因为很多军人早已去伊拉克了，2003 年元旦前夕气氛异常夸张，好像还留在美国的南松居民为了表示对得起在他乡的士兵同胞，心里有一种矛盾的感受，哪怕他们不支持这次战争，可是他们依然会为自己的生活付出一切。

在人类学者 Victor Turner 的笔下，时间和空间不存在，存在的是不同仪式所体现的"时间"和"空间"，并且人生的象征和寓意恰好来自时空仪式的结构。我理解 Turner 所说的"仪式"有两个方面。一个是一种文化的趋向和日常习惯，这一方面包括建立一个社会的环境，比如"Main Street, Southern Pines"。另一个是那个文化里的人民怎么解释自己对自己的趋向和习惯的认识，这包括"历史的叙述"和"文化的叙述"。仪式和日常生活的差别是仪式的绝对性。在日常生活里，人们发现生活的多义性，还徘徊在很多的可能性里，反而在仪式的过程里，一个社区最高的价值观和同一性显得非常精确：参与仪式的人都会明白：原来我们是这么一个社区，我和属于这个社区的人是一样的。这时，我的心里有了我们这个词。进而从我现在就占的这个社区想到了我和国家，我和国家的关系先前只是在

护照，出生证，社会保险和法律等处抽象的存在着，这时通过联想有了一种情感性的联系，这时又有一个词出现在我心里：我们是美国人。

Turner 启发我们对首夜有进一步认识，让我们明白首夜是通过创造和反省这么一个双层的过程来营造并发展居民认同"南松社区"还有"美国"的文化意境。我们来看看，来自一个南方小镇的首夜仪式怎么应用他们的首夜以及他们怎么样解释这个历史和文化的。我认为这个场景挺有魅力，它让我们以为只要一个人上街跳舞、唱歌、朗诵、喝咖啡和吃烧烤他也变成美国本地人。也许如此，至少那天晚上那个人应该算南松人吧。主办者也意识到这一点，在舞台的对面，他们开了一个小棚，在那里谁都能以"南松居民"的身份来认识自己的"同镇"。而平时你想做一个南松人需要一大堆手续，尤其是如果你想做买卖，就业或者定居。而现在你只要出现就行。

首夜仪式能把"我"吞没于"我们"是因为首夜仪式的时空使两个不同的过程结合：一个是私人家庭的年底活动，另一个是美国经济以独立农场为中心转到以跨国公司为中心的发展历史。前者的典型是杰佛逊 (Jefferson) 的理想，即：以每一个美国人变成农场的主人而实现民主主义；后者的典型是卡耐基 (Carnegie) 的理想，即：以垄断一个时代关键的交通体制而控制经济的大局面。卡耐基不是不清楚他能够控制20世纪美国的铁路一点都不民主，而是他也自大地说过，"美国的事就是生意 (The business of America is business)。"这两个结构都有个别的时间和空间。美国私人家庭的年底活动从圣诞节开始到元旦前夕发展的过程是一个从非常亲密的亲戚团聚到相对陌生的新年"party"。也许一个新年party是使美国的年底活动从个人走到群体，从我家走到我国的一个过程。"我家"的空间体现于个人的家。在南松个人的家都是独立的house，凡是住在公寓的居民都自认为在等着机会把一个独立的house买下来，才会有归宿感。当然不是所有的美国人憧憬办到独立的house去，显然那些house都在

郊区，相当多美国人为了生活在大城市里而放弃变成独立house主人的梦。因此，我们能推测南松居民所提出的"传统"是一个反城市的情绪，接近杰佛逊的小农梦。南松居民选择用 Main Street 作为首夜仪式的舞台，也是说做南松居民的"我国"，更明显地强调这种"传统美国"在他们的心里很重要。

历史决定Main Street能有这样的功能。虽然Main Street的历史渊源虽然是18世纪的殖民社会，但是在美国人的心目里，它的所指却是目前的一个重要环境之一。Main Street的意思相对具体，同时也很抽象，蕴含着"某某镇的主要马路"，也指向美国每一个镇都不能缺乏的Main Street。美国的大城市也有一条"Main Street"的遗址，比如在费城"Market Street"曾经起Main Street的作用，今天它还是费城最繁荣的街道之一。在纽约市历史留下来的Broadway也曾经是纽约镇的主要马路。因此南松镇的Main Street非常具体，可是它也是美国社会的一个典型，所以有人会管南松镇的主要马路称为Main Street, USA。那么一提了"典型"我们开始意识到Main Street的象征和寓意却很抽象。Main Street的特征是商业，这种商业有两个方面，一方面是在某某镇里的商业中心，另一方面是把一系列的商业中心连在一条"商业走廊"。就这样美国早期的市场经济不但有了一定的时空形式，而且美国社会的环境慢慢地形成"美国文化特色"。因为这个文化的核心是市场，所以它的特色包括开店、购买、逛商店等等活动。这个传统最近体现于一种口号，即："我为购买而生活 (I live to shop)"，还有"到死而购买 (Shop till you drop)"。美国人辨别两种买卖，作为"全国性的"和"本地性的"。对美国人来说，后者是比前者更亲切一点，所以我们也管本地性的店叫"妈妈和爸爸的 (Mom and Pop's)"。目前美国的Main Street, USA 已经被那些巨大购买广场所代替的，这些购买广场被像沃尔马 (Wallmart) 那样大的全国性的店占领了，这个经济的转化引起了文化的变迁，即："妈妈和爸爸"的存在受危机。

分析到这里，我们看得见美国年底活动的基本矛盾，即：外面的大社会能使家里的私人生活消灭。至于南松居民的文化认同来自美国的"传统"Main Street经济，可是他们的收入却来自服务美国军队，"小美国"和"大美国"的基本矛盾变得既敏感又微妙。跟着Max Weber的启发，我们能假设现代社会和传统的社会最大的差别不在于生活的复杂性，而在于仪式在社会中的相对重要性。在一个传统社会，社会的结构没有理性化而变成一种体制，并且因为体制没有占领全社会，所以一个人的归宿感来自仪式的全体性。而一个现代人的社会归宿感来自国家体制，例如户口、护照、身份证以及大学文凭、会员数目、职业等级等等"资格"。其实在一个现代社会仪式归私人的生活里，很少在大体制里实现归属感，反而会有生疏感，因为自己总会怀疑，我有没有资格在这个地方呆？如果一个体制实行一个仪式的话，一般来说这个仪式的作用是给在体制里的小组创造感情，也是说把体制里的陌生人变成私人生活里的亲戚朋友。所以虽然首夜能给南松居民提供以群体的想象，但是这个仪式没有办法代替美国体制所发的资格来创造归宿感。这个道理首夜的主办单位一清二楚，他们承认这个活动的目标不是"庆贺社区"而是"创造社区"。

南松首夜仪式如不是赤裸裸的虚伪，便是辛酸悲惨了。他们在日常生活中所体会的是体制所引起的焦虑，我够不够资格过小日子？所以，他们也受到这个体制的排斥。但是值得注意的是，大多数的南松居民是中等白种人，也用体制排斥他们的"他人"，例如非白人、同性恋者、新移民等等边缘群体。传统Main Street的怀旧使他们能追求归宿感。此时，他们想象美国曾经也还是一个欢迎世界独立农民和商业家的地方。当然，为了享受那个美国梦，参与南松首夜仪式的居民必须把美国历史上可憎的奴隶体制、屠杀印第安人、和攻击小国家伊拉克给忘掉，在那刹那间，他们可以不想"小美国"依赖"大美国"令人惴惴不安的事实。 ◼ E

北窗杂记

(七十七)

窦 武

作者：窦武，清华大学建筑学院教授

中国共产党第十六次代表大会上，党中央所作的政治报告里要求"自觉地把思想认识从那些不合时宜的观念、做法和体制的束缚中解放出来"。这是一段十分重要的、十分及时的话，如果认真做去，它将会极大地推动我们的国家前进。就我们的文物建筑和历史地段的保护工作来说，近年遇到了越来越大的困难，为什么？就因为在这个领域里以及和这个领域有关的外部条件里有许多许多大大小小不合时宜的观念、做法和体制在起着阻碍甚至破坏的作用。为了做好文物建筑和历史地段的保护工作，我们必须从那些束缚中解放出来，而且时不我待，已经十分紧迫，否则，等我们慢吞吞地讨论、研究，一步三回头地改革，八字还没有一撇，文物建筑和历史地段也许就没有几个了。

长期以来，禁区太多，不合时宜的东西难以打扫，积存得太多了，我今天只能先挑几个关键的说说。

第一个，呼吁文物建筑和历史地段的保护，究竟是几个遗老遗少骚人墨客的偏执狂，还是代表先进文化的思想和行为？

我先说一说这个思想的当前外围文化环境。

20世纪下半叶，世界上产生并且流行几个思潮。一个是可持续发展的思潮，也就是说，不要为了我们短期的经济利益，把自然资源都消耗尽了，把自然环境都破坏完了，要为子孙后代留下一个能够健康地、丰裕地生活的地球。和这个思潮相应，紧接着就有了第二个思潮，就是要保护地球上自然生态的完整性，保护它内在的平衡；保护生物物种的多样性，让各种生命体和谐地共存。第三个思潮，就是人文主义。人文主义是早就存在了的，但是，它吸收了前两种思潮，给自然环境、自然资源、自然生态和生物物种几个概念都加上了"人文"两个字，成了自然和人文环境、自然和人文资源、自然和人文生态以及生物物种和文化品类这样复合的概念，从而把人文主义又向前推进了一步。

这三个思潮，成熟了不过三四十年，已经成了人类的共同认识。不用我来论证，显而易见，它们都跟文物建筑和历史地段的保护思想息息相关。文物建筑和历史地段的保护在这三四十年里也更全面、更深入了，最后有了保护"世界文化遗产"的举动，并且扩大到了非物质文化遗产。

所以，从外围的文化环境来说，保护文物建筑和历史地段的思想是很先进的文明成果。

再来看这个文明成果本身的发展历史。人类从新石器时代就会造房子，我想，推测人类从会造房子时候起就会修缮房子，这大概是不会太错的。不过，国际上一般认为，真正的文物建筑保护工作是从19世纪中叶才起步，直到20世纪中叶才成熟的。所谓起步，就是意识到要探索一种文物建筑保护特有的理论和方法，也就是要建立文物建筑保护独立的知识系统。所谓成熟，就是终于得到了它完整的科学的理论和方法，得到了它逻辑严密的知识系统和思想原则。而且它是特有的、独立的，这就彻底和修缮古老房屋划清了界线，不论是"焕然一新"还是"修旧如旧"。这个成熟的标志，就是1964年《威尼斯宪章》的形成，这是一份经过浓缩的纲领性文件。1975年，举办了欧洲的"文物保护年"活动，在欧洲大大普及了文物建筑保护的意识。这以后又"与时俱进"，到19世纪90年代，30年里，陆续发表了一些"宪章"或"决议"，一方面把文物建筑保护从个体推及到建筑区段再扩大到城市和村镇的整体，一方面从"纪念物"(Monument) 推及到民间建筑 (Vernacular Building)。

19世纪中叶，文物建筑保护科学刚刚起步时，《共产党宣言》已经发表，而1964年，文物建筑保护科学成熟时，人类已经实现了太空旅行，1990年代，人类已经向数字化时代迈进。文物建筑和历史地段的保护，作为一门科学和它们齐头并进，算起来也同样是很年轻的。

所以不论从外围的文化环境说，还是从本身的发展历史说，文物建筑和历史地段保护都是先进的文化，它不是遗老遗少骚人墨客的偏执狂。

反过来，认为文物建筑保护是一种过时的、留恋旧文化旧生活的怀旧情绪，那才是对这项工作缺乏历史的、科学的认识的不合时宜的观念，应该摒弃。

第二，什么是文物建筑？它们的价值何在？应该如何保护这些价值？

从19世纪中叶到20世纪中叶，欧洲人花了整整100年时间，一路摸索的是什么呢？核心问题是给文物建筑定性，最终达到了一个重要的结论：文物建筑首先是文物，其次才是建筑。从这里出发，认定文物建筑的基本价值在于：它是有意义的历史信息的载体，是一个民族、一个国家的历史的实物见证。对它们的艺术价值，也并不停留在单纯的审美上，而要深入到它们所携带的美术史的信息之中。某些人对某些建筑怀有特殊的感情，这感情毫无例外地是由这建筑的历史记忆触发的。当然，用不着我多说，文物建筑中有很大一部分还有实用价值。但"实用"并不构成它们作为"文物"的价值。

一幢房屋被审定为文物，不可能因为它一般的实用价值。所以理所当然，保护文物建筑和历史地段，最根本的就是保护它们新携带的历史信息，不仅仅是为了品赏它们的造形、风格、装饰、技术等等。这也是欧洲从保护个体"纪念物"向保护相对完整的"历史地段"发展的主要原因。因为历史地段所携带的历史信息比个体纪念物更全面、更完整，因而更真实。从这里就产生了文物保护专家和建筑师的差别。建筑师职业的思维定势是追求建筑的造形完美、构图和谐、风格统一，他们也会对文物建筑采取这样单纯审美的态度。他们一般不能接受残缺，斥之为破破烂烂，更倾向于"焕然一新"。专业的保护专家则着眼于文物建筑和历史地段的历史真实性，着眼于它们从诞生之时起整个存在过程中所获得的有意义的历史信息。由于这个根本的差别，建筑师和专业的文物建筑保护专家就有了一系列不同的做法。19世纪中叶，欧洲文物建筑保护工作大体是由建筑师主持的，建筑师式的保护造成了许多后来在专业保护工作者眼中的巨大损失，因为他们在建筑维修或环境整顿中破坏了许多不可再生的历史信息。例如为了把雄伟的纪念性建筑"亮出来"，或者为它们制造某些"视线通廊"，拆掉了许多他们认为"毫无价值"的建筑和街区。而对纪念性建筑本身，也往往喜欢加以"完善"，给它们"恢复"到"原来"的样子等等。这以后，直到20世纪中叶的100年的探索过程，实际上就是在这个领域里克服建筑师式的观念和做法的过程，就是文物建筑和历史地段保护成为一门独立的专业的过程。

这个过程在我们国家不但没有完成，甚至有些人还没有意识到它的必要性。我们的文物建筑和历史地段保护工作中建筑师式的观念和做法还占着重要的甚至主导的地位。有不少长期专门从事文物建筑保护的人，一直还自觉或不自觉地坚持着19世纪欧洲建筑师式的观念和做法。一些很有影响力的建筑学者，还在这个领域发挥着很大的影响，提出诸如"风貌保护"、"有

机更新"之类的说法，甚至出现了"仿古四合院文物保护区"这样的奇怪说法。这些说法和当前世界上主流保护理念背道而驰，对保护工作有很大的危害。例如，它们误导了北京的小胡同和四合院的"保护"工作，北京将会失去它原生的体素，使所谓的"保护"彻底失败。他们自认为这些说法是"与时俱进"的，实际上是向150年前开历史的倒车。关于目前又重新提起来的北京城的整体保护，多少年来人们谈论的无非是壮丽的宫殿坛庙、庄严的中轴线、雄伟的城墙、华美的牌楼、宁静的小胡同和四合院等等。这些都是建筑师眼中审美的无比杰作，但是，更重要的却应该是：北京城是世界上最大的有600年历史的封建帝国的首都，北京城自有它作为这样的首都的完整的功能系统，其中包含着许多子系统。这些功能系统物化为整个北京城。从历史信息的角度来看，这个物化的功能系统才是北京城最主要的价值所在。所以，要整体地保护北京城，就必须从这个物化的功能系统着眼，做深入的、细致的研究，提出全面的规划。不是只在宫殿、城墙、中轴线、小胡同、四合院等孤立的对象上做文章。更不是提出"保护"25片或者再加若干片四合院。那样做，即使保护了一些房子，无非是文物建筑简单的集合而已，而且停留在表面的审美现象上，没有深入到历史的本质，谈不上北京城的系统性整体保护。

半个世纪以来，一些人习惯于批判"理论脱离实际"，用来堵智者的嘴，但真实的祸害则是实践缺乏理论的前导，而只有一些强词夺理的"思想"，造成了许多的错误和损失。这种情况早就应该克服了。

第三，作为历史的实物见证，文物建筑和历史地段的总和必须是系统化的，成龙配套的，不是孤立的，互不相干的。例如，应该按照社会史、经济史、政治史、军事史、科技史、文化史、艺术史、教育史等等，组成文物建筑的系列。这些大的部门史之下还可以分若干个次一级别的专题史。例如科举史，就能有家塾、私塾、义塾、尊经阁、文会、贡院、考棚、文峰塔、文昌阁、举人

旗杆、进士牌楼、状元楼等等。不妨再饶上文笔峰、笔架山、砚池之类的风水因素。村社史可以有社庙、三义庙、宗祠、贞节牌坊、义仓、孤老院、育婴堂、太平屉、枯童塔、路亭、义渡、风雨桥、长明灯座、申明亭、戏台、寨门、更楼等等。如果我们不是只片面偏好寺、庙、塔和梁架结构，并且过分强调年代久远和形式壮丽，而是根据建筑所携带的历史信息的丰富性和独特性，根据它们在构成信息系统中的地位夫建立文物建筑和历史地段的大小系统，那么，它们的数量就会大大增加。西方国家有些城市的文物建筑数量比我们全国的都多，常常使我们迷惑不解，这便是原因之一。我们零敲碎打的做法，不以形成我们悠久历史的完整的实物见证的体系为目标，早就很不合时宜了。

要做到这种文物建筑和历史地段的系统化，一个重要的工作使是花大力气做经常性的文物普查。我们很少做文物普查，做一次停顿几年，做的时候临时调动一些非专业的人参加，指导思想也不明确。在欧洲，例如意大利，政府有一个常设的全国文物普查登录所，拥有3000个固定的工作人员，长年累月地普查、登录，把普查所得，经专家鉴定、评价之后，由政府指定哪些建筑是应该保护的文物。而由于没有经常性的普查工作，我们的文物建筑的确认是先由地方上申报的，这种做法很难有全局性的整体性的眼光。这是我们的文物建筑和历史地段零碎而不成体系的又一个原因。这种做法也是很不合时宜的了。

第四，保护文物建筑和历史地段所携带的历史信息，根本上就要保护它们的真实性。真实性是对历史信息的本质要求。

为了保证历史信息的真实性，对文物建筑和历史地段保护有几项基本原则。一、最低限度干预原则，就是，只对文物建筑作为预防或制止倒塌和腐烂等破坏过程所必须的最少的干预，此外便不再对它们动手动脚。这条原则很重要，但只适用于没有生活内容的"纪念性"建筑。对于继续在使用的文物建筑，内部做适当的改动以提高它

们的使用质量是难以避免的。二、最大限度保存原用的构件和材料的原则，不可轻易更换它们。三、可识别性原则，就是，凡在维修过程中不得已更换过的或添加到文物建筑上去的大大小小的构件和材料，都要和原来的构件和材料有所区别，可以比较容易地看出来。例如颜色、材质、做法等等不同，但不要太过于变化突兀。也可以使用钉牌子、挂说明图等等方法。四、可逆性，就是凡施加于文物建筑的各种修缮措施或新加的构件，都可以在必要时予以撤除而不致伤害原建筑。所以，在西方可以见到有些文物建筑的墙体有倾斜、断裂等等险情的时候，并不拆卸重建，而用临时支撑维持，以最大限度地保存原物，等待将来有更妥善的技术。五、可读性，就是想方设法把文物建筑过去的历次变化表现出来，使它们的历史成为可读的。譬如原有的某个窗子封堵了，某个房间隔断了，某个壁炉改造了，等等。这是一项很费脑筋但却是技术上和艺术上都很有创造性的工作。六、只是经过详细深入的研究，有确凿可信的证据，并且论证过拟采取的措施的积极意义，才可以补上文物建筑缺失的部分或去掉后加的部分。七、要把修缮文物建筑的措施、过程、做法、材料等等翔实地记录下来。如果发生过争议，则应把各方的意见、论证和最后如何做出决定也都记录下来。

以上七项原则，表明文物建筑保护是一项复杂的高度专业化的工作，它的内容和精神决不是"整旧如旧"所能概括的。因此建筑师或者抱着建筑师式的观念的文物保护工作者，经常对某些严格的保护原则难以接受。但是，毫无疑问是建筑师式的文物建筑保护观念和方法不合时宜了，因为正是这些原则才能最大限度地保护文物建筑的历史真实性，最大限度地保证它们作为历史的实物见证的价值。

所以，联合国教科文组织推荐的教科书里，把这些基本原则称为文物建筑保护的"道德守则"。

第五，文物建筑和历史地段保护工作者必须专业化，文化建筑和历史地段保护

机构必须专业化。

我们现在从事文物建筑和历史地段保护的人，不论是从事技术工作的还是从事管理的，什么样教育背景的都有，在文物建筑保护工作已经高度专业化的时候，这种情况是太不合时宜了。长期不培养高学历的专门技术人员和管理人员，机构也不专业化，这说明我们的文物建筑和历史地段保护的观念是太落后了。

在欧洲各国，文物建筑保护师是一个专门的职业，他们出身于大学的文物建筑保护专业，有一些是建筑学毕业，经过相当于硕士的几十个学分的学习，得到专门的毕业证书，再考一张执照，才能有开业的资格。没有经过专门的学习，任何一位建筑师，不论声望多好，水平多高，都不能从事文物建筑保护工作。在我们一个经济文化都很发达的省里，我结识过由幼儿园阿姨直接调任的县文物办公室主任，有由民营小五金厂厂长任上调来的县文物局局长。跟他们谈话，发现他们连起码的文物保护知识都没有，甚至不知道中国有一个《文物保护法》。过去，有两个说法，一句是"外行领导内行是普遍规律"，另一句是"破除迷信，解放思想，卑贱者最聪明"，看来，这两句从来就不合时宜的话在文物建筑保护领域里还在起作用。

行政管理机构方面的非专业化就更可笑了。一个文化很发达的省里，几十个县只有一个县有文物局，别的县里，文物工作有由文体局管的，有由广电局管的，更有由旅游局管的。它们怎么管？大多是由一位副局长顺手过问一下，上面则通常是由民主党派的女副县长抓一下。这样的人这样地抓一下、过问一下，文物建筑和历史地段的保护怎么可能做好呢？

有一个文物大省的地级市的文化局里设了一个文物科，有一个科长，一个副科长和一个科员。科长长期养病，副科长长期到乡里挂职，剩下一个科员，专做各种短期工作，春天调去搞计划生育，秋天调去收农业税，冬天则参加征兵。抗洪、灭山火和其他临时要人的事，他总得去参加。我问他有关

下面县里的文物建筑的情况，真是一问三不知。这当然不能怪他。

文物建筑保护机构可有可无，等于文物可有可无，这就是我们不少地方长官的看法。有一位很有名气的地方长官就把文物建筑叫做"包袱"，碍手碍脚，不如"一张白纸，可画最新最美的图画"。

文物建筑和历史地段保护工作需要专门人才，需要专门机构，我们应该真正地"与时俱进"，赶快下决心培养高学历的专业人才，加强建立专业化的管理机构。

第六，旅游是体现文物建筑和历史地段的价值的一种活动。但旅游活动必须在保护文物的前提下展开，必须服从文物保护部门的有关规定。

旅游本质上是一种文化活动，人们在旅游中增长知识、开阔眼界、陶冶性情，但我们近年的旅游热是在"拉动内需"的经济目标下煽动起来的，变成了地方政府唯利是图的急功近利的活动。旅游活动错了位，变了味，所以，它不但降低了旅游的文化意义，反而常常对文物建筑和历史地段进行压榨式的"开发"，威胁到作为保护单位的文物建筑和历史地段的安全，以致有些已经遭到严重的破坏。

1984年，我到瑞士巴赛尔城参加了一个国际文物保护界和旅游业者合开的讨论会。大会将要结束的时候，欧美旅游业联合会的主席在台上宣布，旅游业者一致同意，力争在短期内把旅游从经济活动改造成为文化活动。并且宣布，接受文物保护工作者的意见，各旅游社将在短期内协商削减某些文物在旅游高峰期的参观人数，严格遵守文物点上旅游最大容量的限定，放弃一些旅游点以利于文物的保护，把一部分乘大旅游车的路线改为步行线，等等。不久之后，大旅游车就不进罗马城了，改用小面包车进城。然而在我们国内，旅游业者一般并不考虑文物的保护，更不考虑旅游者的文化需求，甚至以购物和吃吃喝喝代替旅游，不顾文物建筑和历史地段正式的保护规划，乱建商业设施。更糟的是，一些地方官员，为了增加收入，也同样不顾文物保护，而去迎合旅游业。一位地级市的副市长在有关文物建筑和历史地段保护的一次会议上说："文物建筑的价值就在于开展旅游，不能开展旅游的文物便没有价值。"一位旅游学校的教师接着说："文物建筑和历史地段一定要有卖点，没有卖点便没有价值"。在争论中，一位旅游局的官员说："什么文物法，什么文物局，没有旅游局给钱，文物早完蛋了。文物局有钱修吗？"他们认为，只要讲市场、讲经济，便是先进的观念，否则便是落后的。但这种简单化的想法恰恰非常落后、非常错误。

文物的价值是它自身固有的，那是它根本的价值。实际上，旅游业在很大程度上依靠文物建筑和历史地段，例如故宫、莫高窟和苏州园林。有些自然景观，例如黄山、泰山、漓江，实际上早已人文化了。不妨说，正是文物养活了旅游业。因此，旅游业理所当然地应该依法支付一笔钱给文物保护单位用来修缮和管理文物，这是它应负的责任，不是施舍，不是捐助。

正常的情况下，大部分文物保护单位应该是很富裕的，有足够的钱来维持修缮和管理。现在没有政策或法律规定旅游业履行它们保护文物的责任，这是决策者和立法者的错误或疏漏所造成的，导致了旅游业的一意孤行，而文物保护单位却穷得没有钱修房子。

旅游业者不懂文物保护，一门心思只想赚钱，这在当前文化水平普遍很低的情况下难以避免，但应该有一个力量来制约他们的行为，这力量之一便是文物保护的主管部门。正当的关系应该是：旅游是企业行为，文物保护是政府行为，在涉及文物建筑和历史地段保护的问题上，由政府的文物保护部门来制约旅游企业，是顺理成章的事。但我们当前的情况正相反，由于旅游业是地方财政的支柱，是地方长官政绩之所系，所以，长官们往往是迁就甚至支持旅游业而压制文物保护工作，有些文物保护工作者守不住阵地，在旅游业的压迫下一败涂地。

这种近视的短期行为，跟以破坏生态环境、破坏自然资源以求一时的经济效益是同样的愚蠢。"砍树的出政绩，种树的不出政绩"，是不是也是不合时宜的了呢？

第七，我们文物建筑和历史地段保护工作遇到的困难很多，但归根到底，绝大部分困难都可以追溯到体制上的问题。要比较有效地改善我们的工作，就得改善相关的体制。

前面谈到文物保护单位的认定方式，管理机构专业化和对旅游业的制约等问题，就已经牵涉到了体制。问题太多，下面只择重要的再谈一两个。

现在许多人，在讨论政治体制改革的时候，都说政府不应该是全能的，而应该是有限的。当前的情况，最大的毛病出在"第一把手"的全能上。五花八门、千头万绪的事情，全都决定于"第一把手"的一张嘴，一支笔。但实际上，我想，清正服务的好长官一定不少，但全知全能的长官一个也不可能有。

某地有一个村子，被批准为国家级重点文物保护单位，并且做好了保护规划。村里人的保护工作做得相当好。但是，市里的长官来了，先是书记下令填了小半个水塘，假造什么太极八卦，给村子起了个名字叫"八卦村"。后来，市长又下令在村口最重要的位置上造了一排39间仿古店面，打算发一笔大财。长官们的两次硬性命令既破坏了文物的面貌，又破坏了它的文化内涵。村里人是抵制过的，但怎么顶得住市里长官的压力。又有一个聚落，也被批准为国家级重点文物保护单位，并且也做好了保护规划。但是，它内部充斥着大量的现代楼房，老房子寥寥无几。市里的长官给它编了一个顺口溜的"改造"计划，很长，我只记住头尾几句："全部拆光，彻底重建，明清风格，原汁原味……市场运作，两年完成。"

我并不怀疑长官们做这些事情有不良的动机。但是，我遗憾地认为他们对文物，对《文物保护法》，对有关国家级重点文物保护单位的规定是完全无知的，而且他们也不知道自己知识的局限。如果按照中国共产党第十六次代表大会的政治报告中建设"学习型社会"的设想，他们努力学习，也许会好一点，但是，不论怎样努力，他们和新有的人一样，是不可能学成全知全能的。而我们的体制却设定他们是全知全能的，或者要求他们全知全能，并且使他们习惯于自以为全知全能。

据我所知，西方一些国家，市长先生并不能过问市里所有的问题，至少没有最后拍板的权力。例如，意大利的城市规划，是由总规划师、总建筑师和总文物建筑保护师三个人签字而由市议会通过的，市长管不着。又如我到白俄罗斯的明斯克参观，看到城市非常漂亮，绿化尤其好，我指着一处草地问规划局的总建筑师，如果市长要求在这里造一幢高楼怎么样。这位口若悬河能回答所有问题的人，一时竟回答不出来，想了一想说：从来没有发生过这种情况。我又追问了一句：如果发生了这么一件事呢？他又想了一想，说：那就按市民来信一样处理好了。我听了很轻松，觉得这市长也当得轻松，多好！何必叫他去管造房子，他何必去管！

我们的地方长官统管一切，对不少长官来说，一切之中最重要的，是上任三、五年后的升迁，也便是一上台就要搞立竿见影的"政绩"。为了这个，他们片面地抓经济，本来有个"以经济建设为中心"的方针，但他们把"为中心"歪曲为惟一。一来是"上面"沿袭计划经济的老办法，有指标压下来，必须完成。二来是抓数字容易出"政绩"。真的出不了可以出虚的。三来是文物保护工作从来没有指标，而且三、五年出不了什么"政绩"，长官们等不及。何况保存一片历史地段，说不定还会被负责审定"政绩"的人认为没有改变旧面貌，还不如浪掷一大笔钱去造个音乐喷泉广场，倒像是"面貌一新"。

长官万能，就是政府万能。政府万能，就会导致排斥或轻视民间力量的作用。在西方，民间的文物保护组织很多，能起大作用。这些组织的活动靠民间的文化基金会，而文化基金会的成立是由于政府税法的引导。连私人产权的住宅，如果是文物保护单位，都可以直接向某些基金会申请修缮费，

只要负责修缮的是有资质证书的正规保护师。我们的政府喜欢包揽一切，但实际上干不了一切，弄得焦头烂额，顾此失彼。这种不合时宜的体制能不能改一改呢？

既然包揽一切，就应该统筹一切，但作为社会主义国家，我们在文物保护工作上，却并不统筹。"市场化"一来，文物保护单位被各自孤零零地扔进市场，靠开放旅游挣钱养活自己。但文物保护是不能完全"市场化"的。首先，有很高价值的文物不一定在旅游市场上有多大的"卖点"，有火爆"卖点"的不一定真有多大价值。何况还有交通是否方便等外部条件。这就要求统筹，否则有些珍贵的文物就会连修罅补漏的钱都没有。其次，简单的文物市场化会鼓励某些文物保护单位弄虚作假，给文物加添无中生有的"卖点"。有一个这样干的古村落，财倒是发了不小，掌门人也当上省级劳动模范，但原本很好的文物却毁掉了。而且还会扩散影响。一位市委副书记在全省的经验交流会上说：旅游业就是要无中生有，虚中生实。他所做的样板就是生造了一个"八卦村"。在这个榜样带动之下，那一片又出现了"二十八宿"村、"太极村"之类的东西，闹得乌烟瘴气。应该探讨文物建筑保护工作自身特殊的规律，而不是盲目地把文物保护单位往市场一丢，"自谋生路"。

我们这个国家，在古建筑和古聚落方面，并不富有，而在不合时宜的观念、方法和体制的束缚之下，被认定为保护单位的更是少得可怜。把这些珍贵的文化遗产妥善地交待给我们的后代，这是我们这一代人必须认真对待的责任，我们必须交给后代子孙一个文化资源丰富、多样、和谐的生态环境。为了这个目的，我们必须自觉地从不合时宜的观念、做法和体制的束缚中解放出来。这是又一次伟大的解放。 **E**

（上接第96页）

科学就远非法国可比了。究其原因，首先在于大多建筑院系设于综合性大学或理工科学校（学院）之中，严谨的科学校风根本容不得任何过分的"松散"，为数不多的艺术

院系，在全美建筑院系的整体氛围之下也不得不有所"克制"；其次，由于施教者们主动请缨，众多的"人文"类课程和必要的"科技"类课程很快进入建筑学教程，满足了社会的人才需求，也架构了"学院派"建筑教育体系所应有的合理知识结构，同时还为其后的现代建筑教育奠定了坚实的基础；此外，由于美国的"学院"和"画室"一体化运作，建筑设计课程的教学被收归校有，这更为科学、合理地进行教学管理提供了根本保障……总的看来，法、美两国在各自的"学院派"建筑教育体系运作中，教学管理上严整程度的差别可谓"巨大"，几乎可用"不可同日而语"予以形容了。 **E**

主要参考书目：

1. Arthur Drexler.THE ARCHITECTURE OF BEAUX-ARTS,1977.

2. Daqing Gu. The Design studio:Its Formation and Pedagogy, 1994.

3. Arthur Clason Weatherhead. The History of Collegiate Education in Architecture in the United States, 1941.

4. Ann L.Strong and George E.Thomas. The Book of the School-100 Years,The Graduate School of Fine Arts of the University of Pennsylvania,1990.

5. Theo B. White. Paul Philippe Cret, *Architect and Teacher*.

注释：

[1] Daqing Gu. The Design studio:Its Formation and Pedagogy, 1994. P.43

[2]《中国土木建筑百科词典》，中国建筑工业出版社，1995年.P.385

[3] Arthur Clason Weatherhead. The History of Collegiate Education in Architecture in the United States, 1941. P.51

[4] Julien-Azais Guadet.转引自 David Van Zanten. 'Architectural Composition at the Ecole des Beaux-Arts', — Arthur Drexler.THE ARCHITECTURE OF BEAUX-ARTS,1977. P.112

[5] Paul Philippe Cret. 'A Recent Aspect an Old Conflict', 1935,—Theo B. White. Paul Philippe Cret, *Architect and Teacher*, P.84

[6] J.P.Carlhian, "Beaux-arts or 'Bozarts'?, The Architectural Record,January, 1976, P.131-134—转引自Daqing Gu. The Design studio:Its Formation and Pedagogy, 1994. P.59

[7] Paul Philippe Cret. 'The Question of Education:Everlution or Reverlution', 1924.—Theo B. White. Paul Philippe Cret, *Architect and Teacher*, P.56

〖问学堂论学杂著〗
苦海，北大开课蠡言

曹　汛

这个题目里说的"北大开课"，指的是在北京大学考古文博学院开授建筑考古学新课。我刚刚在本刊上一期发了一篇《赴台开授建筑考古学新课纪事》，那篇赴台开课纪事和这篇北大开课蠡言，好像是一双姊妹篇，细心的读者也许还会发现，我前些时候写过一篇《希望致语》，希望致语与苦海蠡言，好像又是有意在题目上做对子，其实不然。《希望致语》的后面提到前路的艰难，临末了写下几句难免苦怆的话，那已经是一种苦楚的预感。我这里写下的蠡言，虽然还是难免苦怆，却仍然是在寻找希望。

我在前文说起，北京大学和台湾树德技术大学同在1999年创设古建筑专业，树德叫古迹建筑维护系（我建议他们叫古迹建筑系）。两岸新专业名称不同，其实一也。不同的是，他们招的是二技部，即我们所说的专转本，一上来就是三年级，我们招的是普通本科，从一年级开始，所以他们那边先开了建筑考古学新课。他们需要支援，救课如救火，我就先过他们那边开课了。台湾的教授待遇较高，又是校长校董会一致通过，主管上司他们的教育部、民政部批准在案，请我做特聘教授，不仅极其郑重，名份和礼遇亦甚高。借我住一套专家宾舍，一间客厅便有八九十平米，居室4间，卫生间2间，其他设施称是，还都是分文不收。我从来不生病，校方还为我投了很贵的医疗保险。他们师生对我格外尊敬和亲切，校长校董们也给予很多关照。两岸都是炎黄之子孙，台湾同胞是我们的手足兄弟。我去那边只是伸手支援他们，不是为的名份和待遇。台湾

和大陆一样，教授要满负荷，我上的3门课，正好10节。他们还希望我多上一些课，多上课多付报酬。我因为要尽快熟悉台湾地区古建筑的遗存和乡土特点，寻找和锁定台湾建筑考古实习的课题目标，迅速和当地接轨，需要很多精力。再加上他们是一百多名学生，我要给他们出两次实习题，加以辅导和去部分现场，还要改二百多份实习报告，已经是超负荷，再也没有力量多承担一些其他紧缺的课程了。

北大古建筑专业我申明只上建筑考古学一门新课。大陆本土初开此课非同小可，我希望讲得更好一些。我从台湾回来就准备开这门课，北大原排在三年级下学期上这门课，不知为什么一直拖到四年级下学期，今年2月才开出来，实在是太晚了。建筑考古应该是建筑历史历史建筑的核心和支柱，我曾说过，没有建筑考古，建筑历史支撑不起来，也维持不下去。对北大考古系的古建专业来说，建筑考古应该是必修的核心主轴课，可是不知道为什么，却定为选修课，课时又太少。考古系的古建专业可以不上建筑考古，就好比英语系可以不上英语，岂不是咄咄怪事？1999年入学的这个班共招9名学生，其中7名同学选了这门课。又有考古专业三年级7名同学选了这门课，此外还有广东佛山成人学院的一位进修教师。总共是15名学生。

我讲的建筑考古学共分四个部分，一是绪论和导言，讲的是什么叫建筑考古学，我们为什么要学建筑考古学和怎样学习建筑考古学。二是建筑考古学的根基和方法。我讲的根基很广泛，牵涉到小学、文字学、

作者：曹汛，北京建筑工程学院建筑系教授；台湾树德技术大学古迹建筑系特聘教授；北京大学考古文博学院兼任教授

训诂学、校勘学、文献目录学、方志学、地理学、金石学、考古学、史学、文学等边缘借鉴学科，重点则是讲的建筑考古学的方法，即史源学、年代学考证和类型学。三是课题和目标，建筑考古不仅要考证地面上的古建筑，还要考证地下遗址、老照片，与建筑史有关的一切物、事和人，以及著作和文献等等，总而言之是，建筑考古学的课题是在建筑史的范畴内牢笼万有，无所不包，我称之为全相位的建筑考古学。它的最终目标是支撑建筑史、挽救建筑史学的困境，全面推进传统建筑文化研究之向纵深发展。四是建筑考古学的分期和断代，它的分期和一般通史、考古学和古代建筑史的分期断代大体一致，分作原始社会、夏商周奴隶社会、战国秦汉、魏晋南北朝、隋唐五代、宋辽金元、明清。一般考古学不讲明清，建筑考古学一直考到清末。还有一个不同是，我讲分期，是逆着历史年代从近到远讲的，我强调的是史源学年代学，这样才便于溯本求源。断代的问题最为复杂，还要分开来讲，这里不能一一赘述。

我是建筑学专业出身，研究建筑史迤逦四十年，教过建筑史，临到满年退休却又鼓吹并在海峡两岸教起建筑考古。有些人可能会认为，有了建筑史什么都够了，何必多此一举再开什么建筑考古？这个问题，我在一篇小文《建筑考古学卮言》（刊本"卮"误排作"后"）中曾说起，上世纪初，我国史学界已有疑古派释古派和考古派之争，著名考古学家黄文弼先生说，改革史学"非以考古学作基础不可。"梁思成先生在《中国建筑史》一书中更说，"中国建筑历史之研究，尚有待于将来建筑考古方面发掘调查种种之努力。"我国历史学根基深厚，还要从中分枝出考古学。早在汉代就既有史学，又有"传古学"、"习古学"的说法，宋代人著述更明确使用"考古"一词。上世纪初考古学从史学中独立出来，成为独立学科。历史上总是后代人写前代的历史，司马迁的《史记》写的是他以前的通史。宋代李诫（旧误作诚）写了《营造法式》，有宋朝人写的唐朝建筑史吗，没有。从这个角度来看，建筑史完全

应该依赖和仰仗建筑考古，建筑史非以建筑考古作基础不可。建筑考古能够穿透时间的距离，山河的岁月，有力地、坚韧地横过历史，是实打实着的硬梆梆的真学问。

我讲的建筑考古学，既是建筑史的一个分支学科，又是可以和建筑史并行的独立学科。北大先有历史系，后来内设考古专业，再后来又单独成立考古系，就和历史系平行并列了。我在北大这样讲起建筑考古学，北大方面无疑是很能接受的。我以前在北京建工学院就把文物考古概论分讲成文物建筑学和建筑考古学。我在北大开始上建筑考古之前，新调进清华的王贵祥教授说，清华也想开这门课，希望我去上，或许这可能是他个人的想法，却代表一时倾向，说明建筑系建筑学专业也是愿意接受的。据说同济大学现在也招了古建筑专业，古建筑专业当然要上建筑考古。

我讲的建筑考古学，足文献考证与头物考证并重，无论文献还是实物考证，都要以史源学年代学考证为根基。北大古建筑专业的课程设置计划列有古代建筑年代鉴定一课，古代建筑鉴定正是建筑考古的重点和核心，鉴定的核心和基础同样还是史源学年代学考证。古代建筑鉴定可以含在建筑考古学之中，单开一门课也好。有人就建议我写一本怎样鉴定古建筑的书，说是一定能畅销。说实在话，我们现在建筑界文物界，已经没有人在意和能够准确鉴定古代建筑了。我说这个话可能会开罪贤达，若说很有人会，这个那个专家都最为擅长，我们却看不到找不着，是我有眼无珠吧。嵩岳寺塔建于唐代开元21年，而不是北魏正光元年或正光4年，这个问题至今认识不上去，又新定出一个安阳灵泉寺所谓北齐双石塔，它原来不过是唐初永徽年间三阶教一般苦行头陀僧人的烧身塔，不是北齐佛教大师道凭的烧身塔，道凭不会也不曾烧身，塔上题额和大齐河清二年是宋人所题伪款。前人所定兴教寺玄奘塔建于总章二年，还说是古代楼阁式砖塔的"重要范例"，其实它始建于宋政和5年，为宋代所建仿唐式的塔，即宋人所造的假古董，我们没有看

出来。周至仙游寺塔不早于唐，未经考证，只说"专家论定"便定为隋塔，还称作是"隋塔第一例"，定为国家级保护单位，拆了，迁了，拆除时地宫中发现有唐代塔铭，还说是隋塔，等等。说真话开罪贤达惹人不满，说假话天地不容，违背自己的良知，对不起读者和我的15名学生。古人说察见渊鱼者不祥，我当老师的，宁肯不祥，也不能诓骗学生，把他们推入一蹋糊涂的泥塘。那就让我下拔舌地狱吧。

10年前我在本刊第69期一次建筑历史研究方法的专栏讨论文章中写的《建筑史基础史学的史源学真谛》一文，已经讲到史源学考证。我是从已故史学大师陈垣先生的论著和《陈垣来往书信集》里学到史源学的本义和方法。陈先生的史源学叫《史源学研究》，又叫《史源学实习》。他在开创这门新课时，在黑板上写出的开课导言竟是考寻史源有二句金言：毋信人之言，人实诳汝。"这两句金言，我是后来得知，一下子叹为绝倒，虽然闻所未闻，却又心服口服。我在台湾开课和这次在北大开课，都是用的这两句金言。我曾反复推敲琢磨寻索，也想过用正儿八经的学术语句是不是可以替代它，比如我常说的"辨章学术，考镜源流"、"陶醇沈懿，祛伪存真"，或者借用文学大家的浪漫诗句："云间辨江树，天际识归舟"之类，虽然颇有风采，却都没有陈先生那两句金言寓庄于谐，更具有神奇的魅力和诙诡的妙趣。于是我更加叹服，经常引用史源学同时，我又特别强调年代学。年代学作为一门学科，又是陈垣先生首创，当年北大、辅仁、清华、燕京都开过年代学的课，解放后才停掉。北大邓广铭教授强调治史学有四把钥匙，其中之一便是年代学，他这个见地非常之好，后来还是不免遭到批判。对于建筑考古学来说，年代学当然最为重要，并且是和史源学联在一起互为表里，我常常把史源学年代学并列共提，称我的考证为史源学年代学考证。我在一篇题为《寻找一个药方》的小文中说，"以我大半生研究文学史、艺术史、建筑史和文物考古、金石碑刻、诗词书画的诸多情结，在不断吸

取新鲜学问、调整知识架构的同时,总以为史源学年代学还是认真读书做学问的一种基本功底,掌握了它的真谛,在实践中磨砺,我觉得受用无穷。"当年是由于批判胡适,扩大化批判顾颉刚、俞平伯,再扩大进而批判所谓"繁琐考证",史源学年代学便一古脑儿枪毙取消了。我的小文呼吁恢复考证的名誉,重开史源学、年代学的课。此事不小,《光明日报》刊发此文很是重视,排在头条显著抢眼版面,加了花边,还用黑地白字给出一个醒目的栏目名称"直抒胸臆"。这四个字恰巧最得我心,我曾作一打油小诗自我解嘲并赠友人云:"朴学幸喜知者少,文章唯恐近浮名。直撼血性抒胸臆,适俗逃禅两未能。"不知怎的,这篇《寻找一个药方》后来竟被收入《世界学术文库·华人卷》第一集,好像还得了一个什么世界华人优秀论文奖,甚于还把我的名字和事迹收入世界优秀华人大辞典什么的,真是惭愧有加令人惶恐发汗了。我想到前人有那么一首小诗"忽然/假如/有一天人们/稀罕起它来了/与自己是不太相干的。"我自己一向保持低调,这种复兴绝学的呼吁事关重大,人家重视起来也是对的。我是希望药方能够奏效,衷心希望北大能带个头,历史系、考古系能重开史源学、年代学的课。我在北大开授建筑考古,大讲史源学年代学考证,也希望得到认同,取得共识,不至于少见多怪,也就是了。

我一生埋头读书做学问,皆用黄老,以自隐埋名为务。我曾作打油小诗赠友人以明心志曰:"我不与世争,世亦无争者。举世慕浮嚣,谁肯争沉默。"考证之学和建筑考古都是朴学,不是显学。我做学问自1963年写了第一篇论文《略论我国古代叠山艺术的发展演变》开始,一向都是辛苦爬剔,自己搜求第一手史源性材料,后来写的《张南垣生卒年考》更是从史源学年代学着眼。可是,直到"文革"结束拨乱反正以后,还有人指责我搞繁琐考证,或替我惋惜,说我有考证癖,是走偏了。我不得不引一首唐诗以为解嘲:"浅浅一井泥,大家同汲之。为我嫌水浊,凿井庭之陲。自凿还自饮,亦为

众所非。吁嗟世间事,颠倒诚何为。"唐代诗僧淡然仅有"到处自凿井,不能饮常流"二句留传下来,二句最得我心,作者事迹沉晦不明,我便作了一篇《淡然考》,大概考证癖又发作了罢。这些话说远了,赶快收回来。有的读者也许会觉得奇怪,为什么我要唠唠叨叨供述自己的经历磨难和治学薪向?像我这样执迷四十年钻研建筑史摸索建筑考古,在博物馆考古所做了二十多年考古队员,直到55岁才找到个教书的位置,退休后却又教起建筑考古,全国也算只有我这一个怪人,成为稀有动物了。我实在也是两难,说是教建筑考古能行有自吹之嫌,故作谦虚说不行,为什么还要给人上课?我讲的建筑考古自成体系自为一家。我引陈垣"毋信人之言",别人当然可以不信我,我自己总得有坚定的自信。同学要我开出自己的文章篇目,我的文章不曾结集,散发在多种刊物上。我说除了一些散杂随笔,学术文章还是以史源学年代学考证为大宗,大大小小一二百篇吧,但不全是建筑考古。把史源学年代学的考证方法,用于考证建筑历史课题的,才是建筑考古,总共有数十篇。也有几篇算是好一些,如《嵩岳寺塔建于唐代,建筑史上应该重写》《姑苏城外寒山寺,一个建筑与文学的大错解》、《陆游〈钗头凤〉的错解错传与绍兴沈园的错认错定》等,有的还得了个名头很大的什么金奖,有的则招到非难攻讦,还有酿成事件闹得满城风雨的。赞宁考证"语必有征","俗僧恶其覈实,多不从之"。这种事历来多矣。

我深知自己还有不足,仍在打造自己,奋励向前。我写过一篇《教授失学的悲哀和建筑史学的困境》,我说失学和悲哀是指我自己,人家紧跟浪潮弃学经商恭喜发财或搞创收造假古董挣大钱去了,自然会欢乐开怀,那里会有悲哀?我不识时务找死卯子钻研建筑考古,而古建筑奇珍国宝却分散在各地,我没有课题没有经费没有助手,还隔着行业,就是自费跑去,人家还会拒之门外不予接待不予理睬。我愿意到北大教建筑考古,当然是想出一把力救助建筑史学的困境,其次也是为的救助自己的失学,

洗刷失学的悲哀。北大乃文史学科最高学府,考古文博学院不仅有对石窟寺考古和藏传佛教寺院考古造诣甚深的宿白教授,还有不少与建筑考古密切关联应该互相沟通交流的学科,如夏商周考古、汉唐考古、佛教考古、丝绸之路考古、田野考古、西亚文字等,北大各有专长的学者我也都要向他们学习请教。像居庸关北弹琴峡五郎像左近为一藏传佛教遗址,两处崖石上有五组民族文字题刻,我只认识一组是藏文和蒙文六字真言,其他一概不知是什么文字什么内容,因为泐失不清,我在翻拍照片上描摹更难免失真走样(图1),这样的问题更是要向当行专家求教了。建筑考古是考古,我到北大考古系讲建筑考古,真是名符其实的"班门弄斧",却也正是为的可以随时随地向各位当行专家求得交流和指教。

我讲建筑考古和史源学年代学考证,强调文献和实物或样式的互证。清末民初日本人到我国调查古建筑,文学博士常盘大定先是和工学博士关野贞,后来又和工学博士伊东忠太搭档结伴同行,一个人考文献,一个人考实物。台湾古迹的调查和维护报告一般也是建筑专业和历史专业的人分工执笔,如阎亚宁、邵西萍、吴奕德等一般是请历史系副教授卓克华先生合作,正是日人关野·常盘模式。这样两个专业的人合作,有时两个不如一个。常盘和伊东联手调查五台山佛光寺,二人明睁眼漏,把唐代大殿错定为明代。我在台湾和北大讲课,都坚决反对那种模式,建筑考古学的目标,就是把建筑和考古结合起来,把文献考证和样式考证两种专长结合到一人身上。

我讲的建筑考古学分三个档次。不仅仅是考证年代和样式,对古建筑进行鉴定,写出调查和维护修缮报告,那不过是初级要求。再进一步是专门做课题研究,有时是纠正旧日的巨误,如嵩岳寺塔之建于唐代,有时是寻找重大发现,如春秋战国齐长城,有时是提升已知项目的历史价位,如司马迁祠庙仅定为宋,要上溯深究,考证确认西晋已有石室和双阙,最后认定该地确是司马迁生前自选的茔域,于是司马迁祠庙的

命题，便可进而改定为司马迁祠墓，那就把时代推向西汉，可以名正言顺而列入世界文化遗产预备项目了。这还不算，建筑考古学还应该走向更高的档次，寻找形而上的建筑历史课题，不但要把考证文章写出"巫峡千寻，走云连风"、"具备万物，横绝太空"那样一种境界，还要更进一步，写出"超之象外，得其环中"、"天地与立，神化攸同"那样一种气象。建筑考古学的博大精深，不可小看，切切不可把它的底蕴看得太低了。为此我们必须取法乎上，学习陈垣先生的榜样，努力成为一个考证的通人、巨匠，乃至大师。陈垣先生的史源学考证，当年学术界人士一概佩服得五体投地。陈垣先生考据学成就，外国人也刮目相看，傲慢的伯希和瞧不起中国人，但他也不得不承认，陈垣先生和王国维先生自是"世界级的顶尖学者"。

我讲建筑考古，就是要秉承陈垣大师的金言"毋信人之言"，一再强调一切建筑历史课题，一切历史建筑实物，都必须经过科学的缜密的考证。没有考证过的，一定要从头考证；考证不够的，要继续考证；考证错了的，则要重新考证，彻底纠正过来。

建筑考古是实践性很强的一门科学。建筑史讲述已知，建筑考古探求未知，需要不断地向纵深开拓扩展，不断地奋厉进取，必须强调现场调查实习研究考证，并且还要主动参与古建筑周边现场和遗址的清理发掘，建筑考古绝不能像建筑史那样照本宣科讲完事。我说古建筑专业上建筑考古一学期2个学分，学时远远不够，就是指的讲课不够，实习的时间更不够。我在台湾开建筑考古，参观不算，一学期还要做两次实习。我在北大开课，当然还是要实习作题，也是先带他们出去参观。开学不久，还未化冻，那天又赶上下雪，还是带他们乘火车到居庸关、弹琴峡等一路八九个景点，步行十余里，重点看了云台，居庸关过分修缮之滥劣败事，以及上关玉峰寺汉唐居庸关的神秘撩人，并仔细考察了仙枕石上三四种题刻，让大家从石刻上直接辨识古人题诗题句。讲课讲到小学辨识文字和金石学解读石刻题诗题句时，又举行一次摸底自测，出了4道题，一、识出一汉代瓦当文字。(图2)。二、居庸关东园石墓坊有"孙公先茔"四字题刻，怎样标点（姓和名下用人名号＿＿＿），这道题的实质是墓主究为何人，《昌平地名志》说它是居庸关守将孙先之墓，到底对不对，为什么？三、断句标点：

李巨川为华帅韩建掌书记

王建既诛田令孜上表自陈曰

人名地名要用＿＿＿号。四、录出仙枕石题诗题序。(图

3）这次考题是初级水平，必须掌握又不难掌握的。考试结果并不理想，第一题白给，也有没答对的，第三题没有一个人答对，第四题没有一个人能全录出来，能大部分录出错得不多的也没有几人。考试之后随即布置第一次现场调查实习，选定北京地安门桥，今定为元代，是否可信，桥身主体、栏杆望柱二十四气柱头、堤岸上下8只水兽蚣蝮，均建于何时，怎样解读识破，找出考证线索，写一篇予查纪略。这次老师不带队，自己去找，也不予指导，名物制度也不给指明。作业都很努力，解说以后大家收获很大，我还讲了一个三虎桥的故事，同学考证求知的兴趣更浓厚起来了。讲到建筑考古的核心关键环节史源学年代学考证，就又布置第二次实习，对古建班四年级来说，已是毕业前最后一次实习了。为此我早做了充分准备，出了十余个课题，都是重要的目标，够格提升为世界遗产预备项目和国保单位而被漏掉忽略了的，计有山东春秋战国齐长城（图4），延庆古崖居（图5），韩城司马迁祠庙应考定为司马迁祠墓（图6），新金吴姑山城为东汉川城壁坞（旧定高勾丽山城），玉峰寺遗址和汉唐居庸关，武山拉梢寺北周重拱木构窟檐（图7），广州怀圣寺光塔和唐初伊斯兰教大贤斡葛思墓（图8），安阳灵泉寺与三阶教，长安南五台圣寿寺唐代最早楼阁式砖塔（旧定隋）（图9），长安秦岭焦峪山顶二龙残塔及其周边遗址（图10）等等。这些题目我已瞩注甚久，有的已经做过研究考证，甚至已经可以写文章发表了。但是为了这个新创办的，我所爱的，呼唤过的，盼望已久和期望甚高的新专业，和新开的建筑考古一课，我觉得需要留下来让给学生做题，也算是舍己芸人罢。我的心情很高，黄埔军校第一期出了不少干将，"文革"后第一期作家培训班出了一批著名作家。这第一期古建班，若是走向对头，步调不乱，高视阔步，师生共同努力，本应该培养出几个生龙活虎，让世人刮目相看，不可小瞧了北大，我们当老师的就说我自己罢，也免得丢人，叫人笑话。古人有云："十岁的神童，二十岁的才子，三十岁的凡人，四十岁的老而不死。"这些学生可都是各地拔尖才子，叫我把二十岁的才子教成凡人，打死我也不干。我不但不服气，觉得还有些办法，启发他们的益智，诱导他们的激情，既要循循善诱，更要勤勤督导，便不难打磨出真正的人才。我是有儿有女的父亲，可怜天下父母心，这样才好对他们的家长有个交待，恕我直言，可惜这个班办得不是太好，起点太低，专业走向迷茫，课程排得很不在行，建筑考古上得太

1

2

3

4

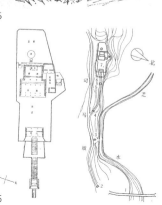

5

6

7

8

9

10

11

晚，学时太少，都成了先天不足。我这套实习计划，因为没有经费，也全落了空。不过系里对这套计划还表示认同和支持，同意我可以先带研究生去调查武山拉梢寺，并让我另选北京及附近的第二套实习方案。我随即提出延庆古崖居，玉峰寺和汉唐居庸关，房山孔水洞唐刻辽塔，延庆西拨子辽金佛岩寺，关沟弹琴峡藏传佛教造像所谓"五郎像"，"六郎影"及其佛寺遗址，廊房唐代石灯和古安次具（图11），永清唐初四角陀罗尼经幢，芦沟桥，地安门桥等课题，并且马上开始运作，前往廊房现场，得到一批重要材料和线索，还要再去，又因"非典"猖獗，不宜外出，对方也不予接待，只好又作罢了。因为"非典"，这一套计划又落了空。"五一"之前不少学生回家，及至今天我写此文时值5月15日，还都未回来，两个班选了我这课的，只剩5位同学在校，坚持来上课，再加上因"非典"从历代帝王庙测绘实习现场撤回学校的古建三年级一位同学也来旁听，总共也只有这6位同学了。"非典"是一场灾难，必须严防，但只要北大不停课，我一定坚守岗位照常上课。我总是先到教室，打开全部窗户，还在校园里采一大把黄色白色紫色小花，插在讲桌上的粉笔盒里，美化一下环境，平添一种情趣，给出一丛信念和希望。我们不但泰然自若，北京"非典"相信也将在五月底至迟六月初得到控制。这门课还在上，实习也就必须要做。不得已的情况下，退而选择第三方案，在校园内进行。北大校园原为圆明园附属园和王公贵族宅园淑春园、睿王园、镜春园、鸣鹤园、朗润园、蔚秀园等，校园内还有不少圆明园、长春园的石刻石碑，如安佑宫华表一对，石麒麟一对，龙凤丹陛一件，西洋线法桥一座，谐奇趣前喷水石座以及乾隆十年十二年圆明园总管王进忠、彭开昌所立碑，乾隆半月台诗碑，乾隆重摹梅石碑及梅石碑文，土墙及种松诗碑等，都有一定的研究考证价值，虽是小题仍可深做，学得到东西。数数家珍查查家底也是我们的责任。且校园环境清幽，空气鲜洁，这些遗址遗物又都分布在丘屿水面附近，花木丛中，现场实习多做户外活动，对增强体质抗防"非典"也不无裨益。同学们对这批课题兴味甚浓，我也要加强辅导和提示，大家会高高兴兴地做好。可惜的是还有几位同学没有回来，课题也做不过来，只好等他们回来补课同时再做了。回想台湾初开此课时运作良好，大陆本土我们北大首开此课，却遇到这么多的艰难困苦和波折，尤其是"非典"这么大的国家民族的灾难，都是原来无法预料的，所以本文标题便以

沉重的心情写下了"苦海"二字。我不能不说，这期间我个人身上又降临了一桩苦难，就是我老姐姐不幸突然病故。我4月18日得知她不恙，外甥们怕我着急，说是不像太严重，我因为怕耽误上课，决定22日下课后乘晚车立即赶去，未想到20日病情急剧恶化，抢救无效老姐姐喊着我小名逝去了。我7岁丧父，大姐二姐已出嫁，老姐姐和我挨肩比我大7岁，家境贫寒，老母出去缝麻袋，老姐去纱厂当童工，协助老母提携鞠养把我拉扯成人，还一定要供我读书，后来老母又不幸逝去，三年困难时期老姐省吃俭用忍饥挨饿，支援我读书直到毕业。我姐弟二人的关系非同寻常，老姐姐故去我痛不欲生，长号不能自禁，外甥孙辈跪满一地苦苦相劝……当然这是我个人的不幸和苦痛，却偏偏发生在这个时候。

我在为这个专业这个学科的开办开创写《希望致语》的时候，已预见到会遇有和面临种种艰难困苦。我曾对孙华先生说过，我和这批学生都得准备做敢死队，孙先生不以为然，以为我言重了。《希望致语》最后说，"虽然有了建筑历史专业，有了建筑考古学，却已经是错失前机，桑榆恨晚。这个新专业新学科的建立，显然还面临着很多困难和很大的阻力。"接着又说，"但是虽然如此，我也还是知难而进……我只是尽一个读书治学之人的本份，终古含情，鞠躬尽瘁而已。"现在回头来看，我还是基于这样的认识，不过教了这门课，已遇到许多困难和阻力，又遇上旷古未有的"非典"灾难，有了咀嚼痛苦的经历，这才有"苦海"的话头。更有古建筑学生毕业后求职就业的难以解决，也像一只苦胆，堵在我的心头。近来我也总是在想，鲁迅先生说的"绝望之为虚妄，正与希望相同"，到底是怎么个意念？先生说的荆刺丛里且走一遭，安徒生童话又有《快乐的荆棘路》一篇，荆棘路上居然竟有快乐，鲁迅走在荆刺丛里是否也有快乐？本雅明说，相对于神秘的不幸的命运，"这一切也许都是徒劳的，但这徒劳本身就有了意义"。本雅明又说，"只有为了那些没有希望的事情，我们才获得了希望。"我在《希望致语》里说要尽一个读书治学人的本份，现在我做教师，教了15名学生，更得尽一位教师舍己芸人的天职，老不自恤，壮心不已，在荆棘荆刺路上，不断地寻找希望。

2003年5月20日写定，"非典"尚未最后扑灭。对于不幸染疾亡故的同胞，尤其是因献身抢救而染疾亡故的医护人员，致以沉痛深切的哀悼。**E**

信息视窗

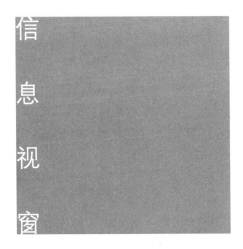

1 今日建筑

1.1 ABK建筑师事务所设计的奥法利郡议会大楼的开放

日前，爱尔兰外交大臣 Brian Cowan 主持了奥法利郡议会大楼的开放仪式。这座大楼由ABK建筑师事务所设计，耗资1600万欧元。大楼建筑面积5000m²，共三层，包括办公室和议院。它坐落于一个很大的维多利亚风格的公园内，更像是公园里的一座亭台。对此工程负责人 John Parker 说，就是要让它更加平民化，不那么咄咄逼人。大楼的主体结构用木材和石头建造，和树木葱郁的公园相得益彰。大楼采用自然通风和光照系统，取暖和制冷也主要是通过地下水流系统完成，空调的使用量很小，节省了大量能源。（参见图1）
摘自：http://report.far2000.com/res/news/2003/2/A3022111.asp -->

1.2 福斯特合伙事务所设计的马什 - 麦克伦南公司办公楼近日开放

这座办公楼位于伦敦城内，高7层，建筑面积42000m²。办公楼分两部分，呈三角形排列，由一座可称得上是欧洲最大的玻璃中庭连接。中庭是一个半开放式的公共区域，为行人提供了遮蔽的通道。这座办公楼取代了原先的16层大楼，为的是不挡住格林威治和圣保罗大教堂以及纪念碑和伦敦塔之间的观景效果。新楼不但还原了开放式的景观，还创造了林荫和水池等公共区域。中庭的玻璃墙超过20m高，用两座楼之间的张力钢缆支撑，像一座玻璃大幕。为了防止立面受风而摇晃，立面和支撑玻璃屋顶的"玻璃"(防腐蚀的硅酸盐玻璃管)紧紧相连。每一根"玻璃针"有两层，内层管和外保护层，两层之间用PVB夹层连接，这些"玻璃针"都压缩过，能够防止压力下玻璃的易破碎性。这座办公楼采用了很多节能手段，如铝质的刀片般的屋顶材料，可反射阳光，降低屋内温度；高绝缘层以及良好的通风装置。
福斯特说："这座建筑不能被简单地称作是办公楼，它是城市化的一个重新改造项目，创造出了新的公共空间。"(参见图2)
摘自：http://report.far2000.com/res/news/2003/6/A3060211.asp -->

2 热点书评

2.1 草图中的建筑师世界
内容简介：

本书主要介绍了草图中的建筑师世界。草图之美在于设计概念的体现，在于形式表达之随意洒落，同时构图上又完整但有一种抽象形式的美感。好的创意是需要在引子、灵感和兴趣的前提下表现的，绘制草图是建筑师的基本素养，而非单纯意义上的谋生技巧。草图首先是满足自己的设计欲望，而非是向他人炫耀的绘画作品。从某种意义而言，草图是设计师的心画。

本书制作精良、版式新颖、内容详尽，作为一本耗资不菲的出版物，的确是一本价值连城的实用参考书。对于建筑画行业业内人士而言，它

是能够激发灵感的宝贵资源。
华怡图书策划中心 编
ISBN：7-111-11856-1 定价：150.00 元
类别：建筑表现 出版年月：2003.5
装订：假精装 页数：200
开本：230 × 230 印刷：全彩
摘自：http://www.abbs.com.cn/books/read.php?cate=4&recid=5520 -->

3 建筑资讯

3.1 国际动态

3.1.1 悉尼歌剧院设计大师杰恩·乌特松（Jørn Utzon）获得2003年普力策建筑学奖

被誉为建筑学"诺贝尔奖"的普力策建筑学奖（Pritzker Architecture Prize）是专为在建筑学上独具想象力、非凡才干和杰出奉献的建筑设计大师设立的。

今年4月9日是乌特松先生85岁生日。普力策建筑学奖的颁发是送给这位大师的最佳生日礼物。乌特松于1960年设计出在建筑史上大放异彩的悉尼歌剧院方案。对于这位丹麦建筑设计大师来说，这座白色风帆式的建筑使他苦乐参半。1966年，在歌剧院的施工过程中，新南威尔士州政府以财政困难为由要求乌特松修改设计方案，压缩建筑资金。但追求完美的乌特松无法接受州政府的意见，与州建筑部长休斯吵翻之后，辞职离开澳大利亚。后来的工程由澳大利亚建筑设计师协助进行。悉尼歌剧院于1973年全面竣工。自离开之后，乌特松再也没有重登这块大陆，亲眼看看这座闻名遐迩的建筑奇迹。普力策奖审查委员弗兰克·格里说，乌特松先生设计了一个超越时代、超越科技发展的建筑奇迹。他不顾任何恶意攻击和消极批评，坚持建造一座一改传统风格的建筑。皇家澳大利亚建筑学院院长格莱汉姆·嘉恩说，乌特松先生的经历表明，冲破世俗，把新的梦想带进城市是极其困难的。普力策奖是对乌特松和他的杰作的最终承认。（参见图3）
摘自：http://www.sinoaec.com.cn/news/press/read.asp?id=26403 -->

http://www.hz.zj.cninfo.net/world/Austra/opera.html -->

3.1.2 华盛顿纪念碑将建地下通道

近日，为了防恐，美国首都计划委员会初步通过一项计划，将在乔治·华盛顿纪念碑下面建一条地下通道，此外，还将扩大纪念碑东边的参观者中心，使它成为地下通道的入口。这条地下通道将成为进入纪念碑的唯一通道，这是出于安全的考虑。预计工程将在2005年完成。纪念碑高555英尺，有896级台阶，顶端能够浏览华盛顿全景。它曾经经历了3年的整修过程，2001年重新开放。有不少工程师，导游和市民反对这个计划，认为它多此一举。
摘自：http://www.cnw21.com/maindoc/news1/2003/05/30/1054259633142933.php -->

3.1.3 韩国将建580m世界第一高楼

据《东亚日报》报道，韩国将开始建设一座高达580m的超高层建筑，这座世界上最高的大楼将于2008年落户汉城。

韩国外国企业协会近日宣布，该协会将与汉城市合作，在汉城上岩洞建设一座名为"国际商务中心（IBC）"的大厦。该协会还在汉城数码媒体城展示了大厦的建筑模型图和透视图。据报道，大厦名为"国际商务中心（IBC）"，占地面积1.2万坪，总建筑面积18万坪。大楼地上130层，地下7层，将设特级饭店、外国人宿舍、国际会展中心以及交通、文化体育设施。韩国外国企业

协会将在今年年内从韩国国内外筹集13亿美元的建设费用。
摘自：http://www.abbs.com.cn/news/read.php?cate=3&recid=5549 -->

3.2 国内信息

3.2.1 中瑞建筑师合作方案为2008年北京奥运会主体育场最终实施方案

这个由2001年普利茨克奖获得者瑞士建筑师赫尔佐格，德梅隆，与中国建筑设计研究院合作完成的方案，今年3月从中外13个竞赛方案中胜出，被评委以压倒多数票选为重点推荐实施方案，并获得公众广泛好评。经决策部门认真研究，日前被确定为中国国家体育场的最终实施方案。

这个巨型体育场的外观如同树枝织成的鸟巢，其灰色矿质般的钢网以透明的膜材料覆盖，其中包含着一个土红色的碗状体育场看台，恰似北京故宫青灰色的城墙内矗立着红墙垒筑的宏大宫殿，饱含东方式的含蓄美。

方案将室内观光楼梯做成外部网架的延伸，形成纯净的形象，并将整个体育场室外地形隆起4m，内部作附属设施，避免了下挖土方所耗的巨大投资，而隆起的坡地在室外广场的边缘缓缓降落，依势筑成热身场地的2000个露天坐席，再次节省了投资，并形成纯粹自然的环境。评委会认为，这个方案在世界建筑史上具有开创性的意义。

此项设计的总建筑师赫尔佐格与德梅隆都是足球运动的爱好者，得知自己的作品在竞赛中获得优胜之后，德梅隆在北京向新华社记者坦言："压力很大。"

他说："最大挑战在于后期的深化设计之中，挑战来自于对这个项目重要性的认识。中国是一个大国，奥运会是一个盛会，这个体育场又是北京的奥运会最重要的建筑。我们感到了很大的压力，因为有这么多人在关注它，全世界都在关注它。"

这位每个星期都要参加一次足球比赛的建筑师表示，这项设计的成功与他们的对体育运动的热爱有着很大的联系。他说："足球是一种很有启发性的体育运动，比赛双方各由11名队员组成，每个运动员各有自己的位置，各有自己的特点，但大家的目标是一致的，都是为了进球。这

是与建设设计有关系的，因为一项好的设计必然是建立在相互合作的基础上的。另外，爱好运动，使我们了解运动员与观众的情感交流，我们的设计就是要把这种情感转化到建筑当中。"

据介绍，国家体育场的开工时间已经排定为今年12月24日上午10时。另一项正在进行设计竞赛的重大奥运会设施--国家游泳中心的开工时间也已排定为今年12月12日上午10时。这意味着北京奥运工程已全面进入实质性启动阶段。（参见图4）
摘自：http://report.far2000.com/res/news/2003/5/A3051405.asp -->
http://www.chinanews.com/n/2003-04-01/26/289687.html -->

3.2.2 南京图书馆新馆紧急改动设计方案

南京图书馆新馆建设工地挖出六朝遗址的消息传出后，如何保护遗址成为考古专家和百姓关心的问题。4日，南图新馆建设指挥部副指挥仲崇岩告诉记者，几天前，一个将遗迹整体"藏"进图书馆的方案获得通过，百姓将在南图新馆看到南京城最为古老的建筑。

南图新馆是建设文化江苏的标志性建筑，建成后将成为全国第三大公共图书馆。自今年2月18日开工以来，建设工地陆续挖出了古井、道路、城濠、排水沟等都城工程遗迹。据悉，这些砖铺道路宽20m左右，砖上有"咸康王"（东晋纪年）的字样，路面上还有两条深深的车辙印迹。

一直以来，关于六朝皇宫位于何处众说纷

坛，其中在东南大学老校区一说最为流行，去年以来，南京市博物馆对该校数处进行发掘后一无所获。南图新馆发现六朝遗迹后，南京博物院原院长梁白泉，东大教授、国内古建筑专家潘谷西以及南大历史系原主任蒋赞初等专家纷纷前往考察，认为"是一处与六朝古都核心部分'台城'密切相关的遗址"。《六朝都城》的作者、历史学博士卢海鸣在接受记者采访时也表示，近年来的考古发掘证明，六朝皇宫在大行宫地区确定无疑，南图新馆发掘的遗址是六朝皇宫的一部分。

遗址发现后，南图新馆建设指挥部和设计单位南京市建筑设计院多次开会进行研究，最后形成了把遗址整体"藏"进新馆的方案。据仲崇岩介绍，更改后的设计方案，从地平线往上走3.6m为南图新馆的大厅，往下走2.1m，是展览厅、学术报告厅和它们共用的休息室。"休息室的地面刚好就是六朝皇宫御道的所在地"。在对学术报告厅的朝向进行调整后，只要将休息室地面铺上450m²的玻璃，"六朝皇宫的遗址就被就地保存下来，走在玻璃上，就是走在六朝皇宫的御道上"。

据了解，这次出土的一些文物也将在该休息室展出，休息室的墙壁还将展出六朝至民国时期南京城建地点的变更历程，"这将成为南图新馆一个颇具特色的景观"。南京奥体中心、南图新馆建设指挥部副指挥孙向东认为，六朝皇宫"藏"进图书馆，"真正做到了保护和建设两不误"。
来源：新华日报 [2003 年 6 月 6 日]
摘自：http://www.sinoaec.com/news/press/read.asp?id=26630 -->

3.2.3 "非典"带来健康住宅反思"通风、对流"成住宅新卖点

处于"非典"阴影之下的广州楼市，"通风、对流"成为楼盘的最大"卖点"。市场需求的变化，反应了建筑师、开发商与城市居民对住宅居住安全的反思。"环保做足，绿化做足"的理念已不再满足健康的需求，小区布局、楼宇的建筑结构，甚至于窗户的通风采光等具体技术问题，现在均引起人们的思考。

窗户复古成趋势

增大房屋的通风面积是建筑设计师重新思考的一个问题。广州市设计院的一位工程师说，上世纪90年代以前，我国住宅的窗户大都是能完全打开的；但近些年过于强调"景观"卖点，新建住宅多为封闭式窗户，房间里偌大的落地玻璃窗，采光面积不算小，却仅有一两扇小窗户可以打开，进去后明显感到空气不流通，"好看不中用"。另外，大量采用的推拉式铝合金窗使得通风口只及窗户面积的一半，同样达不到空气流通的要求。

建筑设计领域正日益重视窗户的设计，窗户的功能不仅是"看"，而且是实现最大流量的通风。

反思围合式小区布局

为了最大限度地利用小区内的景观，近年开发的小区大多采用围合式设计，腾出中间的土地用于小区绿化或景观，但是不少规划专家对此却有微言，因为楼宇像围墙一样排列在四周，尽管中间绿树成荫，但由于楼宇之间没有通风口，不能形成有效对流的"穿堂风"，这对防止病毒的传播非常不利。

管道系统受重视

香港学者在分析淘大花园非典传播途径时认为，很有可能与其楼宇结构中的"天井"及下水管线形成的"空气倒流"及产生的"飞沫"有关。中国建筑技术研究院国家住宅与居住环境工程技术研究中心副总建筑师开彦认为，尽管现在人们还不能完全确定楼宇结构与非典病毒传播之间的密切程度，但是作为集合式建筑本身在非典疫情面前显露出某些弱点，管道系统的设计将倍受关注。
摘自：http://www.archinfo.org.tw/building/TXT/NEWS/2003/05/1302.htm -->

3.3 学术会议

3.3.1 英国皇家建筑师学会 2003 年年会

时间：2003 年 7 月 11-13 日
地点：荷兰，鹿特丹
内容：主题为"城市复兴"，会上将介绍利物浦、鹿特丹、伦敦等城市的旧城改造工程案例，并将邀请 Richard Rogers, Rem Koolhaas 等国际著名建筑师做演讲，这也是英国皇家建筑师学会首次在本土以外的城市举办年会。

组办：英国皇家建筑师学会（RIBA）和学会建筑杂志社（RIBA Journal）
联系：Tel:+44-20-87554441
　　　Fax:+44-20-87554443
　　　ribaconference@aol.com
摘自：http://report.far2000.com/res/meeting/2001-159.html -->

3.3.2 第 9 届阿尔瓦·阿尔托国际研讨会

时间：2003 年 8 月 1-3 日
地点：芬兰，于韦斯屈莱
内容：主题为大象与蝴蝶 - 建筑的持久性和嬗变性。
组办：阿尔瓦·阿尔托研究院，阿尔瓦·阿尔托博物馆
注册：每人 290 欧元
联系：Tel:+358-14624811
　　　Fax:+358-14619009
　　　Marjo.holma@alvaraalto.fi
　　　www.alvaraalto.fi/conference/symposium2003
摘自：http://report.far2000.com/res/meeting/2001-160.html -->

3.3.3 历史城市中的高层建筑国际会议

时间：2004 年 10 月 10-14 日
地点：韩国，汉城
主办：（国际）高层建筑与城市住宅协会（CTBUH-Council on Tall Buildings and Urban Habitat）、韩国建筑学会（AIK）
主题：历史城市中的高层建筑 - 可持续发展城市的文化与技术
分题：（1）城市规划、建筑规划
　　　（2）建筑设计
　　　（3）结构设计与材料
　　　（4）营造体系与控制
　　　（5）建筑安全
　　　（6）标准、规范、条例与公共政策
　　　（7）建筑设施的规划、运行与管理
　　　（8）城市发展与改造开发
语言：论文及会议报告全部为英文
参观：安排与会议代表参观汉城的高层建筑

注册交费：与会代表700美元；CTBUH会员600美元；韩国、日本、中国建筑学会的会员享受注册优惠，每人注册费为300美元
时间要求：2003年10月31日前提交论文摘要
2003年12月31日前通知论文入选作者
2004年5月31日前提交论文，关于论文写作要求请访问网站：www.ctbuh2004.org.kr
联系：INTERCOM Convention Services, Inc.
4FL, Jiseog Bldg, 645-20 Yeoksam 1-dong, Gangnam-gu, Seoul 135-910, Korea
Tel:+82-2-3453-2937 Fax:+82-2-3452-7292
E-mail: ctbuh2004@intercom.co.kr
摘自：http://report.far2000.com/res/meeting/2001-131.html -->

3.3.4 第8届世界木结构建筑国际会议
时间：2004年6月14-17日
地点：芬兰，拉赫蒂
内容：历史上的木结构建筑，木结构建筑体系（设计与施工技术），木结构创新设计，木结构建筑的健康性、舒适性和经济性。
时间：2003年6月30日前提交论文摘要（英文300字）
2003年10月15日前通知入选的论文作者
2004年2月28日提交论文
展览：会议期间举办有关木结构建筑展览
注册费：待定
联系：CONFERENCE SECRETARIAT
Association of Finnish Civil Engineers RIL

Tel.+358 9 6840 7818
fax +358 9 588 3192
E-mail: kaisa.venalainen@ril.fi
www.ril.fi/wcte2004
摘自：http://report.far2000.com/res/meeting/2001-142.html -->

3.3.5 主题：可持续环境：城市住居素质（议题包括规划、设计、营造、建材、物业管理、信息科技等）。
地点：中国，香港中文大学
组办：香港中文大学中国城市住宅研究中心
注册：每人2,100元港币
联系：Tel: +852-26037716
Fax: +852-26036515
innovations@cuhk.edu.hk
www.inovations.arch.edu.cuhk.hk/CHI2003/3/19
摘自：http://report.far2000.com/res/meeting/2001-157.html -->

3.3.6 巴西第五届国际建筑与设计双年会
时间：2003年9月14日至11月2日
地点：巴西，圣保罗
主题：大都市（年会期间举行如题为何改善都市生活与居住环境的研讨会以及大都市建筑作品展览，欢迎各国建筑师参展）。
组办：巴西建筑学会、圣保罗双年会基金会
联系：Tel: +55-11-55745922
Fax: +55-11-55490230
5bia@uol.com.br

摘自：http://report.far2000.com/res/meeting/2001-157.html -->

3.3.7 被动式与低能耗建筑国际会议
时间：2003年9月9-12日
地点：智利，圣地亚哥
主题：对发展的反思（超大城市与环境，居民所希望的住宅与环境，低能耗建筑的规划与设计，建筑材料与技术，实验与检测手段，使用技术等）。
联系：Tel: +32-10-472139
Fax: +32-10-472150
www.plea2003.cl
摘自：http://report.far2000.com/res/meeting/2001-157.html -->

3.3.8 玻璃工艺日——世界玻璃国际会议
时间：2003年6月15-18日
地点：芬兰，坦佩雷
内容：玻璃生产标准、制造工艺、安装技术；光学玻璃、汽车玻璃和建筑玻璃（玻璃在建筑室内外使用的发展趋势、设计作品实例介绍、建筑玻璃的抗风与节能技术等）。会期同时举办玻璃产品展览。
语言：英文
联系：Tel: +358-3-3823280
Fax: +358-3-3823285
gpd@glassfiles.com/gpd@glassfiels.com
www.glassprocessingdags.com（会议注册）
www.tamglass.com
摘自：http://report.far2000.com/res/meeting/2001-157.html -->